Harald Fritzsch
Das absolut Unveränderliche

Harald Fritzsch

Das absolut Unveränderliche

Die letzten Rätsel der Physik

Mit 41 Abbildungen

Piper
München · Zürich

ISBN-13: 978-3-492-04684-8
ISBN-10: 3-492-04684-3
2. Auflage 2005
© Piper Verlag GmbH, München 2005
Satz: Kösel, Krugzell
Druck und Bindung: GGP Media GmbH, Pößneck
Printed in Germany

www.piper.de

Inhalt

Vorwort		7
1. Kapitel	Die Konstanten der Natur	23
2. Kapitel	Elementare Wechselwirkungen	37
3. Kapitel	Elementare Wechselwirkungen und Quantentheorie	63
4. Kapitel	Atomkerne und Teilchen	91
5. Kapitel	Große Beschleuniger	111
6. Kapitel	Farbige Quarks und Gluonen	131
7. Kapitel	Das Standardmodell	163
8. Kapitel	Die Naturkonstanten im Standardmodell	191
9. Kapitel	Die Große Vereinigung	209
10. Kapitel	Im Garten von San Marino	227
11. Kapitel	Fahrt nach El Capitan	239
12. Kapitel	In Esalen	255
13. Kapitel	Am SLAC	271
14. Kapitel	Merkwürdiger Urknall	281
Schluß		301
Register		305

Vorwort

Bereits die Philosophen des Altertums beschäftigten sich mit der Frage, woraus die Materie im Grunde besteht. Stößt man irgendwann an eine Grenze, wenn man ein Stück Materie, sei es ein Stück Eisen, ein Stück Holz oder einen Diamanten, immer weiter zerlegt? Falls ja, wie stellt sich eine solche Grenze dar? Gibt es kleinste, nicht mehr teilbare Objekte? Oder besteht die Grenze letztlich einfach darin, daß eine weitere Zerlegung der Materie anscheinend keinen Sinn mehr macht oder experimentell gar nicht mehr nachvollzogen werden kann?

Jeder aufmerksame Beobachter der Naturphänomene ist beeindruckt von der bunten, enormen Vielfalt der Erscheinungen und der materiellen Objekte, die man ständig beobachtet. Jedoch erkennt man sogleich, daß es keine absolute Beliebigkeit in den beobachteten Phänomenen gibt. Die Dinge wiederholen sich. Ein Diamant hier oder ein anderer an einem anderen Ort gleichen sich wie ein Ei dem anderen. Die Blätter eines Eichenbaumes in Hamburg oder in Freiburg sind ununterscheidbar.

Neben einer nahezu unübersichtlichen Vielfalt von Phänomenen und Erscheinungen gibt es also auch Konstanten, Dinge, die sich ständig wiederholen. Diese Dualität von

Vielfalt und Konstanz war es, die vor mehr als zweitausend Jahren die griechischen Philosophen, allen voran im 5. Jahrhundert v. Chr. Leukippus von Milet und seinen Schüler Demokritos von Abdera, zu der Hypothese veranlaßten, daß das Universum aus kleinsten unteilbaren Bausteinen bestehe, den »Atomen« (abgeleitet vom Griechischen »atomos«, was so viel bedeutet wie »unzerlegbar«). Nur wenige Arten solcher Atome sollten genügen, um die Vielfalt der Dinge hervorzubringen, in immer neuen Kombinationen der Atome. »Nichts existiert«, sagte Demokritos, »außer den Atomen und dem leeren Raum.«

Eine etwas andere Vorstellung wurde von Anaxagoras, der etwa 500 vor der Zeitenwende geboren wurde, ins Spiel gebracht. Er ging von unendlich vielen Grundstoffen aus, durch deren Mischung die Vielfalt der Erscheinungen in der Welt erzeugt werde. Diese Grundstoffe wurden als unzerstörbar angenommen. Der Wechsel der Erscheinungen werde durch ihre Durchmischung als Folge der Bewegung erzeugt. Etwa zehn Jahre jünger als Anaxagoras war Empedokles, der als die Grundstoffe der Welt die vier Elemente Erde, Wasser, Luft und Feuer erkannte.

Es ist interessant, daß im Rahmen der Atomvorstellung zum ersten Mal der Begriff des leeren Raumes eine Rolle spielte. Bis zu jener Zeit stellte man sich den Raum als von Materie erfüllt vor, und ein leerer Raum war nicht denkbar. Im Rahmen der Atomtheorie übernahm der leere Raum jetzt eine wichtige Funktion. Er wurde der Träger der Geometrie; in ihm bewegten sich die Atome. Jetzt gibt es also Materie und Geometrie als zwei verschiedene Dinge.

Atome bewegen sich im Raum, und sie haben geometrische Qualitäten. Demokritos sagte: »So wie etwa die Tragödie und die Komödie mit den gleichen Buchstaben niedergeschrieben werden können, so kann auch sehr verschiedenartiges Geschehen in der Welt durch die gleichen Atome verwirklicht werden, sofern sie nur verschiedene Stellungen einnehmen und verschiedene Bewegungen ausführen. Nur scheinbar hat ein Ding eine Farbe, nur scheinbar ist es süß oder bitter. In Wirklichkeit gibt es nur Atome und den leeren Raum.«

Die spätere griechische Philosophie hat die Elemente der Atomtheorie übernommen und ausgestaltet. Plato diskutiert in seinem Dialog *Timaios* mögliche Verbindungen zwischen den Atomen und der pythagoräischen Lehre von den Zahlenharmonien. So identifiziert er die Atome der Elemente Erde, Wasser, Luft und Feuer mit den regulären Körpern Würfel, Oktaeder, Ikosaeder und Tetraeder. Bei der Bewegung der Atome kommt insbesondere die Naturnotwendigkeit ins Spiel. Atome werden nicht durch Kräfte wie Liebe und Haß bewegt, ihre Bewegung ist vielmehr eine Folge der gültigen Naturgesetze.

Was da vor etwa zweieinhalb Jahrtausenden im damaligen Griechenland an der heutigen Westküste der Türkei begann, war nichts weniger als der Beginn einer Revolution, die bis heute anhält. Über viele Jahrtausende vorher waren in der Anschauung der Menschen die sich in der Welt abspielenden Vorgänge primär übernatürlichen Ursprungs. Magie und Aberglauben regierten die Welt.

Das änderte sich an der ionischen Küste jedoch vor 2500 Jahren. Der Ort und die Zeit der Wende waren nicht zufällig. In den Stadtstaaten an der ionischen Küste hatten sich demokratische Werte etabliert. Neue Ideen wurden leicht akzeptiert und konnten schnell verbreitet werden, nicht zuletzt wegen des gleichzeitigen Übergangs von der hieroglyphischen Schreibweise zur alphabetischen. Die Religion spielte keine oder nur eine untergeordnete Rolle.

So verfestigte sich die Vorstellung, daß unsere Welt

letztlich erkennbar ist, daß die Naturvorgänge mit dem Verstand analysiert werden können. Der Atomismus stand ganz am Anfang dieser Entwicklung. Der rote Faden, der sich von der ionischen Küste zweieinhalb Jahrtausende durch die Geschichte zieht, bis er in der Gegenwart unserer von Naturwissenschaft und Technik geprägten Welt anlangt, ist damit vor allem das Wissen um die Bausteine der Materie.

Viele Details über die Atomlehre der Antike verdanken wir vor allem einem Zufall, der sich im Jahre 1417 in Italien abspielte. Man entdeckte ein Manuskript des römischen Dichters und Philosophen Lukrez, die in maßvollen Hexametern verfaßte Schrift *De rerum natura*, in der Lukrez nicht nur die Ideen von Leukipp und Demokrit beschreibt, sondern auch weiterentwickelt.

In Werk von Lukrez erreichte der Atomismus des Altertums seine Höchstform. Das Buch war eines der ersten, das nach der Erfindung des Buchdrucks gedruckt wurde, in ganz Europa eine weite Verbreitung fand und viele Denker seither beeinflußt hat.

Mit bewundernswerter Klarheit hat Lukrez die Grundelemente der modernen Teilchenphysik vorweggenommen. In *De rerum natura*, was freizügig mit »Die Welt der Atome« übersetzt werden kann, schreibt er:

»Wenn es ein Kleinstes nicht gibt, wird auch noch der feinste Körper bestehen an Zahl aus je unendlichen Teilen, da ja die Hälfte der Hälfte wird jeweils immer besitzen wieder die Hälfte und nichts kann vorher setzen ein Ende. Was wird zwischen dem All und dem Kleinsten für Unterschied sein dann? Nichts wird der Unterschied sein. Denn mag die Summe auch noch so endlos sein aus dem Grunde, so wird, was am kleinsten der Teile, doch im gleichen Grad aus unendlichen Teilen bestehen.«

Im Werk von Lukrez findet man die beste und ausführlichste Darstellung der antiken Atomlehre, die sich jedoch letztlich nicht gegen die idealistischen Gedankensysteme von Plato und Aristoteles durchsetzen konnte. In ihm vereinigen sich die stets fragende Naturwissenschaft, die Aufklärung über die Natur und ihre Entmythologisierung mit einer tiefen Ehrfurcht vor der Natur und ihren ehernen Gesetzen.

Hätte sich die Naturlehre von Lukrez bereits vor zwei Jahrtausenden durchgesetzt, der Verlauf der Weltgeschichte wäre seither anders verlaufen, insbesondere weniger geprägt von religiösen Exzessen und den damit verbundenen Glaubenskriegen in Europa und Asien. Leider war die Realität eine andere.

Nach dem Zusammenbruch des römischen Imperiums versank die westliche Welt für mehr als ein Jahrtausend in ein Zeitalter intellektueller Dumpfheit, in der vor allem religiöser Fanatismus und Aberglauben dominierten. Erst zur Zeit der italienischen Renaissance erlangte die leuchtende intellektuelle Klarheit des griechischen Denkens in weiten Teilen Europas wieder die Bedeutung, die sie vor mehr als tausend Jahren verloren hatte. Das naturwissenschaftliche Zeitalter brach an, angeführt von Geistesheroen wie Kopernikus, Leonardo da Vinci, Johannes Kepler und Galileo Galilei.

Im 17. Jahrhundert wurde der Atomismus der Philosophen der Antike zum ersten Mal mit naturwissenschaftlichen Vorstellungen verknüpft. Zu jener Zeit gelangten die Naturforscher zu der Einsicht, daß chemische Elemente wie Wasserstoff, Sauerstoff oder Kupfer aus gleichartigen Atomen bestehen. Isaac Newton (1643–1727), der Begründer der Mechanik und damit der theoretischen Physik, vertrat sogar die Ansicht, daß der Zusammenhalt der Stoffe, etwa die Festigkeit eines Metalls, etwas mit Kräften zu tun habe, die zwischen den Atomen wirken.

In der zweiten Hälfte des 19. Jahrhunderts feierte der Atomismus wichtige Erfolge in der Chemie. Die Chemiker stellten fest, daß sich chemische Reaktionen am besten verstehen lassen, wenn man annimmt, daß die beteiligten Stoffe aus kleinsten, unzerstörbaren Objekten bestehen, den Atomen. Ein chemisches Element, zum Beispiel Wasserstoff, besteht demnach aus ein und derselben Sorte von Atomen. Auch die ungefähre Größe der Atome konnte man mit chemischen Methoden bestimmen. Sie beträgt etwa 10^{-8} cm. Eine Milliarde Wasserstoffatome ergeben eine Länge von etwa 10 cm, wenn man sie aneinanderreiht.

Heute kennen wir 110 verschiedene Elemente, mithin 110 verschiedene Sorten von Atomen. Mit dieser Erkenntnis würden die griechischen Philosophen allerdings ernsthafte Probleme haben, denn an die Möglichkeit, daß es mehr als 100 verschiedene Atomsorten gibt, haben sie sicher nicht gedacht. Zum ersten Mal kamen Zweifel auf, ob die Atome tatsächlich elementar waren. Nicht die Chemiker, sondern die Physiker erkannten schließlich etwa zu Beginn des 20. Jahrhunderts, daß die Atome nicht elementar im Sinne der alten Griechen sind, sondern ihrerseits aus kleineren Bausteinen bestehen, aus Elektronen, den Teilchen der Atomhülle, und den Atomkernen, die den Hauptteil der Masse der Atome beisteuern. Die Atome wurden komplizierte Systeme.

In den zwanziger und dreißiger Jahren des 20. Jahrhunderts gelang der große Durchbruch in der Atomphysik. Mit Hilfe der neu entwickelten Quantenmechanik war es zum ersten Mal möglich, den Aufbau der Atome und damit die Struktur der atomaren Materie auf der Grundlage weniger Prinzipien qualitativ und quantitativ zu verstehen. Die meisten Probleme, mit denen sich die Physiker und Chemiker in den Jahrhunderten davor auseinandergesetzt hatten, konnten nun auf elegante Weise gelöst werden.

Dann wandten die Physiker dieselben Prinzipien auf die Atomkerne an, in der Hoffnung, daß hier ein tieferes Verständnis ebenso rasch erreicht werden würde. Doch dies war eine trügerische Hoffnung. Zwar fand man bald heraus, daß die Atomkerne keineswegs elementare Objekte darstellen, sondern ihrerseits aus den Kernteilchen, den Protonen und Neutronen, bestehen. Jedoch war es nicht möglich, aus dieser Erkenntnis sehr viel über die Eigenschaften der Atomkerne abzuleiten.

Bald fand man jedoch heraus, daß bei Experimenten, in denen Atomkerne zertrümmert wurden, um die innere Struktur zu erkunden, neue Teilchen erzeugt wurden, von deren Existenz vorher niemand etwas geahnt hatte. Die von Albert Einstein entwickelte, heute berühmte Formel $E = mc^2$, nach der Masse und Energie gleichwertig sind, kam voll zum Tragen. Ein ganzer Zoo neuer Teilchen wurde entdeckt, und manche Physiker verzweifelten regelrecht an der verwirrenden Vielfalt und verglichen die subnukleare Physik mit der Botanik.

Insbesondere entdeckte man in den Experimenten seit Ende der vierziger Jahre eine Reihe von Teilchen, die zwar nicht als eigentliche Bausteine der Materie fungierten, jedoch für den Zusammenhalt der Materie oder für das Zusammenwirken der Naturkräfte sehr wichtig sind.

Der Durchbruch kam schließlich in den Jahren 1960 bis 1980, einer Zeit, in der es gelang, Ordnung in das Chaos der subnuklearen Welt zu bringen. Das 20. Jahrhundert wird in die Weltgeschichte eingehen als die Zeit, in der die Substruktur der Materie zu einem großen Teil aufgeklärt wurde.

Nach heutigem Wissen besteht die normale Materie aus Quarks, den elementaren Bausteinen der Atomkerne, und aus den Elektronen. In den siebziger Jahren des 20. Jahrhunderts hat sich schließlich ein klares Bild von der Mikrostruktur der Materie herausgeschält, das oftmals etwas prosaisch als das Standardmodell der Teilchenphysik bezeichnet wird. Dieses Modell beschreibt auch die fundamentalen Wechselwirkungen qualitativ und quantitativ in einfacher Weise. Letztere sind zum einen die Kräfte der Chromodynamik zwischen den Quarks und zum anderen die elektroschwachen Kräfte zwischen den Quarks und den Leptonen, etwa dem Elektron.

Das Standardmodell ist jedoch weit mehr als ein theoretisches Modell der elementaren Teilchen und ihrer Wechselwirkungen. Es beansprucht für sich den Rang einer in sich geschlossenen Theorie aller in der Welt der elementaren Teilchen beobachteten Phänomene. Für den Eingeweihten läßt sich die Theorie auf wenigen Zeilen darstellen, stellt also eine Art Weltformel dar, nach der in der Vergangenheit von theoretischen Physikern wie Albert Einstein oder Werner Heisenberg ohne Erfolg gesucht wurde.

Falls die Theorie sich als letzte und damit endgültige Wahrheit erweisen sollte, hätten die Physiker in der Tat in den Elektronen und Quarks die eigentlichen elementaren Objekte in der Natur, also die Atome im Sinne von Demokrit oder Lukrez, gefunden. Noch ist die Antwort auf diese Frage jedoch nicht entschieden. Auch das Standardmodell weist eine Reihe von unbefriedigenden Zügen auf, so daß viele Physiker heute annehmen, daß es nur eine – allerdings sehr gut funktionierende – erste Näherung einer umfassenderen Theorie ist. Dann allerdings müßten die Physiker in den Experimenten bald Anzeichen für neue Phänomene finden, die nicht im Rahmen des Standardmodells beschrieben werden können, möglicherweise auch Anzeichen einer neuen Substruktur der Materie.

Die Elektronen und Quarks sind nicht einfache Bausteine der Materie, die man beliebig kombinieren kann. Sie unterliegen Kräften, etwa den elektromagnetischen Kräften, und diese wiederum werden durch kleinste Teilchen vermittelt. Deshalb sollte man in der Teilchenphysik auch nicht von fundamentalen Kräften sprechen, die zwischen den Teilchen wirken, sondern von Wechselwirkungen. Es erweist sich, daß die Wechselwirkungen im Standardmodell ganz spezifischen Gesetzen unterliegen, die durch Symmetrien diktiert werden. Die Symmetrien in der Natur, die Wechselwirkungen und die elementaren Teilchen hängen eng miteinander zusammen. Auf einen solchen Zusammenhang hat in der Antike bereits Plato hingewiesen. Werner Heisenberg, einer der Begründer der Quantenmechanik und einer der bedeutendsten Physiker des 20. Jahrhunderts, sagte hierzu: »Bei Plato ist also das Elementarteilchen nicht das schlechthin Gegebene, Unveränderliche und Unteilbare; es bedarf noch einer Erklärung, und die Frage nach dem Warum der Elementarteilchen wird von Plato auf Mathematik zurückgeführt ... Die letzte Wurzel der Erscheinungen ist also nicht die Materie, sondern das mathematische Gesetz, die Symmetrie, die mathematische Form.«

Ist also am Ende die Idee wichtiger als die Materie? Oder verschwindet der Unterschied zwischen Materie und Idee, wenn man die Grenzen der Teilchenphysik absteckt? Bis heute ist die Antwort auf diese Frage nicht entschieden, ja es ist nicht einmal klar, ob die Frage überhaupt berechtigt ist.

Unser Leben ist voller Abwechslung. Die Dinge ändern sich laufend, nichts bleibt, wie es einmal war. Doch dies stimmt nicht ganz. Es gibt eine Kontinuität in der Welt, die es uns auch erlaubt, Dinge und Ereignisse vorauszusagen. Wir Naturwissenschaftler entdeckten, daß manches doch unverändert bleibt, etwa die Naturgesetze. Diese aber hängen von seltsamen Zahlen ab, von den Naturkonstanten. Die Experimente erlauben uns, diese Zahlen mit immer besserer Genauigkeit zu bestimmen, aber je genauer diese Werte sind, um so seltsamer erscheinen sie uns.

Die Naturkonstanten drücken ein tiefes Wissen über das Universum aus. Sie kennzeichnen unser Universum. Sie sagen uns, daß in anderen Regionen des Universums ähnliche Gesetze gelten wie in unserem Teil. Andere Universen, die es geben mag, könnten allerdings andere Naturkonstanten haben. Manche Physiker sprechen auch gar nicht mehr vom Universum, da es ein solches eventuell gar nicht gibt, sondern vom Multiversum, einer ganzen Kollektion von Universen.

Gleichzeitig drücken die Naturkonstanten neben unserem Wissen aber auch unser Nichtwissen aus, denn wir wissen nicht, wie diese Werte fixiert werden. Zahlen einzuführen, die man nicht ableiten kann, sondern im Experiment bestimmen muß – das ist unbefriedigend. Die Naturwissenschaftler können sich mit dieser Situation nicht abfinden.

Sind es heute noch nicht bekannte Naturgesetze, die diese Werte festlegen, oder sind die Werte zufällige Produkte des Urknalls? Wir wissen es nicht. Bislang hat niemand den Wert einer der Naturkonstanten erklären können. Es handelt sich um ein Mysterium der Naturwissenschaften, vielleicht das größte Mysterium auf der Welt überhaupt.

Hinzu kommt, daß Leben im Universum nur möglich ist, wenn die Naturkonstanten ganz bestimmte Werte haben. Wieso nehmen dann in unserem Universum die Naturkonstanten gerade diese Werte an? Wir wissen es nicht, obwohl natürlich klar ist, daß niemand diese Frage stellen würde, wenn die Naturkonstanten andere Werte hätten und damit kein Leben möglich wäre, es uns also gar nicht geben würde.

Das Problem der Naturkonstanten kam auf, als die Teilchenphysiker seit den siebziger Jahren diese Konstanten genauer präzisieren konnten. Aus diesem Grunde konzentriert sich die Diskussion in diesem Buch letztlich auf Fragen der Teilchenphysik. Aber auch Probleme der Quantenmechanik werden diskutiert, darüber hinaus auch Fragen des Urknalls und der Astrophysik.

Es war der englische Physiker James Clerk Maxwell, der als erster die Möglichkeit erwog, spezifische Standards einzuführen, die nicht an speziell vorgefertigten Objekten orientiert waren, sondern an mikroskopischen, überall vorhandenen Objekten, an den Molekülen. Maxwell war beeindruckt, daß zum Beispiel die Wasserstoffmoleküle überall gleich waren, im Gegensatz zu größeren Körpern, die alle eine gewisse Eigenständigkeit haben. Er schrieb als Präsident der British Association for the Advancement of Science, einer Gesellschaft, die sich im 19. Jahrhundert nach dem Vorbild der GDNAE, der Gesellschaft Deutscher Naturforscher und Ärzte, gebildet hatte: »Falls wir also Standards der Länge, der Zeit und der Masse haben wollen, die absolut permanent sind, müssen wir sie nicht in den Dimensionen oder der Bewegung oder der Masse unseres Planeten suchen, sondern in der Wellenlänge, der Periode der Vibration oder in der absoluten Masse dieser unzerstörbaren, unabänderlichen und perfekt ähnlichen Moleküle und Atome suchen.«

In der Tat folgt man inzwischen der Idee von Maxwell. Heute fixiert man zum Beispiel die Längeneinheit an der Wellenlänge des Lichts, das vom Atom Krypton-86 emittiert wird. Die Zeit mißt man mit Cäsium-Uhren, wobei man die atomaren Übergänge von Cäsium benutzt.

Abb. 0.1 Murray Gell-Mann (rechts) und der Autor Harald Fritzsch in Berlin im Jahre 1995

Ein großer Teil des Buches beschäftigt sich mit Fragen im Zusammenhang mit den Naturkonstanten, die man im heutigen Standardmodell der Teilchenphysik einführt, genauer, die man dort einführen muß. Diese Konstanten legen die Struktur unserer Welt zum großen Teil fest. Zum Teil kann ich dabei über Probleme berichten, an denen ich zusammen mit Murray Gell-Mann in den siebziger Jahren am California Institute of Technology gearbeitet habe.

Gegen Ende des Buches wird eine andere Frage diskutiert: Sind die Naturkonstanten wirklich konstant? Oder gibt es eine wenn auch sehr geringe Zeitabhängigkeit? Es ist möglich, die Naturkonstanten bei fernen Quasaren zu studieren, indem man das Licht untersucht, das von diesen ausgestrahlt wird und Milliarden von Jahren braucht, bis es bei uns anlangt. Man findet eine kleine, aber meßbare Abhängigkeit der Feinstrukturkonstanten von der Zeit. Falls diese

Messungen tatsächlich richtig sind, wären die Konsequenzen noch nicht absehbar. Auch könnte es eine kleine Abhängigkeit der Naturkonstanten vom Raumgebiet geben. In anderen Teilen des Universums könnten die Naturkonstanten also durchaus andere Werte annehmen.

Die Naturkonstanten stellen eines der tiefsten Rätsel des Universums dar. Wo kommen sie her? Sind sie wirklich absolut konstant? Sind sie überall gleich? Hängen sie miteinander zusammen? Zum heutigen Zeitpunkt können keine hieb- und stichfesten Antworten auf diese Fragen gegeben werden.

Albert Einstein glaubte, daß die Naturkonstanten durch die vorgegebenen Wechselwirkungen fixiert seien, so daß es hier keine Freiheit gibt. Wir sehen aber bis heute keine Möglichkeit, das nachzuweisen. Vermutlich gibt es doch eine Freiheit in der Wahl der Konstanten. Aber eine genaue Antwort auf diese Frage gibt es vielleicht erst in Hunderten von Jahren.

Die Teilchenphysik steht am Beginn des neuen Jahrtausends vor neuen Herausforderungen und aller Wahrscheinlichkeit nach an der Schwelle neuer, wichtiger Entdeckungen. Immer tiefer sind die Physiker im 20. Jahrhundert in das Innere der Materie vorgedrungen. Neue Welten wurden erschlossen, von denen man früher nichts wußte, neue Horizonte taten sich auf. Die Struktur der mikrophysikalischen Welt wurde sichtbar, eine komplexe Welt für sich, aber beschrieben durch eine überraschend einfache, mit Hilfe der Mathematik erfaßbare Theorie.

Immer grundlegender wurden die Fragen, die man zu beantworten suchte: Woher kommt die Materie? Was geschieht in fernster Zukunft mit ihr? Woher kommen die Naturkonstanten? Die Teilchenphysik bleibt ein großes Abenteuer. Wenn ein neues Experiment beginnt, meist nach jahrelanger Vorbereitungszeit, beginnt für die beteiligten Physiker eine Reise in eine »terra incognita«.

Der Abstand zwischen der Welt der Teilchenphysiker und der Alltagswelt ist allerdings mittlerweile atemberaubend geworden. Dieses Buch will helfen, diesen Abstand zu verringern. Warum sollte man sich die Aufgabe setzen, neue Teilchen und Phänomene zu erforschen, die fast nichts mit unserem Alltag zu tun haben? Es sind dieselben Gründe, die Wissenschaftler dazu bringen, den Weltraum zu erforschen, in die Tiefsee vorzudringen oder andere vorhandene Grenzen zu überwinden. Wie jede Grundlagenforschung ist Teilchenphysik ein Teil unserer Kultur, die sich das rationale Erfassen der kosmischen Ordnung zum Ziel gesetzt hat.

Die Grundlagenforschung in der Physik ist zum großen Teil Teilchenphysik. Die beträchtlichen Investitionen, die in der Vergangenheit hier gemacht wurden, haben eine große Rolle bei der Herausbildung der offenen und aufgeklärten Gesellschaft gespielt, die wir heute in den meisten Regionen der Welt vorfinden. Die faszinierenden Einsichten, die uns die Teilchenphysik in die Struktur des Mikrokosmos erlaubt, gehören zu den bleibenden Errungenschaften des gerade vergangenen 20. Jahrhunderts.

Ein wesentliches Ziel dieses Buches besteht darin, das allgemeine Publikum, also nicht primär die Physiker, über das Problem der Naturkonstanten zu informieren. Ich benutze dabei eine Form, die sich bereits bewährt hat, nämlich eine Diskussion zwischen fiktiven Personen: Isaac Newton, Albert Einstein und einem modernen Physiker, Adrian Haller von der Universität Bern und Gastprofessor am California Institute of Technology (Caltech) in Pasadena.

Die Dialogform, bereits bekanntgeworden durch die Dialoge von Plato im alten Griechenland, etwa dem berühmten Dialog *Timaios* mit den drei Personen Kritias, Sokrates und Timaios, oder die Dialoge von Galileo Galilei im Mittelalter, publiziert in seinen berühmten *Discorsi*, ist sehr brauchbar, da auf diese Weise der Leser oft mit Fragen konfrontiert wird, die er selbst gern gestellt hätte, und er oft eine Antwort erhält. Die Diskussionen in diesem Buch finden in Kalifornien statt, an Orten, wo ich vor Jahren selbst tätig war.

Bei der Lektüre wünsche ich dem Leser viel Vergnügen, neue Erkenntnisse und viel Erfolg beim Verstehen der Probleme.

1. Kapitel

Die Konstanten der Natur

Professor Adrian Haller von der Universität in Bern saß in der Lufthansa-Maschine nach Los Angeles. Vor etwa drei Stunden war sie in Frankfurt am Main gestartet. Haller schaute nur selten hinab auf den Ozean, sondern arbeitete an seinem Vortrag, den er bald am California Institute of Technology in Pasadena zu halten hatte, gleich zu Beginn seines längeren Aufenthalts als Gastprofessor.

Die Maschine befand sich jetzt westlich von Irland über dem Atlantik. Haller blickte versonnen auf das Meer unter ihm, wurde etwas müde und legte das Heft mit den Vortragsfolien zur Seite ...

Das Taxi vom Flughafen in Los Angeles fuhr durch die Innenstadt, gelangte dann auf den Pasadena Highway und erreichte nach etwa 40 Minuten die Stadt Pasadena vor den San-Gabriel-Bergen. Der Wagen fuhr die California Avenue hinauf bis zur Hill Street, dann bog er nach links ab zum Athenaeum des California Institute of Technology, dem Gästehaus des Instituts. Das Athenaeum hatte schon viele illustre Gäste erlebt, so auch Albert Einstein in den zwanziger Jahren des vergangenen Jahrhunderts.

Haller bekam den Zimmerschlüssel von der Empfangsdame am Eingang und stieg die Stufen zu seinem Zimmer hinauf. Doch bereits nach kurzer Zeit griff er zum Telefon und fragte, ob Einstein und Newton schon angekommen seien.

»Selbstverständlich, sie sind schon seit gestern da und warten auf Sie«, sagte die Empfangsdame. »Newton hat die Zimmernummer 119, und Einstein 137.«

Haller lächelte, als er die Zimmernummer von Einstein hörte, und fragte die Dame: »Wieso hat denn Einstein die Nr. 137, wollte er das Zimmer unbedingt haben?«

»Durchaus, er wollte dieses Zimmer. Und da es frei war, habe ich es ihm gegeben. Nur wunderte ich mich, warum er so versessen war auf Zimmer 137. Stimmt damit etwas nicht?«

Haller beruhigte sie: »Alles in Ordnung, nur bedeutet die Zahl 137 etwas Besonderes, zumindest für einen Physiker. Jeder Physiker weiß das, und Einstein natürlich auch.«

Er machte sich auf den Weg zu Zimmer 119, aber niemand war dort. Schließlich klopfte er an die Zimmertür mit der Nummer 137.

»Herein, wenn's ein Physiker ist«, rief eine Stimme, die unschwer als die Einsteins zu erkennen war. Haller lachte und öffnete die Tür. Im Zimmer traf er auf Einstein und Newton, die auf der Couch saßen.

»Hallo, Professor Haller. Wir haben schon auf Sie gewartet«, sagte Einstein. »Ich hoffe, Sie hatten eine gute Reise vom alten Europa hierher in die Neue Welt. Willkommen im Sonnenland Kalifornien, im Paradies auf Erden. Nehmen Sie Platz.«

HALLER: Ja, die Reise war sehr angenehm. Da bin ich, bereit für unsere nächste Diskussionsrunde. Aber beginnen wir langsam, ich hatte einen langen Flug und bin gerade erst angekommen, und müde bin ich auch.

NEWTON: Gut, daß wir endlich wieder vereint sind, wir drei, die neue grandiose Akademie Olympia, die beste Akademie, die die Welt je gesehen hat. Einstein und ich haben auch schon beraten, was unser Thema für die nächsten Tage sein könnte, aber wir konnten uns noch nicht genau festlegen. Wir wollten Ihnen auch nicht vorgreifen.

HALLER: Ich habe durchaus einen Vorschlag, nämlich ein Thema, das den Physikern sehr schwer im Magen liegt, weil noch niemand eine konkrete Idee hatte, wie man das Problem lösen kann. Außerdem muß ich in ein paar Tagen hier am Caltech einen Vortrag über das Problem halten und kann noch Anregungen gebrauchen.

EINSTEIN: Das klingt nicht schlecht. Vielleicht können wir direkt etwas dazu beitragen.

HALLER: Na ja, die Probleme sind so immens, daß ich da meine Zweifel habe, aber man weiß ja nie, was herauskommt, wenn Einstein und Newton gemeinsam nachdenken. Also, ich schlage vor, wir nehmen uns das Thema »Naturkonstanten« vor. Angesichts der Zimmernummer Ihres Zimmers, Herr Einstein, liegt das ja auch nahe.

EINSTEIN: Haha, die 137 hat es Ihnen auch angetan. Als ich ankam, war das Zimmer 137 zufällig frei, so habe ich es gleich genommen. In der Tat, die Nummer 137 ist schon beeindruckend. Mein Freund Arnold Sommerfeld in München hätte darüber gelacht. Vermutlich hätte er aber auch gern das Zimmer genommen. Ich bin sogar sicher, Sommerfeld hätte liebend gern im Zimmer 137 gewohnt. Wie ich ihn kenne, wäre er sogar bereitgewesen, den doppelten Tarif dafür zu bezahlen.

HALLER: Sie werden das nicht wissen, aber als im Jahre 1958 Ihr großer Kollege Wolfgang Pauli in Zürich starb, leider viel zu früh, denn er war nicht einmal 60 Jahre alt, verschied er im Zimmer 137 des Kantonsspital in Zürich. Vermutlich

Abb. 1.1 Arnold Sommerfeld, der die Konstante α in die Physik einführte, im Gespräch mit Niels Bohr (rechts)

war das ein reiner Zufall, jedoch ist auch nicht völlig auszuschließen, daß es der ausdrückliche Wunsch Paulis gewesen ist, ihm dieses Zimmer für seine letzten Tage zu geben.
EINSTEIN: Ich würde vermuten, daß letzteres zutrifft. Pauli war nie verlegen, wenn es darum ging, etwas Verrücktes zu tun, und selbst der eigene Tod war ihm da nicht zu schade. Pauli war halt etwas verrückt.
NEWTON: Aber jetzt von Paulis Sterbezimmer zurück zu den Naturkonstanten. In meiner wissenschaftlichen Arbeit habe ich nur eine Konstante eingeführt, die Konstante der Gravitation. Gibt es denn noch mehr wichtige Konstanten? Ich gebe zu, daß mich das Thema schon immer fasziniert hat. Wer hat denn die Konstante der Gravitation festgelegt? Da gibt es sicher auch viel zu berichten. Ich weiß es jedenfalls nicht.

Abb. 1.2 Wolfgang Pauli

HALLER: Ihre Konstante festgelegt? Sie sind gut, das weiß vermutlich nicht mal der Teufel. Sie stellen vielleicht Fragen. Im Grunde haben Sie selbst die verdammte Konstante festgelegt, durch Experimente. Ihre Gravitationskonstante gibt uns auch heute noch Rätsel auf. Aber es gibt mittlerweile eine ganze Reihe von Konstanten, leider zu viele, und auch diese können wir nur durch Experimente festlegen. Halten Sie sich fest, wir unterscheiden heute mehr als zwanzig fundamentale Konstanten, und die alle müssen im Experiment bestimmt werden.
EINSTEIN: Mein Gott, mehr als 20? Was ist denn daran dann noch fundamental? Das ist doch fast ein Kontinuum von Konstanten, das ist ja geradezu schrecklich. Die Konstante der Gravitation, also die von Newton, geht da direkt unter.
HALLER: Ich sehe schon, wir müssen unsere Diskussion von Anfang an systematisch aufziehen. Ich schlage vor, daß wir uns erst einmal die fundamentalen Wechselwirkungen näher anschauen und erst dann zu den fundamentalen

Abb. 1.3 Isaac Newton

Konstanten kommen. Beide Aspekte hängen ohnehin eng zusammen.

Zunächst möchte ich jedoch noch erwähnen, daß kein Physiker so viel wie Sie dazu beigetragen hat, ein modernes Bild der Natur zu schaffen, lieber Herr Einstein. Obwohl Sie heute darauf sicher keinen Wert mehr legen, aber Sie schufen auch die korrekte Perspektive bezüglich des Quantencharakters der Welt im kleinen, und nicht zuletzt auch das neue Bild, das wir uns von der Lichtgeschwindigkeit c machen müssen. Die letztere ist ja viel mehr als nur die Geschwindigkeit des Lichtes. Es ist die fundamentale Konstante der Relativitätstheorie.

Auch wenn es gar kein Licht gäbe, wäre die Konstante c sehr wichtig. Und es sollte nicht vergessen werden, daß Sie eine Theorie der Gravitation entwickelten, die das Bild, das

Isaac Newton 250 Jahre vorher geschaffen hatte, ersetzte und der Newtonschen Konstante eine ganz neue Dimension gab.

Zurück zur Lichtgeschwindigkeit. Sie waren doch immer fasziniert von der Vorstellung, daß die Dinge sich nicht verändern sollten, wenn der Beobachter sich bewegt. Dazu gehört auch die Lichtgeschwindigkeit, die schließlich immer dieselbe ist, unabhängig vom Bewegungszustand des Beobachters.

EINSTEIN: Hallo, das reicht jetzt aber. Das war ja ein fast nicht erlaubtes Loblied auf mich, aber in Zukunft sollten Sie das bleibenlassen. Nicht Lob ist wichtig, davon habe ich genug bekommen, sondern die Kritik, die bei mir auch hart sein darf. Ich kann da einiges vertragen, Newton sicher auch, und Lob bedeutet uns gar nichts. Was zählt, ist die Physik, die Wahrheit.

Ich sollte hier aber gleich sagen: Dimensionslose Konstanten in den Naturgesetzen, die von einem logischen Gesichtspunkt aus auch ganz andere Werte haben könnten, sollten eigentlich nicht existieren. Für mich erscheint dies, mit meinem soliden Gottvertrauen, evident, aber vermutlich gibt es nicht viele Leute, die derselben Meinung sind, Sie vermutlich auch nicht. Was mich wirklich interessiert, ist, ob Gott die Welt auch in einer anderen Form hätte schaffen können, das heißt, ob die Notwendigkeit logischer Einfachheit irgendeine Freiheit gelassen hat.

HALLER: Da stimme ich Ihnen zu, beim letzteren. Ich bin aber wirklich nicht Ihrer Meinung, was die Konstanten anbelangt.

NEWTON: Gut, wie dem auch sei. Lassen wir erst einmal die Diskussion über diese grundsätzlichen Fragen, die doch zu nichts führt. Wir sind schließlich keine Philosophen. Einstein will immer alles ganz genau wissen, wie ein richtiger

Philosoph, ich kann mich jedoch auch mit gewissen Näherungen abfinden.

Fangen wir gleich heute mit der Diskussion über die Naturkräfte an, auch wenn Sie, Mr. Haller, dazu vielleicht keine rechte Lust haben, da Sie vom langen Flug noch müde sind. Welche fundamentalen Wechselwirkungen gibt es denn, die ich noch nicht kenne?

HALLER: Nicht so hastig, Mr. Newton. Wie Sie wissen, bin ich Elementarteilchenphysiker. Und es war in der Tat die Teilchenphysik, genauer die Teilchenphysik seit etwa 1970, die uns die fundamentalen Konstanten beschert hat, geradezu auf einem silbernen Tablett serviert.

Bevor ich jedoch zur eigentlichen Teilchenphysik vorstoße, lassen Sie mich gewissermaßen zur Einstimmung etwas sagen zu den Prozessen der Gravitation, der Elektrizität und des Magnetismus.

Abb. 1.4 Max Planck und Albert Einstein in Berlin

Zunächst zur Gravitation. Max Planck, der Anfang des 20. Jahrhunderts die Quantentheorie begründete, hatte etwas gegen Einheiten wie Kilogramm oder Meter oder Sekunde, also Einheiten, die irgendwie willkürlich gewählt wurden. Statt dessen wollte er möglichst fundamentale Einheiten benutzen. Er schlug vor, die Konstanten der Natur so zu kombinieren, daß fundamentale Einheiten dabei herauskommen. Er benutzte die Gravitationskonstante, also Ihre Konstante, Herr Newton, die Lichtgeschwindigkeit, also Ihre Konstante, Herr Einstein, und die Konstante h, die Planck selbst eingeführt hatte und die eine kleinste Wirkung beschreibt.

Die Konstante h beschreibt beispielsweise die kleinste Energiemenge, die in einer Reaktion ausgetauscht werden kann, das Quantum der Energie. Planck führte auf diese Weise eine Masseneinheit ein, die nach ihm benannte Planck-Masse:

$$m_{pl} = \sqrt{hc/G} = 5{,}56 \times 10^{-5} \text{g}$$

In der Planck-Masse sind sozusagen Einstein, Newton und Planck vereint. Man kann analog auch eine kleinste Länge einführen, die Plancksche Elementarlänge, und eine kleinste Zeit, die Plancksche Elementarzeit:

$$l_{pl} = (Gh/c^3)^{1/2} = 4{,}13 \times 10^{-33} \text{cm}$$

$$t_{pl} = (Gh/c^5)^{1/2} = 1{,}38 \times 10^{-43} \text{s}$$

EINSTEIN: Bemerkenswert ist hier vor allem, daß die Masseneinheit zwar klein ist, aber nicht wirklich sehr klein. Sie ist vergleichbar etwa mit der Masse eines Bakteriums. Aber die Längen- und Zeiteinheiten von Planck sind schon phantastisch klein, eigentlich unvorstellbar klein, fast nicht mehr von dieser Welt. Ich kann mit 10^{-33} oder sogar 10^{-43} nichts mehr anfangen, tut mir leid, für mich ist das wie Null.

HALLER: Ja, es ist schon klein, aber in der heutigen Physik sind solche kleinen Zahlen durchaus gang und gäbe. Planck hat immerhin darauf hingewiesen, daß andere Beobachter im Universum, ganz gleich, wo sie nun sein mögen, etwa in der Nähe des Sirius, die gleichen Einheiten einführen würden. Hervorzuheben ist an den Planckschen Einheiten, auch wenn sie so klein sind, daß sie ganz auf fundamentale Konstanten zurückgeführt werden, also keine willkürlichen Einheiten enthalten, wie etwa Kilogramm oder Meter, die abhängig von unseren Konventionen sind.

Aber jetzt zur Elektrizität. Wie Sie wissen, werden elektrisch geladene Teilchen, beispielsweise Elektronen, in elektrischen und magnetischen Feldern abgelenkt. Diese Ablenkung ist proportional zur elektrischen Ladung der Teilchen. Merkwürdig ist, daß in der Natur nur Teilchen mit elektrischen Ladungen vorkommen, die genauso groß sind wie die Ladung des Elektrons, abgesehen vom Vorzeichen, oder ein Vielfaches davon. So ist die Ladung des Protons so groß wie die Ladung des Elektrons, nur hat sie das umgekehrte Vorzeichen.

NEWTON: Moment mal, ist das nicht seltsam? Ich hörte, daß Elektronen angeblich wirklich elementar sind, die Protonen aber aus drei Quarks bestehen. Wieso kann da ein Zusammenhang zwischen den Ladungen sein? Und die Ladungen der Quarks sind doch auch seltsam.

HALLER: Ihre Frage ist berechtigt. Aber wir wissen heute, daß zwischen der Elektronenladung und den Ladungen der Quarks strenge Beziehungen existieren, und die sind gerade so, daß die Protonenladung und die Elektronenladung, abgesehen vom Vorzeichen, genau gleich sind. Darauf werden wir noch zurückkommen.

Aber zurück zur Ladung des Elektrons. Wenn Sie diese hernehmen, dann durch die Lichtgeschwindigkeit c teilen und durch die von Planck eingeführte Konstante der Quantentheorie, und das Ganze noch mit 4π mutiplizieren, erhalten Sie eine dimensionslose Zahl, genannt α, die Feinstrukturkonstante. Und diese Zahl hat es in sich.

EINSTEIN: Ich kann mich noch gut erinnern. Die Zahl α hat ja im Jahre 1916 mein guter Freund Arnold Sommerfeld in München eingeführt. Und wir alle wunderten uns über den seltsamen Wert dieser Zahl, der ziemlich genau bei $1/137$ liegt, also bei dem Inversen meiner Zimmernummer hier. Im übrigen spielt diese Zahl eine große Rolle in der Atomphysik. Sie dominiert gewissermaßen die gesamte Atomphysik.

HALLER: Mein großer Kollege Richard Feynman, mit dem ich in den siebziger Jahren zusammen hier am Caltech war, sagte mir einmal beim Mittagessen unten im Athenaeum: »Die Zahl 137 ist eines der größten und verdammten Mysterien in der Physik: eine magische Zahl, die zu uns kommt, ohne daß sie jemand versteht. Man könnte sagen, die Zahl wurde von Gott geschrieben, um uns zum Narren zu halten.« Eines Tages im Jahr 1975 saß ich mit Richard Feynman wieder beim Mittagessen im Athenaeum des Caltech, wie oft in jenen Tagen. Wir sprachen über die seltsame Zahl 137. Feynman grinste plötzlich und sagte: »Wissen Sie, jeder Theoretiker sollte an seine Tafel im Büro schreiben: 137 – wie wenig wir wissen. Das würde ihn Bescheidenheit lehren.«

Ich lachte und meinte, daß ich das gleich an meine Tafel im Büro schreiben würde. Als ich jedoch vom Essen zurückkam, ging ich zunächst in Feynmans Büro. An der Tafel waren einige Formeln, aber natürlich keine Spur von 137. Also nahm ich die Kreide und schrieb rechts oben auf die Tafel:

Abb. 1.5 Der amerikanische Physiker Richard Feynman (1918 bis 1988), einer der Pioniere der Quantenelektrodynamik zur Beschreibung der elektromagnetischen Quantenprozesse. Seit den fünfziger Jahren war Feynman am Caltech in Pasadena tätig

137 – how little Feynman knows

Eine Stunde später kam Feynman in mein Büro und bedankte sich für die Inschrift, sah aber nichts an meiner Tafel, worauf er die Kreide nahm und schrieb:

137 – how little Haller knows
Signed: Richard Feynman

Ich bewahrte diese Inschrift auf meiner Wandtafel bis zu meiner Abreise vom Caltech im März 1976 auf, auch wenn Gell-Mann mich ständig bearbeitete, diesen Unsinn von Feynman endlich wegzuwischen. Leider habe ich die Tafel nicht nach Genf mitgenommen, aber ich hätte dies doch tun sollen. Feynman besuchte mich später noch oft in Genf, aber ich habe jedes Mal vergessen, ihn zu bitten, den kleinen Satz noch einmal auf meine Tafel zu schreiben.

Im Februar des Jahres 1988 starb Feynman leider an einer tückischen Krankheit, an der er seit Ende der siebziger Jahre litt, und so habe ich heute keine Inschrift dieses großen Physikers an meiner Tafel. Allerdings habe ich eine persönliche Widmung von Feynman, die er in ein Buch schrieb, das er mir schenkte. Es war das erste Exemplar, das

Feynman vom Verlag erhalten hatte, und er schenkte es mir, weil ich damals noch am selben Tag nach Europa zurückflog. Und dieses Buch über das Leben von Feynman bewahre ich auf wie ein Heiligtum.

EINSTEIN: Aber zurück zur elektrischen Kraft. In der Vergangenheit gab es eine Reihe von Versuchen, die Zahl α mathematisch zu bestimmen. Werner Heisenberg in Deutschland nahm damals an:

$$1/\alpha = 2^4 3^3 / \pi$$

was allerdings auch nicht so gut geht – es ergibt 137,51. Wahrscheinlich wäre Heisenberg nicht mehr sehr stolz auf seine damalige Veröffentlichung in den dreißiger Jahren.

HALLER: Im Jahre 1971, als ich noch Doktorand war und am CERN arbeitete, hielt dort eines Tages ein Mathematiker aus Zürich einen Vortrag, ein Herr Wyler, und er leitete ab:

$$1/\alpha = (8\pi^4/9)(2^4 5!/\pi^5)^{1/4} = 137,036082...$$

Diese Zahl funktioniert ganz gut, etwa bis auf einen Teil in der Million. Im übrigen war das nicht eine beliebige Konstruktion, sondern das Verhältnis von zwei Gruppenräumen in der Mathematik, aber das wollte ich nur am Rande erwähnen, denn Wyler hatte natürlich auch nicht die leiseste Ahnung, warum ein solches Verhältnis gerade für die elektromagnetische Wechselwirkung relevant sein sollte. Trotzdem, es könnte ja sein, daß jemand auf diese Formel zurückkommt.

Noch eine weitere Zahl sollten wir uns vergegenwärtigen. Die Gravitationskonstante, die unser Freund Newton eingeführt hat, ist heute ziemlich genau bekannt:

$$G = 6,67259 \times 10^{-11} m^3 s^{-2} kg^{-1}$$

Jedoch besitzt diese Konstante eine merkwürdige Dimension. Wir können diese Dimension aber vermeiden, indem wir G mit dem Quadrat der Protonenmasse multiplizieren und durch hc dividieren.

$$\alpha_G = Gm_p^2/hc \approx 10^{-38}$$

Die dimensionslose Zahl, die wir hier erhalten, ist äußerst klein. Dies reflektiert natürlich die Tatsache, daß in der Tat die Gravitation sehr schwach ist im Vergleich zu den anderen Kräften, die wir in der Natur beobachten, etwa im Vergleich zur elektrischen Kraft.
Aber lassen Sie mich auf die Uhr schauen. Es ist bereits etwa 20 Uhr, Zeit fürs Dinner. Ich schlage vor, wir unterbrechen jetzt unsere Diskussion und begeben uns direkt in den Speiseraum des Athenaeum, also Schluß für heute.

Und so geschah es. An einem Tisch im Athenaeum nahmen sie Platz und studierten die Speisekarte. Haller kannte sich aus und wählte schließlich für alle drei aus: Filet Mignon und eine Flasche guter kalifornischer Rotwein, Cabernet aus dem Napa Valley in Kalifornien nördlich von San Francisco.

Das Essen kam schnell, und die drei speisten ausgiebig und mit großem Genuß. Danach bestellte Haller noch ein Dessert, nichts weiter als eine gute Eiskrem, Zitroneneis, das er sehr mochte, und einen Milchkaffee. Dann aber war Schluß für den Tag. Die drei begaben sich auf ihre Zimmer. Haller, der bereits sehr müde war, schlief sofort ein.

2. Kapitel

Elementare Wechselwirkungen

Am nächsten Morgen trafen sich die drei Physiker beim Frühstück im Athenaeum. Haller schlug als Raum für ihr Treffen die kleine Bibliothek des Athenaeum vor, die Einstein gut kannte, was sogleich akzeptiert wurde. Nach dem Frühstück gingen sie sofort dorthin. Haller lief aber schnell noch einmal auf sein Zimmer und brachte ein Foto, das er Einstein und Newton zeigte. Einstein erinnerte sich sofort:

»Natürlich, dieses Foto zeigt mich, wie ich hier in der Bibliothek im Jahre 1929 meine Gravitationsgleichungen an die Tafel schreibe. Allerdings war dies mehr ein Gag für die anwesenden Journalisten und weniger geeignet für die Zuhörer. Unter diesen befand sich damals auch Millikan, damals Präsident des Caltech, und der sagte mir später, daß er von meinem Vortrag eigentlich nicht viel verstanden hätte. Allerdings war dies auch nicht erstaunlich, denn mein Vortrag war mehr für die Caltech-Physiker gedacht. Millikan war zwar auch Physiker, aber als solcher war er nicht mehr aktiv und kannte sich nicht mehr so gut aus. Als Caltech-Präsident hatte er ja auch genug mit der Verwaltung zu tun.«

HALLER: Mit diesem Foto hatte ich etwas zu schaffen. Im Jahre 1985 produzierte ich beim WDR-Fernsehen in Köln eine

Abb. 2.1 Albert Einstein mit seiner Formel E = mc². Dieses Foto ist ein Produkt des WDR-Fernsehens. Die Formel wurde vom Autor geschrieben.

Fernsehserie mit dem Titel »Mikrokosmos«. Das war eine sechsteilige allgemeine Serie über Teilchenphysik – für den Normalbürger, also nicht für den Physiker. Wir nahmen damals das Foto von Ihnen, blendeten die Gravitationsformel aus, und ich schrieb statt dessen Ihre bekannte Formel

$$E = mc^2$$

an die Tafel.

Ich verwendete das veränderte Foto auch für die Titelseite eines Buches von mir über die Relativitätstheorie. Seither bekomme ich manchmal Anfragen, woher ich denn das Foto hätte, denn die Leute kannten das Foto mit Ihnen und der Formel nicht. Ich muß dann immer wieder erklären, daß das kein richtiges Foto ist, sondern nur eine Fotocollage.

Vor einiger Zeit flog ich einmal nach San Francisco, und bei der Fahrt mit dem Mietwagen vom Flughafen zur Universität Stanford sah ich plötzlich auf einem großen Schirm dieses Bild unseres Albert Einstein, mit der Formel $E = mc^2$ in meiner Handschrift. Das Bild diente zur Reklame für irgendein Produkt. Aber ich fand es schon merkwürdig, daß da auch noch meine eigene Handschrift gezeigt wurde. Ich hätte sogar ein Honorar fordern können.

EINSTEIN: Hm, ein Honorar für meine Formel, und ich auch noch auf dem Bild, das fehlte gerade noch. Wenn schon, dann sollte zumindest ich das Honorar bekommen. Das kommt davon, wenn man sich mit fremden Federn schmückt, Herr Haller. Sie hätten ja meine Formel nicht zu schreiben brauchen, und meine Formel der Gravitation hätten die sicher nicht projiziert, die ist viel zu schwierig für eine Reklame.

Aber jetzt zu den fundamentalen Wechselwirkungen. Für Newton und mich ist das zum großen Teil Neuland. Da würde ich vorschlagen, wir setzen uns, und Sie halten uns einen Vortrag. Falls ich einschlafen sollte, bitte ich mich umgehend zu wecken.

HALLER: Das ist eine gute Idee. Aber ich versichere Ihnen, Sie werden nicht schlafen, dafür werde ich schon sorgen. Also, dann fange ich gleich an, und wenn es gut geht, werden wir vielleicht sogar heute damit fertig. Der Anfang meiner Darstellung ist allerdings mehr für Mr. Newton gedacht, denn Sie, Herr Einstein, wissen das bereits alles. Am Anfang könnten Sie eigentlich ruhig schlafen.

EINSTEIN: So genau weiß ich das auch nicht, denn ich habe mich doch in erster Linie um meine eigenen Forschungen gekümmert, weniger darum, was andere machten, leider. So viel weiß ich also auch nicht. Also nehmen Sie mal auf mich keinerlei Rücksicht, nur auf unseren Freund Newton.

HALLER: Also gut, aber wir fangen dann ziemlich elementar an. Wenn zwei Körper sich gegenseitig beeinflussen, so bedeutet dies, daß zwischen ihnen ein Kontakt bestehen muß, der allerdings auf verschiedene Weise realisiert werden kann. Meist wirkt zwischen den Körpern eine Kraft, etwa wenn die Erde einen Apfel am Baum anzieht und dieser dann irgendwann vom Baum fällt. Es erweist sich allerdings, daß nicht nur die Erde als massiver Körper eine Kraft auf den Apfel ausübt, die Gravitationskraft, sondern daß auch der Apfel auf die Erde einwirkt. Es handelt sich um ein reziprokes Phänomen, wie immer, wenn zwischen Körpern Kräfte wirken. Aus diesem Grund spricht man in der Physik oftmals nicht von Kräften, sondern von Wechselwirkungen, im betrachteten obigen Fall von der Gravitation. Für Sie, Herr Newton, ist das natürlich alles kalter Kaffee.

Aber jetzt wird es komplizierter. Die Gravitation ist nicht die einzige Wechselwirkung, die wir als makroskopisches Phänomen in der Natur beobachten, auch wenn sie diejenige ist, die am häufigsten vorkommt und oft auch angewandt wird, etwa beim Skifahren. Verschiedentlich kann man im Alltag elektrische Kräfte beobachten, und die Tatsache, daß Körper mit gleicher elektrischer Ladung sich abstoßen, während sie sich anziehen, wenn entgegengesetzte Ladungen vorliegen, ist allgemein bekannt. Auch magnetische Kräfte kommen im Alltag häufig vor, etwa wenn sich eine Kompaßnadel nach Norden ausrichtet oder wenn im Krankenhaus eine Untersuchung mit Hilfe der Kernspintomographie vorgenommen wird.

Bis zum Beginn des 19. Jahrhunderts unterschieden die Naturwissenschaftler zwischen den elektrischen und den magnetischen Wechselwirkungen. Beide galten als unabhängige Phänomene. Dies änderte sich jedoch, als man herausfand, daß elektrische Ströme oder bewegte Körper, die eine elektrische Ladung tragen, magnetische Kraftwirkungen hervorrufen.

Wichtig war auch die Umkehrung dieses Effekts, nämlich die Erzeugung von elektrischen Strömen durch magnetische Kräfte, die sich schnell ändern. Dieser Effekt wird heute bei der Erzeugung von elektrischen Strömen in den Kraftwerken ausgenutzt.

EINSTEIN: Und ich erinnere daran, daß der englische Physiker Michael Faraday einmal etwas Vorausschauendes sagte, als der britische Finanzminister, der ihn besuchte, fragte, ob das so wichtig sei mit den elektrischen Strömen, mit denen Faraday experimentierte. Faraday antwortete darauf: Ich wette mit Ihnen, eines Tages werden Sie dadurch Steuern einnehmen. Und er hat recht gehabt. Politiker schrecken ja vor nichts zurück, wenn es darum geht, Steuern einzunehmen. Da nehmen sie auch die Physiker nicht aus.

HALLER: Sehr richtig, das kann ich nur bestätigen, obwohl ich aus der Schweiz komme, wo man mit Steuern noch etwas moderat ist. Aber Steuern auf alles mögliche einzunehmen, das ist heute nichts Außergewöhnliches. Unsere Regierungen belegen alles, was lebensnotwendig ist, mit Steuern. Bald werden sie noch die Luft zum Atmen besteuern und das Licht, das die Sonne liefert, zumindest in Europa, wo die Steuern ohnehin zu hoch sind, die Schweiz einmal ausgenommen.

EINSTEIN: Und Diskussionen über Physik, da müssen wir dann auch Steuern dafür bezahlen, denn solche Diskussionen machen schließlich Spaß, also schlägt man auch da Steuern drauf.

HALLER: Gott behüte. Aber nun weiter. Die beobachteten wechselseitigen Beziehungen zwischen elektrischen und magnetischen Phänomenen gaben Anlaß zu der Vermutung, daß die magnetischen und elektrischen Erscheinungen eng miteinander verwandt sein müssen. Eine Aufklärung des Sachverhalts gelang jedoch erst, als Michael Faraday neue Begriffe in die Physik einführte: die des elektrischen und magnetischen Feldes. Damit änderte er grundlegend die

Sichtweise der Naturwissenschaftler über die Entstehung von Kraftwirkungen.

Es war bis dahin üblich, sich die elektrischen, magnetischen oder auch die Kräfte der Gravitation als Phänomene vorzustellen, die auf geheimnisvolle Weise über eine gewisse Distanz hinweg wirken. So zieht die Erde den Mond an, weil die Erde auf den Mond über eine Distanz von etwa 300000 km hinweg eine Kraftwirkung ausübt, eine Fernwirkung.

Faraday hingegen stellte sich vor, daß etwa die elektrischen Kräfte Konsequenzen eines Feldes sind, das von dem elektrisch geladenen Körper ausgeht und den umgebenden Raum mit Kraftlinien ausfüllt. Zwei elektrisch geladene Körper ziehen sich an, weil sich im Raum zwischen ihnen ein Feld befindet – der Raum ist gewissermaßen mit Kraftlinien »angefüllt«. Faraday dachte wirklich, daß die Kraftlinien da vorhanden sind, er hat sie in den Fingern gespürt, typisch für einen Experimentalphysiker. Ein Theoretiker hätte an so etwas nie gedacht.

EINSTEIN: Einspruch, ich hätte die Idee auch haben können.

HALLER: O.k., aber Sie sind Albert Einstein, ein Universalphysiker, kein Nur-Theoretiker, und außerdem sind Sie ein Genie. Aber nun weiter. Elektrische und magnetische Feldlinien beeinflussen sich gegenseitig, und auf diese Weise kann man die wechselseitigen Beziehungen zwischen den elektrischen und magnetischen Erscheinungen verstehen. Allgemein spricht man deshalb vom elektromagnetischen Feld. Zudem erwies es sich später im Rahmen der Relativitätstheorie, daß magnetische und elektrische Felder als eine Einheit betrachtet werden müssen – Faraday hat also recht gehabt mit seiner Idee, daß elektrische und magnetische Felder sich gegenseitig bedingen. Keines kann ohne das andere sein.

Ein magnetisches Feld, das von einem sich schnell bewegenden Beobachter untersucht wird, erweist sich gar nicht als ein solches, sondern als eine Mischung von einem magnetischen und einem elektrischen Feld. Das sagt zumindest Mr. Einstein.

EINSTEIN: Ja, das war schon eine großartige Leistung von Faraday, der doch von Mathematik keine Ahnung hatte. Ohne Faraday hätte ich jedenfalls meine Gravitationstheorie wohl auch nicht erfunden, vermutlich auch nicht die Relativitätstheorie. Ich stand wirklich auf den Schultern von Giganten.

HALLER: Das kann man wohl sagen. Es hat sich in der Folge herausgestellt, daß der Begriff des Feldes einer der wichtigsten physikalischen Begriffe ist, ohne den in der Physik keine quantitative Beschreibung der Naturphänomene möglich wäre. Interessant ist, daß es sich trotzdem um einen abstrakten Begriff handelt, der jedem Laien am Anfang Schwierigkeiten bereitet, weil wir Felder mit unseren Sinnesorganen nicht oder nur sehr indirekt wahrnehmen können. Menschen besitzen zwar ein Sinnesorgan für die Wahrnehmung von Schallwellen, nicht jedoch für elektromagnetische Wellen. Eigentlich ist das schade, denn wir würden sonst kein Funktelefon benötigen, um zu telefonieren.

EINSTEIN: Das wäre ja schrecklich, wir würden dann die grauenhaften Rundfunkprogramme ständig hören, immer die Ohren voll von Reklame.

HALLER: Ja, das ist schon in Ordnung so, ich kann durchaus gut damit leben. Die heutigen Theorien, mit deren Hilfe wir das dynamische Verhalten der Elementarteilchen beschreiben, sind ohne Ausnahme Feldtheorien. Heute weiß jeder Physiker oder Ingenieur, daß Felder eine Realität sind. Wie materielle Körper besitzen Felder beispielsweise auch Energie und Impuls. Im Grunde sind Felder auch Materie, so wie feste Körper das ebenfalls sind.

Die Felder sind nicht ausschließlich an massive Körper gebunden, sondern können auch ein Eigenleben führen. Die Gleichungen für das Verhalten der elektromagnetischen Felder wurden im Jahre 1861 von Maxwell gefunden und wurden auch nach ihm benannt. Neben den Newtonschen Gesetzen der Mechanik stellen die Maxwellschen Gleichungen die theoretischen Säulen dar, auf denen ein Großteil der modernen Technik beruht. Die Wellen wurden dann später experimentell gefunden, von Heinrich Hertz in Deutschland.

EINSTEIN: Sehr wohl, Maxwell hätte auch verdient, für seine Leistungen ein ordentliches Honorar zu bekommen, von der Industrie, von Siemens, AEG usw., also vor allem von den Deutschen.

HALLER: Sicher, viele Millionen Dollar. Ich möchte auch betonen, daß die Maxwellschen Gleichungen von Haus aus relativistisch sind. Im Grunde hätte Maxwell sogar die Relativitätstheorie erfinden können, also lange vor Ihnen, Herr Einstein.

EINSTEIN: Ganz gewiß, aber zu meinem Glück hat er dies nicht getan. Aber er war sicher nahe dran, nur hat er nicht gemerkt, daß seine Gleichungen die Relativitätstheorie bereits in sich trugen. Immerhin, im Rahmen der Relativitätstheorie bleiben Maxwells Gleichungen völlig unverändert. Bei Ihnen, Mr. Newton, gibt es Probleme mit Maxwell, bei mir hingegen nicht.

NEWTON: In der Tat, ich hätte Probleme, Maxwells Gleichungen in meinen *Principia* unterzubringen. Hätte allerdings Maxwell seine Gleichungen zu meiner Zeit formuliert, hätte ich vermutlich die Relativitätstheorie erfunden, und die hätte ich liebend gern in meine *Principia* aufgenommen.

EINSTEIN: Da habe ich keine Probleme damit, sicher hätten Sie das getan. Aber für mich war es schließlich auch ganz gut, daß Sie die Relativitätstheorie nicht gefunden haben, sondern ich.

HALLER: Ich denke, es war ganz klar, daß zur Zeit Newtons die Relativitätstheorie nicht hätte gefunden werden können. Die Zeit war nicht reif dafür. Jedenfalls, eine wichtige Folge dieser Gleichungen von Maxwell ist, daß sich zeitliche Änderungen von elektrischen und magnetischen Feldern im Raum mit Lichtgeschwindigkeit ausbreiten. Das ist kein Zufall, denn Licht ist weiter nichts als ein elektromagnetisches Phänomen. Die Lichtwellen sind elektromagnetische Wellen, die wir nur deshalb mit dem Auge wahrnehmen, weil unser Auge auf die entsprechenden Wellenlängen anspricht, Wellenlängen im Bereich von einigen Millimetern, jedoch nicht auf andere elektromagnetische Wellen.

Die Röntgenstrahlen sind nichts weiter als elektromagnetische Wellen mit Wellenlängen, die wesentlich kürzer sind als die des normalen Lichtes. Radiowellen besitzen größere Wellenlängen, die Kurzwellen sind etwa im Bereich von einigen zehn Metern.

EINSTEIN: Wir sollten unserem Freund Newton ebenfalls klarmachen, daß elektromagnetische Wellen Quanteneigenschaften haben. Wenn sich eine elektromagnetische Welle mit Lichtgeschwindigkeit durch den Raum ausbreitet, wird die Energie nicht kontinuierlich übertragen, wie im Rahmen der klassischen Wellentheorie erwartet, sondern in Form von kleinen Energiepaketen, den Photonen, die ich 1905 in die Physik einführte. Das war auch sehr richtig, zu meinem Glück, denn den Nobelpreis, den ich meiner Frau Mileva vermachte und deshalb gut gebrauchen konnte, erhielt ich für diese Entdeckung. Für die Relativitätstheorie hätte ich sicher keinen solchen Preis bekommen, die war den Männern des Nobelkomitees viel zu spekulativ und zu weltfremd.

HALLER: Ganz sicher, die Relativitätstheorie galt zudem noch als sehr unsicher. Aber der Nobelpreis für die Photonen war auch ehrlich verdient. Das war eine gute Idee. Jetzt jedoch zurück zu den Maxwell-Gleichungen. Diese Gleichungen des Elektromagnetismus beschreiben die Dynamik der Photonen. Aber es ist wichtig, daß man sie im Sinne der Quantenphysik interpretiert, also letztlich die Theorie des Elektromagnetismus mit der Quantenphysik verbindet. Auf diese Weise erhält man die Theorie der Quantenelektrodynamik, meist abgekürzt als QED, einer Theorie, die allerdings erst im Verlauf der dreißiger Jahre des 20. Jahrhunderts entwickelt wurde, leider nicht von Ihnen, Herr Einstein.

EINSTEIN: Erinnern Sie mich nicht daran, das war ein dummer Fehler, es nicht zu tun. Statt dessen habe ich mich mit nutzlosen Theorien abgegeben. Ich hätte die QED ganz leicht erfinden können.

HALLER: Ist schon gut so, Sie haben schließlich genug geschaffen. Vor allem Werner Heisenberg und der aus Wien stammende Wolfgang Pauli haben hierzu wichtige Beiträge geliefert, aufbauend auf den Forschungen des englischen Theoretikers Paul Dirac, auf den wir bald noch in einem anderen Zusammenhang stoßen werden. Von Interesse ist, daß im Rahmen der Quantenelektrodynamik die Quantenmechanik, die Feldtheorie und Einsteins Relativitätstheorie miteinander vereinigt werden.

Im Rahmen der Elektrodynamik findet man insbesondere eine neue und wichtige Interpretation der elektromagnetischen Kräfte. Wir betrachten beispielsweise die Streuung zweier Elektronen aneinander. Die Teilchen bewegen sich frontal aufeinander zu, fliegen aneinander vorbei und bewegen sich anschließend wieder voneinander weg. Da sich beide Teilchen durch die wirkende elektrische Kraft voneinander abstoßen, ändern sich die Bewegungsrichtungen der

Abb. 2.2 Paul Dirac (links) und Werner Heisenberg im englischen Cambridge in den dreißiger Jahren des 20. Jahrhunderts

beiden Teilchen. Sie werden um einen bestimmten Winkel, der von den Details der Bahn abhängt, gestreut.
Wie kann man sich diese Streuung in dem theoretischen Bild der Quantenelektrodynamik vorstellen, in dem das elektromagnetische Feld Quanteneigenschaften besitzt und deren Energie durch die Photonenteilchen beschrieben wird?
Ein Elektron ist von einem elektromagnetischen Feld umgeben, das durch Photonen beschrieben wird. Ein schnell bewegtes Elektron kann man sich als ein geladenes massives Objekt vorstellen, das von einer Wolke von Photonen umgeben ist, die sich zusammen mit dem Elektron durch den Raum bewegt. Fliegen zwei Elektronen aneinander vorbei, vermischen sich die beiden Wolken. Da ein Photon nicht eine spezifische Hausnummer trägt, die es einem der beiden Elektronen eindeutig zuordnet, kommt es zu einem Austausch von Photonen. Ein Photon des einen Elektrons

findet sich nach der Begegnung als Teil der Wolke des anderen Elektrons, und umgekehrt. Da die Photonen zudem Energie und Impuls tragen, kommt es zu einer Änderung der Impulse und damit der Flugrichtungen der beiden Elektronen, die man als eine Kraftwirkung interpretiert. Die Kraft rührt also von dem Austausch der Photonen her. Deshalb sollte man auch besser von einer Wechselwirkung sprechen, und nicht von einer Kraft.

Im Fall von zwei Elektronen ist dies eine abstoßende Wechselwirkung. Betrachtet man die Begegnung eines Elektrons und eines Positrons, also des Antiteilchens des Elektrons, auf das wir später noch stoßen werden, kommt es wiederum zu einem Photonenaustausch zwischen den beiden Ladungswolken der beiden Teilchen, der allerdings jetzt eine Anziehung zur Folge hat.

Wichtig ist, daß die Quantenelektrodynamik die Aussage macht, daß die Kraftwirkungen zwischen elektrisch geladenen Teilchen wiederum durch Teilchen vermittelt werden, durch Photonen, also dieselben Quanten, die sich in der Natur als die Teilchen des Lichtes manifestieren.

Es gibt jedoch einen wichtigen Unterschied zwischen den Lichtteilchen und den Photonen, die die elektromagnetischen Kräfte vermitteln. Die Photonen des Lichtes bezeichnet man auch als freie oder reelle Photonen, weil sie unabhängig sind und nicht Teil einer Ladungswolke eines geladenen Teilchens. Für sie gilt stets, daß die Energie und der Betrag des Impulses gleich sind.

Ein Photon, das beispielsweise in einer Kernreaktion erzeugt wurde und eine Energie von einem Megaelektronenvolt (MeV) besitzt, hat gleichzeitig einen Impuls, der in eine bestimmte Richtung zeigt und den Betrag von einem MeV hat.

EINSTEIN: Unserem Freund Newton müssen wir noch sagen,

was ein eV ist, also ein Elektronvolt. Das ist die Energie, die ein Elektron erhält, wenn es die Spannungsdifferenz von einem Volt durchläuft. Es ist also eine sehr kleine Energie.

HALLER: Also, Teilchen mit dieser Eigenschaft besitzen keine Masse, denn ein massives Teilchen der Masse M besitzt, wenn es in Ruhe ist, die Energie $E = mc^2$ und keinen Impuls. Die Bedingung der Masselosigkeit Energie = Impuls kann also im Ruhezustand überhaupt nicht erfüllt werden, aber für Photonen ist das kein Problem.

Die Photonen, die für den Kräfteübertrag zwischen zwei geladenen Teilchen verantwortlich sind, können als Folge der Unschärferelation, die wir bald noch näher betrachten werden, jedoch beliebige Energien und Impulse besitzen. Sie werden deshalb als virtuelle Teilchen bezeichnet. Die elektrische Anziehung zwischen zwei entgegengesetzt geladenen Kugeln kommt also durch den Austausch virtueller Photonen zustande.

Die Stärke der Kraftwirkung hängt von der Stärke der Wechselwirkung zwischen den Kraftteilchen, also den Photonen, und den geladenen Teilchen ab. Obwohl die elektrische Anziehung oder Abstoßung über eine gewisse Distanz hinweg wirkt, besteht die eigentliche Wechselwirkung in dem Kontakt zwischen dem Elektron oder Positron und dem Photon. Man spricht in diesem Fall auch von einer lokalen Wechselwirkung, denn der Kontakt zwischen geladenen Teilchen und Photon findet in einem Punkt statt.

EINSTEIN: Jetzt müssen Sie aber auch etwas sagen zur Feinstrukturkonstante.

HALLER: Ja, darauf wollte ich ohnehin gleich kommen. Im Jahre 1916 bemerkte Arnold Sommerfeld in München, daß die Stärke der Wechselwirkung zwischen den Photonen und Elektronen durch eine reine Zahl beschrieben wird, die er als die Feinstrukturkonstante α bezeichnete und über die wir schon sprachen. Der Name besagt, daß diese Zahl eine Aussage über die Feinstruktur der atomaren Energieniveaus macht. In ihr kommt zum Ausdruck, was sich in der Folge durch die Entwicklung der Quantenelektrodynamik offenbarte, nämlich die Zusammenführung von Relativitätstheorie, Quantentheorie und Elektrodynamik, denn α ist durch den Ausdruck $4\pi e^2/hc$ gegeben, wobei e die Einheit der elektrischen Ladung bezeichnet. Es kommen also die elektrische Ladung e vor, repräsentativ für die Elektrodynamik, weiter die Konstante h der Quantentheorie und c als die grundlegende Konstante der Relativitätstheorie, die Lichtgeschwindigkeit – Maxwell, Einstein und Planck miteinander vereint.

Die Feinstrukturkonstante war die zweite fundamentale Konstante, die Einzug in die Physik hielt, nach dem Einzug der Konstanten der Gravitation, die Sie, Mr. Newton, einführten. Aber im Gegensatz zur Gravitationskonstanten ist die Konstante α eine reine Zahl, besitzt also keinerlei Dimension wie etwa Meter oder Sekunde. Sie muß experimentell ermittelt werden. Ihr heutiger Wert ist sehr genau bekannt, aber für unsere Zwecke reicht eine Genauigkeit von eins zu einer Million: Man findet $\alpha = 1/137{,}036$. Es handelt sich also um eine kleine Zahl, etwas kleiner als 0,01. Der reziproke Wert von α ist fast eine ganze Zahl, nämlich 137.

Diese Zahl ist die berühmteste Zahl der Naturwissenschaft überhaupt und war seit ihrer Einführung Anlaß für viele Spekulationen. Sie, Herr Einstein, wählten ja auch die Zimmernummer 137 im Athenaeum. Der Grund für die Spekulationen ist, daß α die Stärke der elektromagnetischen Wechselwirkung beschreibt und damit von grundlegender Bedeutung für die gesamte Naturwissenschaft und Technik ist. Vieles wäre anders in unserem täglichen Leben, wenn α

einen etwas anderen Wert besitzen würde als den beobachteten, denn die Strukturen der Atome oder Moleküle hängen entscheidend davon ab. Firmen wie Siemens hängen also ab von unserer Feinstrukturkonstanten, und Sommerfeld hätte eigentlich für die Einführung der Konstanten ein schönes Honorar von den Industriefirmen beziehen sollen. Aber er ging leer aus.

Wäre α nur ein wenig kleiner als beobachtet, so würden beispielsweise viele komplexe Moleküle gar nicht als stabile Systeme existieren, was kaum absehbare Folgen etwa für die Biologie haben würde. Es ist damit klar, daß eine theoretische Berechnung des Wertes von α einen beachtlichen Fortschritt im Verständnis der fundamentalen Wechselwirkungen darstellen würde, aber ich vermute, daß so eine Berechnung gar nicht möglich ist.

EINSTEIN: Da nehmen Sie aber den Mund ziemlich voll. Ich jedenfalls denke schon, daß man α irgendwann berechnen kann.

HALLER: Ich bin da skeptisch, aber ich möchte jetzt darüber mit Ihnen nicht streiten. Also weiter, wie schon erwähnt, handelt es sich bei den elektrischen und magnetischen Kräften um Phänomene, die durch eine lokale Wechselwirkung zwischen den geladenen Teilchen und den Photonen zustande kommen. Wenn sich zwei Elektronen abstoßen, tritt die elektromagnetische Wechselwirkung eigentlich zweimal in Aktion, einmal bei der Aussendung des virtuellen Photons an einem Punkt, den man als Vertex bezeichnet, und das zweite Mal bei der Absorption des Photons an einem anderen Vertex.

Vorgänge wie der gerade beschriebene werden in Form von Diagrammen dargestellt, benannt nach Richard Feynman vom Caltech, der leider nicht mehr unter uns weilt und der solche Diagramme als erster verwendete. Die beiden elementaren Wechselwirkungen sind durch die Größe der elektrischen Ladungen gekennzeichnet, die durch e gegeben ist. Damit ist die Kraft proportional zu e^2, und dies erklärt, warum in der Konstanten α das Quadrat von e vorkommt. Würde man statt Elektronen etwa die abstoßende Kraft von zwei Alphateilchen betrachten, deren Ladung nicht $-e$ wie beim Elektron ist, sondern $+2e$, wäre die abstoßende Kraft viermal so groß.

Feynman liebte seine Diagramme, und er besaß einen Kleinbus, auf den auf jeder Seite ein Diagramm gemalt war. Er erzählte mir einmal, daß er beim Tanken in Arizona in eine Tankstelle fuhr. Der Tankwart kam sofort und fragte ihn, wieso er Feynman-Diagramme an seinem Auto habe. Feynman antwortete stolz: Ich bin Feynman. Der Tankwart war sehr bewegt und weigerte sich, von einem Feynman Geld für das Benzin anzunehmen.

Übrigens, es mag etwas merkwürdig wirken, daß die Ladung des wichtigsten elektrischen Teilchens, des Elektrons, negativ ist. Es wäre besser, wenn diese Ladung positiv wäre, aber die Ausdrücke »positiv« und »negativ« gehen auf Benjamin Franklin zurück, der das einmal so festgelegt hat, und gegen Franklin kommt niemand an.

Die Tatsache, daß α eine recht kleine Zahl ist, hat bemerkenswerte Konsequenzen für die quantitative Beschreibung der Prozesse der Quantenelektrodynamik. Zum einen bedeutet es, daß die elektromagnetische Wechselwirkung recht schwach ist. Wenn ein Elektron mit Materie in Wechselwirkung tritt, etwa indem es mit einem Atom zusammenstößt, so ist dies meist keine besonders dramatische Angelegenheit. Meist wird das Elektron nur schwach abgelenkt. Nur selten kommt es zu einer stärkeren Ablenkung, denn diese Wahrscheinlichkeit entspricht in etwa der Größenordnung von α.

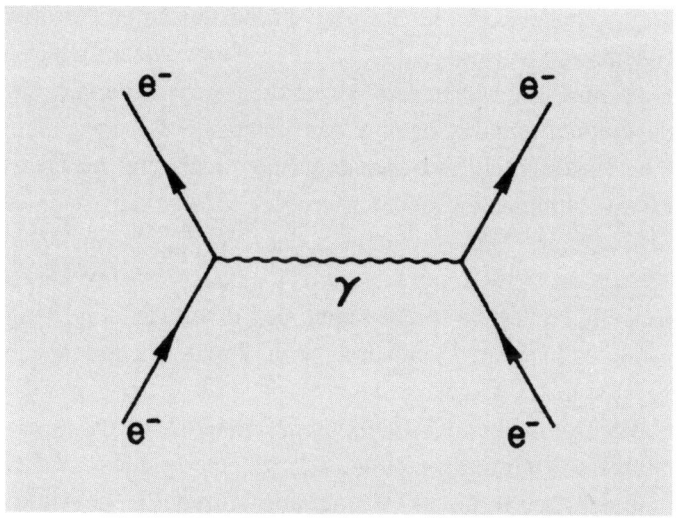

Abb. 2.3 Die Abstoßung zweier Elektronen wird in der Quantenelektrodynamik durch den Austausch eines virtuellen Photons zwischen den beiden Elektronen beschrieben, dargestellt durch ein Feynman-Diagramm. Die lokale Wechselwirkung findet an zwei Punkten statt, den beiden Vertices. Das virtuelle Photon bewegt sich von einem zum anderen Punkt und vermittelt auf diese Weise die wirkende Kraft

Wegen der Kleinheit von α ist es möglich, Quantenkorrekturen zu den grundlegenden Prozessen der QED zu berechnen, eine Prozedur, die man als Störungstheorie bezeichnet. Es handelt sich dabei um, wie man sagt, Prozesse höherer Ordnung, etwa wenn zwischen zwei Elektronen nicht ein, sondern zwei Photonen ausgetauscht werden. In diesem Fall muß die grundlegende elektromagnetische Wechselwirkung viermal bemüht werden, und die Stärke des Prozesses ist damit proportional zur vierten Potenz von e, also zu α^2.

Da α etwa 0,0073 ist, handelt es sich jetzt um einen Effekt, der von der Größenordnung von α^2 ist, also 0,00005. Weitere Quantenkorrekturen sind proportional zur dritten Potenz von α, also 0,0000004 etc. Trotz ihrer Kleinheit kann man solche Quantenkorrekturen auch experimentell bestimmen, und bis heute erhält man eine ausgezeichnete Übereinstimmung zwischen dem Experiment und der Theorie. Sie stimmen bis zu einer Genauigkeit von eins zu einer Milliarde überein.

EINSTEIN: Ich will ja nicht neidisch werden, aber ohne Übertreibung kann man sicher sagen, daß die QED die bislang erfolgreichste Theorie überhaupt ist, direkt schade, daß ich so wenig dazu beigetragen habe.

HALLER: Dem würde ich zustimmen. Die QED wird auch zunehmend wichtig für die Industrie. Zudem spielte die QED eine wichtige Rolle als Beispiel und Vorreiter einer erfolgreichen Quantenfeldtheorie. Die heutigen Theorien der Teilchenphysik sind alle nach dem Vorbild der QED konstruiert worden.

Für die Theorie der QED ist es wichtig, daß man neben den Elektronen und den Photonen auch die Antiteilchen, also die Positronen, mit in die Betrachtung einbezieht. Ohne die Positronen wäre die QED nicht in sich widerspruchsfrei zu formulieren.

Die Existenz der Antiteilchen ist für eine erfolgreiche quantentheoretische Beschreibung der elektromagnetischen Wechselwirkungen absolut notwendig. Dies wurde bereits vor der Entdeckung der Positronen im Jahre 1932 erkannt, und zwar von dem englischen Physiker Paul Dirac. Er versuchte gegen Ende der zwanziger Jahre, die Gesetze der neu entwickelten Quantentheorie mit der Relativitätstheorie zu verbinden. Er fand dabei eine Gleichung, die seither nach ihm als Dirac-Gleichung bezeichnet wird und die für die weitere Entwicklung der Quantenelektrodynamik und der Teilchenphysik sehr wichtig war. Wir werden auf diese Gleichung, die Dirac-Gleichung, später noch zurückkommen. Jedenfalls ist eine konsistente Behandlung der Gleichung nur möglich, wenn es neben den Elektronen auch Antiteilchen mit positiver Ladung gibt, die Positronen.

Wenn man Prozesse der Quantenelektrodynamik berechnet, muß man stets auch die Positronen mitberücksichtigen. In der Theorie geht man davon aus, daß die beteiligten Teilchen, also Elektronen, Positronen und Photonen, keine innere Struktur besitzen. Ein Elektron ist danach ein Massenpunkt, der eine elektromagnetische Wechselwirkung besitzt. Ganz so einfach ist jedoch die Situation nicht, denn aus der Quantentheorie folgt, daß der leere Raum nicht ganz leer ist, sondern mit virtuellen, d.h. nur bei ganz kleinen Abständen und in kleinen Zeiträumen existierenden Elektron-Positron-Paaren angefüllt ist.

EINSTEIN: Danach ist also ein Elektron ein kompliziertes Gebilde mit einer Wolke von Elektron-Positron-Paaren um sich herum.

HALLER: Ja, ein Elektron hat eine Wolke, allerdings kann man diese Wolke genau berechnen. Im Vakuum finden ständig Paarerzeugungs- und Paarvernichtungsreaktionen statt. Aus der Nähe betrachtet, ist das Vakuum also keinesfalls ein ruhiges Gebilde, als das es sich im Rahmen der klassischen Physik erweist. Je kleiner man die Distanzen wählt, bei denen man das Vakuum untersucht, um so heftiger werden die Prozesse der virtuellen Teilchen. Das Vakuum gleicht dann mehr einem brodelnden Hexenkessel als einem leeren Raum.

Man kann es auch mit dem Ozean vergleichen. Wenn man in großer Höhe über den Ozean fliegt, sieht man unter sich eine ebene, anscheinend unendlich große Wasserfläche, eine gute Annäherung an den perfekten zweidimensionalen

Raum. Verliert das Flugzeug an Höhe, ändert sich dies graduell. Erst beobachtet man leichte Kräuselungen der Wasseroberfläche, später stellen sich diese als beachtliche Wellen heraus, die sich zum Teil sogar überschlagen können. Ebenso der leere Raum, das Vakuum: Bei großen Distanzen ist es tatsächlich der leere, ruhige Raum, den wir makroskopisch mit unseren Sinnesorganen erfassen können. Bei kleinen räumlichen und zeitlichen Abständen stimmt dies aber in keiner Weise. Ständig werden virtuelle Elektron-Positron-Paare und Photonen erzeugt und kurz darauf wieder vernichtet.

NEWTON: Auf mikrophysikalischer Ebene herrscht also ein hektisches Treiben, ein Tanz der virtuellen Teilchen, von dem wir allerdings, makroskopisch gesehen, nichts bemerken, weil sich die Effekte dann herausmitteln.

HALLER: Makroskopische Folgen haben die Prozesse der virtuellen Teilchen nicht direkt, aber sie beeinflussen die Umgebung des Raumes um ein Elektron. Man kann sich dies folgendermaßen veranschaulichen. Nehmen wir an, wir würden ein Elektron an einen bestimmten Punkt des Raumes bringen. Da es negativ geladen ist, wird es die virtuellen Elektronen in seiner Nachbarschaft abstoßen und die virtuellen Positronen anziehen. Es kommt also zu einer Polarisation des Vakuums. In der Nähe des Elektrons überwiegen die virtuellen Positronen, was zur Folge hat, daß die elektrische Ladung des Elektrons teilweise durch die Wolke der virtuellen Positronen abgeschirmt wird.

NEWTON: Wenn wir also ein Elektron von außen betrachten, sehen wir kein punktförmiges Elektron, sondern das Elektron samt seiner aus virtuellen Teilchen bestehenden Wolke.

HALLER: Ja, man nennt dies ein physikalisches Elektron, im Unterschied zu einem Elektron ohne seine Polarisationswolke, das als nacktes Elektron bezeichnet wird und dessen elektrische Ladung größer als die Ladung des physikalischen Elektrons sein muß. Ein physikalisches Elektron ist ein wirkliches Teilchen, nicht jedoch ein nacktes Elektron, das ist nur so ein theoretisches Kunstprodukt.

Als Folge der Quantentheorie ist also ein punktförmiges Elektron gar nicht so punktförmig. Bei vergleichsweise großen Distanzen sieht es zwar wie ein Punkt aus, wenn man jedoch Distanzen untersucht, die kleiner als etwa ein Hundertstel der Ausdehnung eines Atoms sind, machen sich die Effekte der Vakuumpolarisation bemerkbar, und im Rahmen der Quantenelektrodynamik sind diese Effekte sehr bemerkenswert.

Wenn man ausrechnet, wie groß denn die Ladung des nackten Elektrons im Vergleich zur gemessenen Ladung des physikalischen Elektrons sein sollte, findet man ein unsinniges Resultat – sie ist unendlich groß, was kein so großes Wunder ist, denn, wie gesagt, das nackte Elektron ist ein theoretisches Kunstprodukt.

Dies ist nicht die einzige unangenehme Überraschung, die im Rahmen der Theorie auftritt. Etwas Ähnliches findet man, wenn man die Masse des Elektrons betrachtet. Entsprechend der Äquivalenz von Energie und Masse wird das elektrische Feld eines Elektrons zur Masse beitragen, denn ein elektrisches Feld bedeutet, daß im Raum eine Energiedichte vorliegt.

Eine Berechnung des Massenbeitrags des Feldes liefert wiederum ein unsinniges unendlich großes Resultat. Dies ist auch durchaus verständlich, denn im Rahmen der Theorie nimmt man an, daß das Elektron keinerlei innere Struktur besitzt, sondern punktförmig ist. Demzufolge wird das elektrische Feld bei sehr kleinen Distanzen sehr stark, und eine quantitative Betrachtung ergibt, daß der Feldbeitrag zur Masse unendlich groß ist. Die Annahme des unendlich Kleinen bezüglich der inneren Struktur des Elektrons führt also zu unsinnigen Unendlichkeiten.

Es könnte allerdings sein, daß das Elektron eine innere Struktur besitzt, die sich erst bei sehr kleinen Distanzen, sagen wir bei 10^{-18} cm, bemerkbar macht. Dann wäre das Elektron also nicht unendlich klein, sondern hätte einen zwar kleinen, aber endlichen Radius. Man kann sich leicht davon überzeugen, daß dann keine Unendlichkeiten mehr auftreten. Vielmehr tritt der Radius des Elektrons in den Rechnungen auf.

Trotz intensiver Bemühungen ist es bis heute nicht gelungen, einen experimentellen Hinweis auf eine Substruktur des Elektrons zu finden. Statt dessen kann man eine Grenze angeben – der innere Radius des Elektrons, falls er nicht Null, also unendlich klein ist, muß kleiner als etwa ein Hundertstel der Ausdehnung der Kernteilchen sein.

Es stellt sich die berechtigte Frage, ob man bei der Quantenelektrodynamik von einer erfolgreichen Theorie sprechen kann, wenn sie die erwähnten unsinnigen Resultate liefert. Die Antwort ist trotzdem positiv. Die unendlich große Ladung des nackten Elektrons ist im Grunde kein Problem, denn das nackte Elektron ist kein physikalisches Teilchen, sondern nur eine theoretische Konstruktion, ein Produkt unserer Gedankenwelt, das erst ins Spiel kommt, weil man das Elektron auf eine künstliche Art in einen Kern, das nackte Elektron, und die umliegende Hülle, bestehend aus virtuellen Teilchen, aufspaltet. Die Natur macht diese Aufspaltung nicht.

Man kann die Unendlichkeit einfach absorbieren, indem man die Ladung des physikalischen Elektrons an das experimentell gefundene Ergebnis anpaßt und die Ladung des nackten Elektrons ignoriert. Ebenso setzt man die Masse des Elektrons gleich seiner gemessenen Masse und ignoriert die Tatsache, daß die Rechnung ein unsinniges Resultat liefert, eine Prozedur, die man als Renormierung bezeichnet. Man kann zeigen, daß man damit eine logisch konsistente Beschreibung der Prozesse der Quantenelektrodynamik erhalten kann. Die formal auftretenden Unendlichkeiten fallen in den meßbaren physikalischen Größen heraus.

Als einer der Erfinder dieser Methode, Richard Feynman, sie auf einer Tagung in den USA vorstellte und nachwies, daß sich die auftretenden Unendlichkeiten tatsächlich aufheben, wenn man sich strikt auf meßbare Größen beschränkt, sagte sein skeptischer Kollege Robert Oppenheimer, der während des Zweiten Weltkriegs das amerikanische Atombombenprojekt leitete: »Mr. Feynman, aus der Tatsache, daß eine Größe unendlich ist, sollte man nicht notwendigerweise schließen, daß sie Null ist.« Die Ironie in diesen Worten war wohl doch nicht so recht angebracht, denn zumindest aus heutiger Sicht erwies sich der Pragmatismus, der sich hinter den Ideen der Renormierung verbirgt, als durchaus gerechtfertigt.

Wesentlich ist, daß im Rahmen dieses Zugangs zur quantenphysikalischen Beschreibung der Prozesse der Elektrodynamik eine Reihe bemerkenswerter Erfolge erzielt wurde. Bereits kurz nach Aufstellung seiner Gleichung konnte Dirac nachweisen, daß im Rahmen seiner Berechnung die Elektronen magnetische Eigenschaften besitzen müßten, die man durch ein bestimmtes magnetisches Moment beschreibt.

In der Tat stimmte das von Dirac errechnete magnetische Moment mit den experimentellen Resultaten überein. Erst Jahrzehnte danach stellten die Physiker fest, daß es doch eine kleine Abweichung zwischen dem Diracschen Wert des magnetischen Moments und dem Experiment gab, die allerdings recht klein war. Das gemessene Moment war etwa 0,1 Prozent größer als der Diracsche Wert. Dies stellte für die Theorie eine Herausforderung dar, die mit Bravour gelöst wurde.

Man konnte im Rahmen der QED zeigen, daß die kleine Abweichung ein Effekt der Renormierung war, also ein Effekt der virtuellen Teilchen, die das Elektron umgeben. Bei der Berechnung des magnetischen Moments fallen nämlich die unendlichen Größen heraus, und man erhält als Resultat ein Ergebnis, das so einfach ist, daß wir es hier sogar angeben können. Das magnetische Moment ist um den Betrag $\alpha/2\pi$ größer, was numerisch fast 0,1 Prozent ist.

Heute ist das magnetische Moment allerdings viel genauer bekannt, und man muß zum theoretischen Verständnis sehr genaue Berechnungen der durch die virtuellen Teilchen verursachten Quantenprozesse durchführen. Jedenfalls ist die Übereinstimmung zwischen Theorie und Experiment frappierend und verdeutlicht, daß die Quantenelektrodynamik tatsächlich eine korrekte theoretische Beschreibung der mikrophysikalischen Prozesse liefert – ein Triumph der Theorie.

EINSTEIN: Ja, das hört sich ganz gut an. Ich muß gestehen, daß ich Anfang der fünfziger Jahre davon nicht viel hielt. Zwar las ich die Arbeiten von Feynman, aber ich verstand sie nicht. Feynman war sicher ein guter Redner, aber seine Arbeiten waren wirklich ziemlich unleserlich.

HALLER: Das kann ich bestätigen. Gerade die frühen Arbeiten von Feynman sind schwierig zu lesen. Feynman war ein intuitiv denkender Physiker, und mit der schriftlichen Ausarbeitung seiner Ideen nahm er es nicht so ernst. Jeder, der seine Intuition nicht genau nachvollziehen konnte, hatte Probleme mit dem Lesen seiner Arbeiten, und das war jeder, mit einer Ausnahme: Feynman selbst.

Aber jetzt, schlage ich vor, ist es Zeit für eine kleine Kaffeepause. Ich würde sagen, wir gehen kurz vor ins Restaurant.

Damit war die Diskussion unterbrochen. Die drei Physiker gingen in den Speisessaal des Athenaeum und ließen sich in der Ecke nieder.

3. Kapitel

Elementare Wechselwirkungen und Quantentheorie

Nach der Kaffeepause setzten die drei Physiker in der Bibliothek ihre Diskussion fort.

HALLER: Ein anderer Quanteneffekt, den ich hier erwähnen möchte, hat mit der Stärke der elektrischen Ladung zu tun. Wie bereits dargelegt, wird die elektrische Ladung eines Elektrons teilweise durch die Wolke der virtuellen Teilchen abgeschirmt. Wenn man nun bei dem Elektron einen Teil seiner Ladungswolke entfernt, wird die Abschirmung der Ladung etwas kleiner, und die elektrische Ladung des verbleibenden Teilchens wäre etwas größer als die gemessene Ladung.
Dies bedeutet, daß sich der effektive Wert der Feinstrukturkonstanten etwas vergrößert. Eine partielle Entfernung der Ladungswolke ist zwar für ein physikalisches Elektron nicht direkt möglich, jedenfalls nicht auf Dauer. Jedoch kann man sich hier auf andere Weise behelfen, und zwar, indem man ein Elektron mit einem anderen Elektron oder Positron bei hohen Energien zur Kollision bringt. Hohe Energien bedeuten, daß sich die Teilchen bei der Begegnung sehr nahe kommen, und zwar so nahe, daß die Abschirmung durch die Ladungswolken teilweise aufgehoben wird.

Bei der Kollision agieren also die Teilchen, als ob für sie der effektive Wert von α etwas größer wäre als der Wert, der etwa in der Atomphysik gemessen wird. Die Experimente wurden insbesondere im letzten Jahrzehnt des 20. Jahrhunderts mit Hilfe der Teilchenbeschleuniger LEP am CERN und SLC in Stanford durchgeführt. Der gemessene Wert der Konstanten α erwies sich als etwa 7 Prozent größer als der eingangs erwähnte Wert und entsprach damit genau der theoretischen Erwartung. Wiederum hätte die Übereinstimmung zwischen Theorie und Experiment nicht besser sein können.

EINSTEIN: Das ist schon bemerkenswert. Der Effekt hat doch auch mit der Quantentheorie zu tun, ist letztlich also eine Bestätigung dieser Theorie. Kann man das so sagen?

HALLER: Zweifellos. Die Theorie der QED, einst von Dirac, Heisenberg, Pauli und einer Reihe anderer Theoretiker konzipiert für eine Beschreibung der atomphysikalischen Phänomene, erwies sich als erstaunlich zäh. Quantentheorie und Relativitätstheorie vereint – dagegen war kein Kraut gewachsen. Selbst bei Energien, die über das Milliardenfache der typischen atomaren Energien hinausgehen, erwiesen sich die Feldgleichungen der QED als zuverlässige theoretische Leitlinien für die Beschreibung der Phänomene. Dies allein genügt, um die Schaffung der QED als eines der intellektuellen Meisterstücke des 20. Jahrhunderts zu würdigen. Sie sehen also, Sie haben da etwas verpaßt. Tatsächlich ist die Theorie jedoch noch viel mehr, nämlich das Vorbild, nach dem die heutigen Theorien der fundamentalen Teilchen und Felder im Verlauf der zweiten Hälfte des 20. Jahrhunderts geschaffen wurden. Das werden wir noch genauer sehen.

Eine wichtige Eigenschaft der QED sei aber hier schon erwähnt. Als der deutsche Mathematiker und theoretische

Abb. 3.1 Der Mathematiker Hermann Weyl

Physiker Hermann Weyl die Gleichungen der QED in den dreißiger Jahren des 20. Jahrhunderts näher untersuchte, bemerkte er eine neuartige Symmetrie, die in den Gleichungen automatisch angelegt war, ohne daß die Schöpfer der Theorie dies von vornherein so gesehen hatten, und die in der Folge als Eichsymmetrie bezeichnet wurde.

Das Quantenfeld, das die Elektronen und Positronen beschreibt, ist ein komplexes Feld. Dies bedeutet, daß das Feld an jedem Punkt im Raum durch eine komplexe Zahl beschrieben wird. Eine komplexe Zahl besteht nun aber eigentlich aus zwei Zahlen, die man üblicherweise in einer Ebene beschreibt, in der komplexen Ebene. Zur Beschreibung der Zahl erweist es sich als besonders günstig, sie durch die Angabe des Abstandes vom Nullpunkt und durch einen Richtungswinkel, auch Phasenwinkel genannt, festzulegen.

Im Rahmen der QED wird jedoch der Phasenwinkel des Elektronfeldes nicht festgelegt. Er kann beliebig sein. Man kann ihn beliebig drehen, ohne daß sich für die durch das

Feld beschriebenen Elektronen etwas ändert. Man nennt dies eine Eichtransformation. Wichtig dabei ist jedoch, daß man dieselbe Drehung an jedem Punkt des Raumes macht. Dreht man den Phasenwinkel des Feldes in Paris um 20 Grad, muß man ihn in Berlin ebenfalls um 20 Grad drehen.
NEWTON: Eine merkwürdige Bedingung – wieso soll denn das Feld in Paris davon wissen, daß in Berlin gedreht wurde?
HALLER: Genau dies ist das Problem. Würde man jedoch an verschiedenen Orten verschieden drehen, also den Winkel in Berlin um 10 Grad, in New York um 37 Grad und in Tokio um 73 Grad, ist es inkonsistent. Man kann also globale Umeichungen des Feldes machen, nicht jedoch lokale. Man spricht deshalb von einer globalen Eichsymmetrie im Gegensatz zu einer lokalen Eichsymmetrie.

Weyl fand diese Eigenschaft mit Recht nicht sehr befriedigend, und er versuchte die Gleichungen so abzuändern, daß man an jedem Punkt eine beliebige Drehung durchführen konnte. Bei einem Elektronfeld, das keinerlei Wechselwirkungen unterliegt, ist dies, wie schon erwähnt, nicht möglich, wohl aber dann, wenn das Elektronfeld, wie in der Natur beobachtet, in Wechselwirkung mit dem elektromagnetischen Feld steht. Die Änderungen, die bei unterschiedlichen Drehungen des Phasenwinkels in den Gleichungen auftreten, können dann durch eine Änderung der Beschreibung des elektromagnetischen Feldes, also durch eine Umeichung des elektromagnetischen Feldes, kompensiert werden.

Die beiden Eichprozeduren, also Umeichung des Elektronfeldes durch Drehung der Phasenwinkel und Umeichung des elektromagnetischen Feldes, müssen dabei genau ineinandergreifen, wie zwei Zahnräder im Getriebe eines Autos. Nur dann kann eine Kraft übertragen werden, beim Getriebe ebenso wie im Fall des Elektromagnetismus. Es liegt jetzt eine lokale Eichsymmetrie vor. Dieses Ineinandergreifen der beiden Umeichungen ist allerdings nur möglich, wenn die Quanten des elektromagnetischen Feldes, also die Photonen, den Spin 1 besitzen. Dies ist in der Tat der Fall. Hätten die Photonen den Spin 0, also keinen Spin, wäre das Ineinandergreifen nicht möglich. Dann funktioniert es nicht. Damit sind die elektromagnetischen Kräfte eine Konsequenz dieser lokalen Eichsymmetrie. Das wechselwirkende System Elektron-Positron-Photon besitzt also eine besonders hohe Symmetrie. Diese ist einfacher als die Symmetrie, die sich ergibt, wenn keine Wechselwirkung vorliegt. Zudem kann man zeigen, daß die lokale Eichsymmetrie automatisch erzwingt, daß das Photon masselos ist. Die Gleichungen der QED könnte man durchaus so verändern, daß das Photon eine bestimmte Masse hat, nur müßte man dann die lokale Eichsymmetrie aufgeben. Masselosigkeit und Eichsymmetrie sind also eng miteinander verbunden.

Weiterhin hat die Symmetrie zur Folge, daß die elektrische Ladung eine streng erhaltene Größe ist. Ladung kann nicht erzeugt oder vernichtet werden. Besitzt ein System eine bestimmte Ladung, so kann man sicher sein, daß sich diese im Lauf der Zeit nicht ändert, sofern es nicht in Kontakt mit anderen Systemen tritt. Ladungserhaltung und lokale Eichsymmetrie sind demnach eng miteinander verwoben.

Die QED ist also eine Theorie der Wechselwirkung von geladenen Teilchen und Photonen, deren Grundlage die lokale Eichsymmetrie ist. Man nennt sie deshalb auch eine Eichtheorie, ein Begriff, der nicht von Weyl selbst geprägt wurde, sondern erst 40 Jahre nach seinen Arbeiten aufkam, Anfang der siebziger Jahre.

EINSTEIN: Als Weyl die lokale Eichsymmetrie der QED entdeckte, war dies kein Zufall. Weyl folgte einem theoretischen Pfad, der vorher von mir begangen worden war. Im

Jahre 1916 hatte ich die Theorie der Gravitation, also die Allgemeine Relativitätstheorie, publiziert. Auch in dieser Theorie ist es möglich, Eichtransformationen durchzuführen, allerdings von etwas anderer Art als in der QED, und wir wollen hier auf die Unterschiede nicht genauer eingehen. Im Grunde handelt es sich um Abänderungen des Koordinatensystems. Wie im Fall der QED sind die Eichtransformationen in meiner Theorie eng mit den vorliegenden Erhaltungsgesetzen verknüpft, im Fall der Gravitation sind dies die Gesetze der Erhaltung von Energie und Impuls.

HALLER: Ja, ganz richtig, und wir werden in der Folge sehen, daß die Idee der lokalen Eichsymmetrie weit über den Rahmen der QED hinausgeht und für die Beschreibung der Wechselwirkungen der Elementarteilchen von grundlegender Bedeutung ist.

Aber jetzt zurück zur Atomphysik. Gegen Ende des 19. Jahrhunderts stellte es sich heraus, daß die Atome doch nicht unteilbar sind, sondern sogar vergleichsweise leicht in ihre Bestandteile aufgespalten werden können. Die Größe eines Atoms wird durch seine Hülle festgelegt, die aus Elektronen besteht, denjenigen Elementarteilchen, mit deren Hilfe auch der elektrische Strom übertragen wird.

Die Masse eines Elektrons wird wie die Massen aller anderen Teilchen normalerweise nicht in der für die Mikrophysik völlig unhandlichen Maßeinheit von Kilogramm angegeben, sondern in Energieeinheiten, in Elektronenvolt.

Entsprechend der von Ihnen im Jahre 1906 entdeckten Äquivalenz von Energie und Masse, ausgedrückt durch die Gleichung $E = mc^2$, ist es möglich, die Masse eines jeden Objekts, also auch des Elektrons, in Elektronenvolt anzugeben.

Ein Elektronenvolt, abgekürzt eV, ist die Energie, die ein Elektron aufnimmt, wenn es durch eine elektrische Spannung von einem Volt beschleunigt wird. Wenn man die Spannung einer Monozelle von 1,5 V benutzt, um zwei gegenüberliegende Metallplatten damit aufzuladen, wird ein Elektron, das sich in der Nähe der negativ geladenen Platte befindet, in die Richtung der positiv geladenen Platte beschleunigt. Wenn es dort dann ankommt, besitzt es die Bewegungsenergie von 1,5 eV.

Für viele Belange der Teilchenphysik ist die Einheit eV jedoch zu klein. Deshalb benutzt man häufig das Kiloelektronenvolt (1 keV = 1000 eV), Megaelektronenvolt (1 MeV = 1000 keV), Gigaelektronenvolt (1 GeV = 1000 MeV) und Teraelektronenvolt (1 TeV = 1000 GeV). Beispielsweise besitzen die Elektronen, die auf den Bildschirmen der Computer und Fernsehgeräte die Bilder erzeugen, eine Energie von einigen 10 keV.

Der LEP-Beschleuniger, der bis Ende des Jahres 2000 am europäischen Forschungszentrum CERN lief, war in der Lage, Elektronen bis auf eine Energie von etwa 110 GeV zu beschleunigen.

Aber zurück zu den Atomen. Die Masse eines Atoms findet sich fast ausschließlich im Atomkern konzentriert. Die Elektronenmasse beträgt nur etwa 1/2000 – genauer 1/1837,2 – der Masse des leichtesten Atomkerns, der Masse des Wasserstoffatoms. Nach der Entdeckung des Elektrons spekulierte man, daß die gesamte Materie eines Atoms aus Elektronen besteht, eingebettet in eine diffus verteilte und elektrisch positiv geladene Materie.

EINSTEIN: Und das war völlig falsch, obwohl ich anfänglich auch so etwas gedacht hatte.

HALLER: Ja, bereits kurz nach Beginn des 20. Jahrhunderts stellte man fest, daß der Hauptteil der Masse der Atome nicht von Elektronen herrührt, sondern von einem massiven Kern. Das entscheidende Experiment wurde von Ernest

Abb. 3.2 Der Ring des LEP bei Genf verläuft zwischen dem Genfer Flughafen und dem Juragebirge

Rutherford und seinen Mitarbeitern an der Universität Manchester in England im Jahre 1909 durchgeführt. Sie benutzten Alphastrahlen, die von einer radioaktiven Substanz ausgestrahlt wurden. Später stellte sich heraus, daß die Alphastrahlen weiter nichts sind als schnell bewegte Atomkerne des Elements Helium.

Die Alphastrahlen ließ man durch eine dünne Goldfolie hindurchfliegen. Die ganze Apparatur wurde mit Schirmen aus Zinksulfid umgeben. Wenn ein Alphateilchen auf ein Zinksulfidmolekül trifft, wird ein kleiner Lichtblitz ausgestrahlt, der im verdunkelten Labor mit dem bloßen Auge sichtbar ist. Auf diese einfache Weise ließ sich leicht feststellen, ob ein Alphateilchen bei Durchdringen der Folie mit einem der Atome in näheren Kontakt gekommen war, denn dann erfolgte eine Streuung, d.h. die Richtung der Bewegung der Teilchen änderte sich. Meist war diese Änderung sehr klein, gelegentlich erfolgte auch eine stärkere Streuung mit Streuwinkeln von 10 Grad oder mehr.

Rutherford und seine Mitarbeiter gingen sehr systematisch vor und prüften nach, ob nicht auch manchmal ein Alphateilchen in die Goldfolie hinein- und nach einer Kehrtwendung wieder zurückflog, wie ein Tennisball, der auf eine feste Wand prallt. Niemand erwartete, daß dies geschehen könnte, jedoch genau dieser Fall trat ein. Im Mittel ereilte ein von 8000 Alphateilchen dieses Schicksal. Es wurde rückwärtsgestreut, sehr zur Überraschung der am Experiment beteiligten Physiker.

Rutherford sagte später: »Es war das Unglaublichste, was ich je erlebte. Es war so, als würde man eine 15-Inch-Granate auf Seidenpapier schießen, worauf diese dann zurückgeschleudert wird und den Kanonier trifft.«

Fast zwei Jahre dauerte es, bis Rutherford das Problem auch theoretisch durchschaut hatte. Es gab nur eine Möglichkeit, die merkwürdige Rückwärtsstreuung der Teilchen zu verstehen: Praktisch die gesamte Masse und die positive Ladung der Goldatome in der Folie mußten in einem sehr kleinen Volumen im Innern des Atoms konzentriert sein, bildeten also eine Art Kern des Atoms, während die Elektronen, die nur sehr wenig zur Gesamtmasse des Atoms beitrugen, im gesamten atomaren Raum herumschwirrten.

Es gelang durch weitere Experimente, die Größe des Kerns abzuschätzen. Er war etwa zehntausendmal kleiner als der atomare Radius, also etwa 10^{-12} ... 10^{-13} cm. Das Volumen des Kerns war damit im Vergleich zum atomaren Volumen lächerlich gering. Die Atome waren also praktisch leerer Raum. Wenn man die Oberfläche eines Diamanten berührt, hat man den Eindruck, es handelt sich um einen sehr festen Körper. Dies stimmt auch, jedoch wird die Härte des Diamanten durch das Zusammenwirken der elektrischen Kräfte zwischen den Atomkernen und den Elektronen erzeugt. Auch ein Diamant besteht hauptsächlich aus leerem Raum – Alphateilchen durchdringen einen Diamanten ebensoleicht wie eine Goldfolie.

Was hatte Demokrit einst gesagt? »Nichts existiert außer den Atomen und dem leeren Raum.« Was würde er heute sagen, wenn er erfahren würde, daß auch die Atome vor allem aus leerem Raum bestehen?

Wie Rutherford selbst oft betonte, benötigt ein Experimentalphysiker auch eine gehörige Portion Glück, um eine wichtige Entdeckung zu machen. Wie sich später herausstellte, war dies bei seinem Alphastrahlen-Experiment sehr wohl der Fall. Der Zufall wollte es, daß Rutherford eine radioaktive Quelle benutzte, die Alphateilchen mit einer Energie von 5 MeV erzeugte. Diese Energie war ideal für die Entdeckung der Atomkerne. Wäre die Energie höher gewesen, wären die Alphateilchen mit den Atomkernen komplizierte Reaktionen eingegangen, und es wäre nicht möglich gewesen, die Resultate auf einfache Weise zu interpretieren. Wäre die Energie jedoch niedriger gewesen, hätte man die Rückwärtsstreuung überhaupt nicht beobachtet.

EINSTEIN: Ja, da hat Rutherford mächtig Glück gehabt. Aber das brauchen die Experimentalphysiker immer, und die guten bekommen es auch, zumindest gelegentlich.

HALLER: Rutherford konnte zeigen, daß die Ablenkung der Alphateilchen nach einem einfachen Kraftgesetz erfolgte. Die Alphateilchen waren positiv, die Atomkerne ebenfalls, und die Streuung der Teilchen erfolgte durch nichts anderes als die Abstoßung der beiden positiv geladenen Objekte. Im Innern der Atome herrschte also das bekannte elektrische Kraftgesetz – gleichnamige Ladungen stoßen sich ab, ungleichnamige ziehen sich an.

Hätte Rutherford seine Experimente mit Elektronenstrahlen durchgeführt, hätte er ähnliche Streuphänomene beobachtet, nur wäre die Streuung dann das Resultat der elektrischen Anziehung zwischen Elektron und Kern gewesen. Allerdings gab es zu jener Zeit keine Möglichkeit, einen Strahl von Elektronen mit einer Energie von ca. 5 MeV zu erzeugen.

Mit der Aufstellung des Rutherfordschen Atommodells begann eine rasante Entwicklung, die schließlich zum heute vorliegenden Atommodell führte. Danach bestehen die Atome aus einer Hülle von Elektronen, die den Atomkern umschwirren. Die elektrische Ladung eines Atoms ist Null. Die positive Ladung des Kerns wird genau durch die negative Ladung der Elektronen in der Hülle kompensiert. Die positive Ladung des Atomkerns rührt dabei von positiv geladenen Teilchen her, den Protonen.

Das einfachste Atom ist das Wasserstoffatom, dessen Hülle nur aus einem Elektron besteht, das sich um den Kern be-

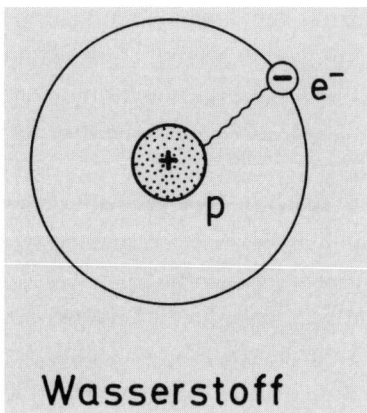

Wasserstoff

Abb. 3.3 Das Wasserstoffatom, bestehend aus Atomkern und Elektronenhülle

wegt. Der Kern trägt eine positive elektrische Ladung, das Elektron ist negativ geladen – Kern und Elektron ziehen sich also elektrisch an. Der ständigen Bewegung des Elektrons um den Kern ist es zu verdanken, daß es nicht in den Kern hineingezogen wird.

Man kann sich das Wasserstoffatom wie ein mikroskopisches Planetensystem vorstellen, im Mittelpunkt der schwere Kern, stellvertretend für die Sonne, außen das leichte Elektron, stellvertretend für die Erde. Das Elektron bewegt sich auf einer Kreisbahn um den Kern, so daß sich die zum Kern hin wirkende elektrische Anziehung und die entgegengesetzt wirkende Zentrifugalkraft genau aufheben.

NEWTON: Es fällt auf, daß alle Atome dieselbe Struktur besitzen. Alle Wasserstoffatome gleichen sich wie ein Ei dem anderen. Das ist seltsam.

HALLER: Ja, nach den Gesetzen der klassischen Physik ist dies schwer zu verstehen, denn diese Gesetze kennen keine innere Skala. Es spielt keine Rolle, ob das Elektron vom Kern ein Millionstel Zentimeter oder ein Tausendstel oder auch das Tausendfache davon entfernt ist. Warum richtet das

Elektron dann seine Geschwindigkeit im Wasserstoffatom immer genau so ein, daß die Entfernung vom Kern stets dieselbe ist?

Auch die Stabilität der Atome ist im Rahmen der klassischen Physik nicht verständlich. Da das Elektron eine elektrische Ladung besitzt, die sich ständig um den Kern bewegt, erwartet man, daß es sich wie ein kleiner elektromagnetischer Sender verhält und Energie in Form von elektromagnetischen Wellen abstrahlt. Diese Energie müßte der Bahnbewegung des Elektrons entzogen werden, so daß das Elektron nach kurzer Zeit in den Kern stürzen würde. Davon kann jedoch keine Rede sein. Folglich muß ein Mechanismus existieren, der die Elektronen stabil auf ihren Bahnen kreisen läßt.

Dieser Mechanismus wird von der Quantentheorie geliefert. Sie liefert den theoretischen Rahmen, der es erlaubt, die Phänomene der Mikrophysik zu beschreiben. In der Welt der Atome oder der subatomaren Teilchen gelten die Gesetze der normalen Mechanik, die jeder intuitiv erfaßt, nicht mehr. Obwohl die ersten Ideen zur Quantentheorie von dem deutschen Physiker Max Planck im Jahre 1900 entwickelt wurden, dauerte es mehr als zwanzig Jahre, bis die Konsequenzen dieser Ideen klar wurden, vor allem durch die Arbeiten von Niels Bohr, Arnold Sommerfeld, Werner Heisenberg und Wolfgang Pauli. Bis heute ist es jedoch ein Mysterium geblieben, warum die Quantentheorie überhaupt so erfolgreich in der Beschreibung der Mikrophysik ist.

Mein früherer Kollege am California Institute of Technology Richard Feynman, selbst einer der führenden Quantentheoretiker, äußerte oft das Bonmot: »Niemand versteht die Quantentheorie.« Für den Rest der Welt war das eine glatte Zumutung, denn kaum jemand verstand die Quantentheorie besser als Feynman.

Niels Bohr, einer der Begründer der Theorie, pflegte zu sagen, daß niemand die Quantentheorie verstanden habe, dem nicht gleichzeitig schwindlig im Kopf werde. Und das sagten diejenigen Männer, die selbst viel zu der Theorie beigesteuert haben. Ihnen müßte dann eigentlich immer schwindlig sein.

EINSTEIN: In der Tat, auch mir wird schwindlig, wenn ich an die Quantentheorie denke. Vielleicht ist das doch nicht der wahre Jakob.

HALLER: Wenn Ihnen schwindlig wird, dann ist das o.k., denn uns allen wird schwindlig, aber das mit dem wahren Jakob nehme ich Ihnen nicht ab. Wir haben schlicht keine bessere Theorie, basta. In der Tat erfordert die Quantentheorie einen Bruch mit den anschaulichen Vorstellungen, die jeder im Laufe seines Lebens entwickelt hat. Begriffe, die wir täglich verwenden und die fest in unserem intuitiven Erfassen der Wirklichkeit verankert sind, werden plötzlich sinnlos.

Im Bereich der Mikrophysik sind Vorgänge erlaubt, die nach den Vorstellungen der klassischen Mechanik nicht möglich sind. Es scheint so, als wären wir nicht in der Lage, mit Hilfe der anschaulichen Vorstellungen, die sich im Laufe der Evolution herausgebildet haben, die Dynamik der Mikrophysik zu erfassen. Trotzdem ist es möglich, die ablaufenden Prozesse mit Hilfe der Quantenphysik zu berechnen, und die Ergebnisse stehen in glänzender Übereinstimmung mit den Messungen. Ein tieferes Verständnis ist nicht oder nur unzulänglich möglich. Damit müssen Sie sich, Mr. Einstein, nun einmal abfinden. Unsere Erfahrungswelt hat sich durch die klassische Physik herausgebildet. Wir sind von Natur aus keine Quantenphysiker. Die Quantenphysik können wir im Grunde gar nicht tief erfassen, nur einigermaßen erahnen.

EINSTEIN: Sie sehen, lieber Newton, Ihr Gehirn und auch meines sind zu klein, um die Quantentheorie zu verstehen.

HALLER: Das mag schon sein, aber die Gehirne von uns allen sind zu klein, nicht nur die Ihrigen. Die Gehirne von Einstein und Newton gehören immerhin schon zu den besten, die wir auf der Welt haben.

Eine der wesentlichen Aussagen der Quantenphysik besagt, daß die für die Beschreibung der Bewegung des Elektrons um den Kern erforderlichen physikalischen Größen wie Geschwindigkeit und Ort niemals genau gemessen werden können, sondern stets nur innerhalb gewisser Unschärfen, die durch die von Werner Heisenberg zuerst erkannten Unschärferelationen festgelegt sind.

Eine Folge dieser neuen Deutung der im Innern der Atome ablaufenden Dynamik ist die Aufgabe einer exakten Beschreibung der atomaren Vorgänge. Man kann nur jeweils die Wahrscheinlichkeit dafür angeben, daß ein bestimmter Prozeß stattfindet. So ist es unmöglich, gleichzeitig den Ort und die Geschwindigkeit eines Elektrons genau anzugeben. Legt man Wert auf eine möglichst genaue Angabe des Ortes, muß man Abstriche bei der Geschwindigkeit machen, und umgekehrt. Die Größe der Unschärfe wird dabei vom Wirkungsquantum h bestimmt, wie Heisenberg herausgefunden hat.

EINSTEIN: Schrecklich. Wenn man Ihnen glaubt, ist Gott weiter nichts als ein Glücksspieler. Ich glaube das nicht, Gott würfelt nicht, er weiß genau, was er will.

HALLER: Mit Gott hat das nichts zu tun, wir reden von den mikrophysikalischen Tatsachen. Unschärfebeziehungen gibt es auch bei makroskopischen Körpern, etwa bei einem fahrenden Auto. Nur sind hier die von der Quantentheorie erzwungenen Unschärfen zwischen dem Ort und der Geschwindigkeit so winzig, daß man sie problemlos ver-

nachlässigen kann, und dies ist letztlich der Grund für die Tatsache, daß unser intuitives Erfassen der Naturprozesse die Quantennatur der Wirklichkeit völlig ausblendet.
In der Atomphysik ist dies jedoch nicht möglich. Es ist genau diese Unschärfe, die die Größe etwa eines Wasserstoffatoms festlegt. Im Atom ist die Größe der Unschärfe des Ortes des Elektrons durch den Durchmesser der Atomhülle gegeben, also etwa durch 10^{-8} cm. Nehmen wir jetzt an, wir würden ein Wasserstoffatom betrachten, dessen Hülle viel kleiner ist, sagen wir hundertmal kleiner. Jetzt wäre das Elektron viel stärker lokalisiert als im normalen Wasserstoffatom. Infolge der Unschärferelation besitzt das Elektron jetzt eine hundertmal größere Unschärfe der Geschwindigkeit, so daß es sich im Mittel viel schneller bewegen muß als im normalen Atom.
Eine höhere Geschwindigkeit bedeutet jedoch eine höhere Energie, mithin würde das kleinere Atom eine größere Energie besitzen als ein normales Atom. Dem steht jedoch ein wichtiges Prinzip der Natur entgegen: Jedes System, auch jedes Atom, versucht, im Zustand der niedrigsten Energie zu sein. Das kleinere Atom wäre mithin nicht stabil, sondern würde sich in kurzer Zeit unter Energieabstrahlung ausdehnen, bis es die Größe des normalen Atoms angenommen hat.

NEWTON: Wie verhält es sich dann mit künstlichen Atomen, die größer als die normalen Atome sind? Werden die dann kleiner?

HALLER: Genau dies passiert. Wir können als Beispiel ein künstliches Atom betrachten, das hundertmal größer als ein normales Atom ist. Um ein solches Atom herzustellen, müßten wir das Elektron vom Kern wegziehen. Also müßte Energie aufgewendet werden, um ein solches Atom herzustellen. Wiederum ist also die Energie des neuen Atoms größer als die Energie des normalen Atoms. Auch das größere Atom wird nach kurzer Zeit in den Normalzustand übergehen. Letzterer ist der atomare Zustand mit der geringsten Energie. Man kann das Elektron nicht zwingen, noch mehr Energie abzugeben. Es ist mithin die Unschärfebeziehung zwischen dem Ort und der Geschwindigkeit, die die Größe der Atome fixiert. Sie sehen, Mr. Einstein, daß die Quantenmechanik es schafft, die Größe der Atome zu erklären. Keine andere Theorie kann das.

Genaugenommen tritt in den Unschärfebeziehungen nicht die Geschwindigkeit direkt auf, sondern der Impuls, also das Produkt von Geschwindigkeit und Masse. Die Größe der Atomhülle hängt deshalb direkt von der Elektronenmasse ab. Wäre die Masse des Elektrons hundertmal kleiner als in der Natur beobachtet, so wäre die Atomhülle hundertmal größer, also etwa ein Millionstel eines Zentimeters groß. Wäre sie tausendmal größer, dann wäre der Durchmesser der Atomhülle nur etwa hundertmal größer als der Durchmesser des Kerns.

EINSTEIN: Interessant, die durch die Quantentheorie erzwungene universelle Größe der Atome bringt also ein wesentliches Element der Stabilität in die Natur ein. Die Tendenz der Natur, trotz ständiger Änderungen letztlich immer wieder dieselben Formen hervorzubringen, sei es in der Atomphysik, in der Chemie oder in der Biologie, läßt sich letztlich nur im Rahmen der Quantenphysik verstehen. Immerhin, das macht mir die Quantenphysik jetzt etwas sympathischer, auch wenn ich mir den Gott, der würfelt, nicht so recht vorstellen kann.

HALLER: Ja, in diesem Sinn ist die Quantentheorie sehr wichtig. Entsprechend den Gesetzen der klassischen Physik könnte man beliebig kleine Atome haben, im Grenzfall könnte ein Atom unendlich klein sein. Dies würde jedoch der Quantentheorie widersprechen. Letztere ist also für das Auftreten der typischen atomaren Skala von etwa 10^{-8} cm verantwortlich, auch wenn die genaue Größe dieser Skala nicht verstanden ist, denn sie hängt ja von der Elektronenmasse ab, die wir bis heute nicht verstehen. Wir können sie nur genau messen.

Wegen der quantenmechanischen Unschärfe ist es unmöglich, die Bewegung des Elektrons um den Kern zu verfolgen. In der Tat, es folgt aus der Quantenmechanik, daß es keinen Sinn macht, überhaupt von einer Bahn zu sprechen. Man kann nur die Wahrscheinlichkeit angeben, mit der sich das Elektron in einem bestimmten Bereich des Raumes um den Kern herum befindet.

Diese Wahrscheinlichkeitsverteilung sieht ganz und gar nicht wie eine Bahnkurve aus. Vielmehr ist sie kugelsymmetrisch um den Kern angeordnet, und das Maximum der Verteilung liegt im Zentrum des Atoms, also dort, wo sich das Proton befindet. Diese Wahrscheinlichkeitsverteilung wird durch die Wellenfunktion des Elektrons beschrieben, eine Funktion, die man mit Hilfe der Gleichungen der Quantentheorie genau berechnen kann. Diese Wellenfunktion beschreibt den Zustand des Atoms. So kurios das klingt, so ist es auch – zwar kann man in der Quantentheorie keine genauen Aussagen über Fakten machen, sondern nur über Wahrscheinlichkeiten, aber die wiederum sind dann exakt.

EINSTEIN: Eine andere Eigentümlichkeit der Quantentheorie, die sich wohl auch in der Teilchenphysik manifestiert, ist die Existenz angeregter Zustände. Wenn man einem Wasserstoffatom Energie zuführt, etwa durch die Bestrahlung mit elektromagnetischen Wellen, wird das Elektron in einen anderen Zustand überführt, der einer höheren Energie entspricht. Solche Zustände heißen angeregte Zustände, und sie besitzen eine ganz spezifische Energie. Deswegen spricht man auch von einem diskreten Energiespektrum. Der niedrigste Energiezustand wird demgegenüber als Grundzustand des Systems bezeichnet.

HALLER: Wird das Atom angeregt, springt es gewissermaßen in einen angeregten Zustand, verbleibt dort eine kurze Zeit und springt dann wieder zurück, wobei die dabei freiwerdende Energie in Form von Licht oder anderer elektromagnetischer Strahlung, z.B. Röntgenstrahlung, abgestrahlt wird. Damit so eine Anregung erfolgt, muß dem Atom genau die Energie zugeführt werden, die für die Anregung erforderlich ist.

Bei den Atomen erweist es sich, daß die Angabe der Anregungsenergie nicht ausreicht, den Zustand, also die Wellenfunktion des Atoms, eindeutig zu beschreiben. Man braucht noch weitere Informationen, insbesondere über den Drehimpuls des Atoms. Im Grundzustand kann man das Atom nach allen Richtungen drehen, ohne daß man eine Veränderung bemerkt, denn die Wellenfunktion ist kugelsymmetrisch.

Angeregte Zustände können jedoch einen Drehimpuls besitzen. Wie die Energie kann auch der Drehimpuls nur ganz bestimmte diskrete Werte annehmen. Beim Drehimpuls ist es sogar noch einfacher als bei der Energie, denn die möglichen Werte des Drehimpulses sind Vielfache eines kleinsten Drehimpulses, der durch das Wirkungsquantum h gegeben ist und oftmals durch das Symbol $\hbar$ bezeichnet wird: $\hbar = h/2\pi$. Der Drehimpuls kann also Null sein oder $\hbar$ oder $2\hbar$, $3\hbar$ etc. In der Atomphysik läßt man oft das Symbol $\hbar$ weg und spricht einfach vom Drehimpuls 0, 1, 2 etc.

Der Grundzustand des Wasserstoffs besitzt den Drehimpuls Null, weil die Wellenfunktion des Elektrons kugelsymmetrisch ist, so daß keine Richtung des Raumes ausgezeichnet

ist. Allein diese Tatsache veranschaulicht, daß es unlösbare Probleme gibt, das Wasserstoffatom mit Hilfe unserer intuitiven Vorstellungen, die von der klassischen Mechanik geprägt sind, zu verstehen. Rein klassisch müßte sich das Elektron auf einer Bahn um das Proton bewegen. Jede mögliche Bewegung des Elektrons auf einer Bahn würde jedoch bedeuten, daß das Elektron eine Drehbewegung um das Proton ausführt, mithin einen gewissen Drehimpuls besitzt.
Dieser wäre nur Null, wenn das Elektron sich direkt neben dem Proton aufhält und sich gar nicht bewegt. Dies wiederum ist wegen der Unschärfebeziehung nicht möglich, denn die Fixierung des Elektrons auf einen sehr kleinen Raumbereich würde bedeuten, daß der Impuls des Elektrons und damit auch seine Geschwindigkeit und seine Energie sehr groß sind. Dann wäre das Atom aber nicht im Grundzustand, also im Zustand niedrigster Energie.
In den zwanziger Jahren des 20. Jahrhunderts bemerkten die Physiker, daß Elektronen komplizierter sind als vorher vermutet. Bis dahin war der Steckbrief eines Elektrons vergleichsweise einfach. Es war ein punktförmiges Objekt mit einer gewissen Masse und einer wohldefinierten elektrischen Ladung. Wenn es sich bewegte, besaß es eine bestimmte Geschwindigkeit, also einen Impuls, und damit einhergehend eine bestimmte Energie. Ruhte das Elektron, war seine Energie gegeben durch die Masse, entsprechend der von Einstein gefundenen Äquivalenz von Masse und Energie: $E = mc^2$. Es stellte sich heraus, daß Elektronen noch eine weitere Eigenschaft besitzen, nämlich eine Art inneren Drehimpuls. Wiederum kommt es hier zu einem Konflikt mit der klassischen Physik. Stellt man sich das Elektron wie eine kleine Kugel vor, etwa einen Tennisball, kann diese sehr wohl einen Drehimpuls besitzen, auch wenn sie sich nicht fortbewegt. Sie kann um eine beliebige Achse

eine Drehbewegung ausführen und besitzt dann, wie man sagt, einen Eigendrehimpuls. Die Achse der Drehbewegung beschreibt dann die Richtung des Drehimpulses, der wie der Impuls oder die Geschwindigkeit eine gerichtete Größe ist, mathematisch ausgedrückt also ein Vektor.

Wenn wir jetzt den Radius der Kugel kleiner und kleiner machen, gleichzeitig aber am Drehimpuls nichts ändern, bedeutet dies, daß sich die Kugel schneller und schneller drehen muß, wie eine Eisläuferin, die eine Pirouette ausführt und dabei die Arme anzieht. Im Grenzfall kann man sich vorstellen, daß der Radius der Kugel Null wird, die Kugel also zu einem Punkt degeneriert, gleichzeitig aber der Drehimpuls derselbe bleibt. Dies ist nur möglich, wenn im Grenzfall die Drehgeschwindigkeit unendlich groß wird.

Auf der Grundlage eines solchen Grenzprozesses kann man sich durchaus vorstellen, daß der Eigendrehimpuls eines Punktteilchens einen bestimmten Wert annimmt. Nun hatten wir gesehen, daß die Quantentheorie bei den Atomen nur ganz diskrete Werte des Drehimpulses erlaubt. Ebenso ist es beim Eigendrehimpuls der Teilchen, für den man eine spezielle Bezeichnung eingeführt hat: Spin. Auch beim Spin sind nur bestimmte Werte erlaubt. Beim Elektron entdeckte man, daß der Spin ungleich Null ist, und zwar genau halb so groß ist wie der oben diskutierte Wert $\hbar$. Er ist $1/2\,\hbar$, also $= h/4\pi$.

Man kann sich die Frage stellen, ob man sich den Spin des Elektrons als einen Drehimpuls vorstellen sollte, der etwas mit der inneren Struktur des Teilchens zu tun hat und damit eine Drehung der Materie im Innern des Elektrons voraussetzt. Solche Versuche haben sich als unsinnig erwiesen. Im Gegensatz zum normalen Bahndrehimpuls ist der Spin des Elektrons eine reine Quanteneigenschaft, dem in der klassischen Physik nichts entspricht. Wie die Masse oder die

Ladung des Elektrons ist der Spin eine innere Eigenschaft des Teilchens. Ohne seinen Spin ist das Elektron gar nicht denkbar. Während man bei einem klassischen Objekt, etwa einer rotierenden Kugel, den Eigendrehimpuls auf Null bringen kann, etwa durch Abbremsen der Drehbewegung, ist dies beim Spin nicht möglich. Der Spin ist kein Zustand des Elektrons, den man nach Belieben ein- oder ausschalten kann, sondern ist permanent mit dem Teilchen verknüpft. Ein Elektron hat immer einen Spin. In der Teilchenphysik hat es sich eingebürgert, die Größe $\hbar$ in der Bezeichnung des Spins wegzulassen. Man spricht einfach vom Spin $1/2$, und das Elektron nennt man ein Spin-$1/2$-Teilchen. Obwohl der Spin eines Teilchens etwas anderes ist als der Bahndrehimpuls, hat er mit diesem gemeinsam, daß er eine gerichtete Größe darstellt. Wenn wir ein Elektron in Ruhe betrachten, kann der Spin in eine beliebige Richtung zeigen. Wiederum kommt jetzt die Quantentheorie ins Spiel. Ihr zufolge reicht es aus, nur zwei Möglichkeiten des Spins zu betrachten, nämlich die Möglichkeit, daß er in eine bestimmte Richtung zeigt, sagen wir nach oben, und in die entgegengesetzte Richtung. Im ersten Fall ist der Spin $+1/2$, im anderen Fall $-1/2$. Man spricht deshalb von zwei verschiedenen Spinzuständen. Zeigt der Spin nicht nach oben oder unten, sondern in eine andere Richtung, kann man den Zustand des Teilchens aus den obengenannten zwei Zuständen konstruieren.

Ein Elektron, das sich in der Atomhülle eines Atoms befindet, läßt sich bezüglich seiner Drehimpulseigenschaften also durch zwei Angaben charakterisieren: zum einen durch die Angabe seines Bahndrehimpulses und zum anderen durch seinen Spin. Der erstere kann Werte wie 0, 1, 2 ... annahmen, der letztere ist dann entweder $+1/2$ oder $-1/2$.

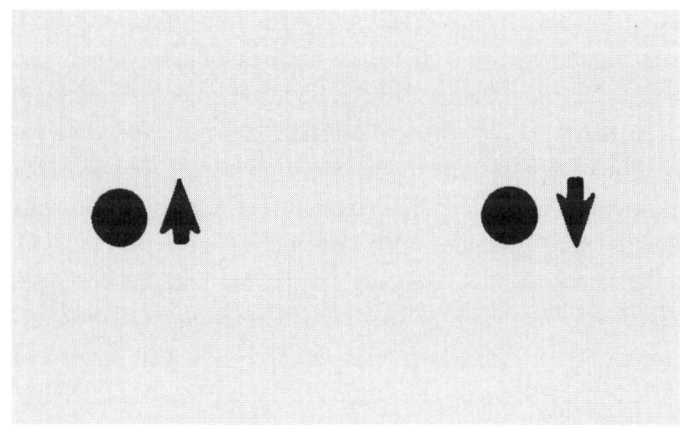

Abb. 3.4 Die beiden Spins der Elektrons, ausgerichtet nach oben oder unten.

Die Tatsache, daß diese Werte diskrete Zahlen sind und keine beliebigen Werte, ist eine Folge der Quantentheorie. Die obenerwähnten ganz- oder halbzahligen Werte bezeichnet man als die Quantenzahlen des Elektrons.

Als man während des ersten Viertels des 20. Jahrhunderts die Elektronenhüllen der Atome im Detail untersuchte, entdeckte man eine weitere Eigentümlichkeit der Quantenphysik, die wie der Spin kein äquivalentes Gegenstück in der klassischen Physik hat. Man könnte sich in der Atomphysik ohne weiteres vorstellen, daß zwei Elektronen in der Atomhülle die gleichen Quantenzahlen tragen, sagen wir Drehimpuls Null und Spin $+1/2$.

Die bislang erwähnten Gesetze der Quantenphysik erlauben dies, aber es erweist sich, daß die Natur diese Möglichkeit nicht erlaubt. Sie ist verboten. Es gibt ein Gesetz der Quantenphysik, das von Wolfgang Pauli entdeckt wurde und das besagt, daß zwei Elektronen in einem Atom nicht die gleichen Quantenzahlen haben dürfen. Diese Regel ist als

Pauli-Verbot in das Vokabular der Atomphysiker eingegangen. Später stellte sich heraus, daß das Pauli-Verbot eine Folge der Tatsache ist, daß das Elektron einen halbzahligen Spin besitzt. Wäre dieser Null oder 1, was ohne weiteres möglich wäre, jedoch in der Natur nicht realisiert ist, sähe es anders aus, denn dann könnten zwei Elektronen durchaus die gleichen Quantenzahlen besitzen.

Auch die beiden Nukleonen, das Proton und das Neutron, besitzen einen Spin $1/2$. Auch sie unterliegen dem Pauli-Verbot. Zwei Protonen oder zwei Neutronen in einem Atomkern dürfen also nicht die gleichen Quantenzahlen tragen. Wichtige Eigenschaften der Atomkerne lassen sich auf diese Weise erklären.

Es gibt jedoch auch Teilchen, die einen ganzzahligen Spin besitzen, also 0, 1 etc. Sie heißen Mesonen. Allerdings handelt es sich bei diesen Teilchen um instabile Objekte, die bei Kollisionen erzeugt werden und kurz darauf zerfallen. Bis heute ist kein stabiles Teilchen mit einem ganzzahligen Spin bekannt, mit einer Ausnahme, dem Photon, dem Teilchen des Lichts. Wie steht es jedoch mit den Bausteinen der Atome, den Kernen und den Elektronen? Gibt es bei letzteren auch typische innere Skalen, etwa bestimmte elementare Radien? Wie klein ist beispielsweise ein Elektron?

Mit der Beantwortung dieser Frage verlassen wir die Atomphysik – es handelt sich um eine Frage der Teilchenphysik, die, das sei hier schon erwähnt, bis heute nicht eindeutig beantwortet werden konnte. Aber darauf kommen wir später.

EINSTEIN: Auf eines sollte noch hingewiesen werden, nämlich die Aufstellung der Dirac-Gleichung durch meinen Freund Paul Dirac in England. Diese Gleichung war ja dann sehr wichtig für die Atomphysik.

HALLER: Sehr wohl, sie war aber auch sehr wichtig generell für die Teilchenphysik. Es begann mit der Entdeckung des Spins, also des eigentümlichen Eigendrehimpulses, den die Elektronen besitzen mußten. Woher kommt der Spin? Wieso war er genau halb so groß wie der kleinste Drehimpuls, den man bei den Atomen messen konnte?

Dirac, der kein Physiker war, sondern ein Ingenieur, führte eine Größe ein, die es bis dahin nicht gab, einen Spinor. Ein solcher ist fast wie ein Vektor, der sich ja verändert, wenn man eine Drehung im Raum macht, nur verändert sich ein Spinor etwas anders, in ganz eigener Weise. Mathematisch wurde dies genau erforscht in der Folgezeit. Aber Dirac, der kein Mathematiker war, kam darauf auf ganz anschauliche Weise. Seine Spinoren besaßen vier Größen, auf die es ankam.

Dirac bemerkte auch, daß seine Gleichung positive und negative Energien voraussagte. Eigentlich war das eine katastrophale Voraussage, aber Dirac machte etwas Gescheites daraus, indem er sagte, daß es zu jedem Teilchen ein Antiteilchen geben sollte, das sozusagen die negativen Energien belegte.

Kurze Zeit darauf wurde das erste Antiteilchen hier am Caltech entdeckt, durch Carl Anderson. Allerdings sollte betont werden, daß Anderson seine Entdeckung nicht aufgrund von Diracs Voraussage machte. Er kannte diese gar nicht. Er fand das Positron, indem er die Spuren von Teilchen in einer Nebelkammer untersuchte, und dabei fand er eine Spur, die wie ein Elektron aussah, aber eine positive elektrische Ladung hatte. Das war das Positron, das Antiteilchen des Elektrons.

Diese Entdeckung machte aber klar, daß die Dirac-Gleichung eine Goldmine war. Heute wissen wir, daß viele Aspekte der Teilchenphysik auf dieser Gleichung beruhen, denn die Teilchen der Natur, also die Elektronen und die

Quarks, lassen sich durch die Dirac-Gleichung beschreiben. Aber noch einmal zurück zum Elektron. Das Elektron ist zumindest für technische Belange das wichtigste Elementarteilchen überhaupt. Der elektrische Strom wird durch Elektronen erzeugt. Seit seiner Entdeckung gibt das Elektron den Physikern aber Rätsel auf. Da es eine Masse besitzt, dachte man, daß es auch eine endliche Größe besitzen müsse, also einen Radius. Die Experimente, bis heute mit stets wachsender Präzision durchgeführt, ergeben aber ein Null-Resultat. Das Elektron scheint ein elementares Objekt par excellence zu sein, ein mathematischer Punkt, jedoch ausgestattet mit den Attributen Ladung und Masse. Sollte das Elektron eine innere Struktur besitzen, so muß diese zumindest kleiner als 10^{-17} cm sein, also eine Milliarde Mal kleiner als die Ausdehnung eines Atoms.

NEWTON: Geht das überhaupt? Kann es ein punktförmiges Objekt, jedoch ausgestattet mit Masse und Ladung, überhaupt geben? Ich würde sagen, für einen Punkt ist das etwas zuviel, ein Punkt mit Masse und Ladung, das ist ziemlich merkwürdig.

HALLER: Ja, hier habe ich auch meine Zweifel. Mathematisch gesehen, ist ein Punkt das, was übrigbleibt, wenn man eine kleine Kugel betrachtet, deren Radius man gegen Null gehen läßt, also das Resultat eines Grenzprozesses. Man stelle sich also eine kleine Kugel vor, mit der Masse und der Ladung des Elektrons, und lasse den Radius der Kugel schrittweise gegen Null gehen. Das ist dann das Elektron, eine mathematische Konstruktion wie die berühmte Cheshire-Katze von Lewis Carroll, die langsam verschwindet und nur ihr Lächeln bleibt übrig, ein Lächeln ohne Katze und eine kleine Masse. Es bleibt abzuwarten, ob den Physikern künftig bei ihren Experimenten mit Elektronen das Lächeln vergeht. Die Sache ist also noch offen.

Bevor wir uns aber jetzt den Atomkernen zuwenden, schlage ich erneut eine kurze Kaffeepause vor.

EINSTEIN: Gute Idee, denn mir wird langsam schwindlig wegen der Quantentheorie. Wir gehen einfach wieder nach vorn ins Restaurant und trinken etwas, und wir reden jetzt auf keinen Fall über Quantenphysik.

Die drei Physiker begaben sich also erneut ins Restaurant. Haller ging noch kurz in das Physik-Department, um mit der Sekretärin etwas zu besprechen. Dann kam er zurück in den Speisesaal, um mit Einstein und Newton den ausgezeichneten italienischen Kaffee zu genießen und eine große Portion Pistazieneis, das er sehr schätzte.

4. Kapitel

Atomkerne und Teilchen

Anschließend trafen sich die drei Physiker wieder in der Bibliothek des Athenaeum. Haller setzte seinen Vortrag fort.

HALLER: Jetzt wollen wir uns also endlich den Atomkernen zuwenden. Diese tragen den größten Teil der Masse der Atome, und sie erwiesen sich letztlich, wie die Atome selbst, als gebundene Systeme von kleineren Teilchen. Wie wir wissen, sind es zwei verschiedene Teilchen, die die Atomkerne aufbauen: die positiv geladenen Protonen und die elektrisch neutralen Neutronen.

Da der Atomkern des Wasserstoffatoms nur aus einem Proton besteht, kann man durch eine genaue Untersuchung des Wasserstoffs die physikalischen Eigenschaften des Protons bestimmen. Seine wichtigste Eigenschaft ist sicher die Masse, die experimentell bestimmt wurde zu 938,272 MeV. Damit ist das Proton fast genau 1836mal schwerer als das Elektron.

NEWTON: Beim Wasserstoff ist also mehr als 99,9 Prozent der Masse im Kern konzentriert. Diese Zahl 1836 ist dann wohl auch eine der Naturkonstanten?

HALLER: So ist es, leider kann niemand diese Zahl ausrechnen, und es bleibt ungewiß, ob das irgendwann einmal möglich sein wird. Ich zumindest bin da skeptisch. Im übrigen bezieht man sich heute weniger auf die Protonenmasse als auf eine künstliche Masse, die man erhält, wenn man die Masse eines Kohlenstoffkerns durch die Anzahl der Nukleonen teilt. Man erhält dann die Masse von $1{,}660540 \times 10^{-27}$ kg, was allerdings fast mit der Masse des Protons übereinstimmt. Hier habe ich ausnahmsweise die Masse in kg angegeben, auch wenn dies in der Teilchenphysik sonst nicht üblich ist. Die Elektronenmasse ist dann $9{,}109390 \times 10^{-31}$ kg.

Bis heute ist es ein Rätsel, warum das Elektron-Proton-Massenverhältnis so ungemein klein ist. Die elektrische Ladung des Protons jedoch ist genausogroß wie die Ladung des Elektrons, nur besitzt sie das andere Vorzeichen. Die Ladung ist also gleich e. Die Gesamtladung des Wasserstoffs ist damit Null. Auch dieses Phänomen ist bis heute unverstanden, denn man könnte sich durchaus vorstellen, daß die Ladung des Protons etwas verschieden von der mit (–1) multiplizierten Ladung des Elektrons ist, nur wäre dann die Ladung des Wasserstoffs ungleich Null.

Die Tatsache, daß die Ladung des Wasserstoffatoms verschwindet, ist eine der am besten belegten Tatsachen überhaupt. Da im Kosmos größere Materiesysteme, die vornehmlich aus Wasserstoff bestehen, existieren, beispielsweise größere Gaswolken, kann man eine sehr genaue Grenze für eine mögliche Ladung des Wasserstoffatoms angeben. Sie muß kleiner als 10^{-21} sein, verglichen mit der Ladung des Protons e. Diese Grenze ist deshalb so klein, weil eine Ladung des Wasserstoffatoms zur Folge hätte, daß größere Materieansammlungen aus Wasserstoff durch die elektrische Abstoßung auseinanderdriften würden, was jedoch nicht beobachtet wird.

Bemerkenswert ist jedenfalls, daß die elektrischen Ladungen des Protons und des Elektrons exakt gleich sind, obwohl die physikalischen Eigenschaften der beiden Teilchen so sehr verschieden sind, eine Tatsache, die man bereits an der Verschiedenheit der Massen der beiden Teilchen erkennen kann.

NEWTON: Offenbar muß es dann doch etwas Gemeinsames zwischen dem Elektron und dem Proton geben, ein Bindeglied, das die Gleichheit der Ladungen, abgesehen vom Vorzeichen, erzwingt. Es ist schon merkwürdig, zumal das Proton aus Quarks besteht, das Elektron aber nicht. Das Bindeglied müßte eigentlich zwischen den Quarks und dem Elektron bestehen.

HALLER: Ja, das denken wir heute, obwohl es noch längst nicht klar ist, was da wirklich los ist. Wir werden in der Folge aber sehen, daß eine solche Gemeinsamkeit möglicherweise tatsächlich existiert. Sie wird uns jedoch weit über die Atomphysik hinausführen, hin zur großen Vereinigung der Wechselwirkungen, insbesondere auch zu Energien, die sehr viel größer sind als die Energien, mit denen wir es normalerweise in der Atomphysik zu tun haben.

Für das Verhältnis der Protonenmasse und der Elektronenmasse ergibt sich übrigens genau die Zahl 1838,683662.

NEWTON: Verrückt, wie genau man diese Zahl heute messen kann, auf zehn Stellen genau, und trotzdem hat niemand eine Idee, wie man auf diese Zahl kommt.

HALLER: Niemand, und das ist frustrierend. Übrigens, bezüglich der Elektronenmasse gibt es noch etwas Seltsames. Vor Jahren mußte ich einmal einen Vortrag hier am Caltech halten, bei einer Tagung, die man für Gell-Mann anläßlich seines 60. Geburtstages veranstaltete.

Ich fragte Gell-Mann vorher, worüber ich denn reden sollte. Er lachte und gab mir freie Hand, meinte aber, es wäre gut, wenn ich etwas zur Elektronenmasse sagen könnte. Das war natürlich eine Provokation, denn er wußte genauso gut wie ich, daß kein Physiker etwas Gescheites zur Elektronenmasse sagen kann. Genauso hätte er mich bitten können, etwas zur Astrologie zu sagen.

Bei der Vorbereitung meines Vortrags schaute ich mir aber die Masse noch einmal genauer an. Ich fragte auch einen Kollegen, der mit mir im Büro war und aus Zürich kam, einen Experimentalphysiker, was ich tun sollte. Er sagte, ich solle die Elektronenmasse einfach in verschiedenen Einheiten angeben, und das war es dann, denn mehr konnte man zur Elektronenmasse kaum sagen.

In meinem Vortrag wollte ich dann die Masse zumindest in den üblichen Gewichtseinheiten angeben, darunter auch dem amerikanischen Pfund. Aber als ich die Masse dann wirklich in Pfund ausrechnete, was wohl kein Physiker vorher gemacht hatte, kam die Überraschung. Mein Rechner zeigte faktisch eine ganze Zahl. Es erwies sich, daß die Masse des Elektrons in amerikanischen Pfund eine ganze Zahl ist, abgesehen von den Zehnerpotenzen, zumindest in recht guter Approximation:

$$m_e = 2 \times 10^{-30} \text{ amerikanische Pfund}$$

EINSTEIN: Das ist nicht schlecht. Das amerikanische Pfund, das ja 453 Gramm entspricht, war mir immer etwas unheimlich. Aber jetzt wird es mir direkt sympathisch. Immerhin, die Elektronenmasse wäre ganz einfach, würden wir das Pfund als Masseneinheit benutzen. Wäre ich amerikanischer Präsident, würde ich das als Argument benutzen, um das Pfund international als Gewichtseinheit durchzusetzen gegen das Kilogramm.

HALLER: Oh Gott, da bin ich ja geradezu froh, daß Sie kein Präsident sind. Sie würden das glatt durchboxen. Im übrigen ist etwas Ähnliches auch passiert. Ein Physiker, der bei

meinem Vortrag dabei war und den ich gut kenne, dessen Namen ich aber jetzt nicht nennen mag, merkte sich meine Formel. Ein paar Tage später war er zurück an der Ostküste, traf seinen Freund, einen amerikanischen Senator, und erzählte ihm davon. Dieser schrieb sich das auf.
Am nächsten Tag gab es im Senat in Washington eine Diskussion über Maßeinheiten. Dabei ging es auch darum, ob die USA das Kilogramm, also eine alte europäische Maßeinheit, einführen sollten. Der Senator meldete sich mit dem Kommentar, daß er dafür sei, die fundamentale Teilchenphysik zu benutzen. Ein Professor aus Bern, also aus Europa, habe kürzlich festgestellt, daß die Masse des Elektrons ganz einfach zu berechnen ist, wenn man das amerikanische Pfund benutzt. Deshalb sollte das Pfund bleiben, basta.

EINSTEIN: Ha, ha, da haben Sie aber der Wissenschaft keinen guten Dienst erwiesen. Ich mag ja akzeptieren, daß die Amerikaner ihre komische Masseneinheit haben, aber der Rest der Welt sollte schon das Kilogramm benutzen.

HALLER: Das kann man wohl sagen. Ich hätte das mit der Elektronenmasse in meinem Vortrag doch lieber nicht sagen sollen, dann hätten wir in den USA jetzt eventuell das Kilogramm als Maßeinheit.

Nun aber weiter zu den Atomkernen. Alle Atome mit Ausnahme des Wasserstoffatoms besitzen komplizierte Atomkerne, die aus mehreren Teilchen bestehen. Das beginnt schon mit einer speziellen Art von Wasserstoff, dem schweren Wasserstoff, dessen Atomkern eine etwa doppelt so große Masse wie der normale Wasserstoff hat, allerdings dieselbe elektrische Ladung, was daran liegt, daß der Atomkern auch ein Neutron enthält. Letzteres wurde übrigens im Jahre 1932 von dem englischen Physiker James Chadwick entdeckt. Die Masse des Neutrons wurde zu 939,565 MeV gemessen. Mithin ist das Neutron nur etwas mehr als ein Promille schwerer als das Proton.

Proton und Neutron besitzen also fast die gleiche Masse, mehr noch, sie sind gewissermaßen miteinander verwandt, da zwischen ihnen neue Kräfte auftreten, die man nur innerhalb der Atomkerne findet und die um ein Vielfaches stärker als die elektrischen Kräfte zwischen den Elektronen und den Kernen sind, die starken Kernkräfte.

Die enge Verwandtschaft zwischen den beiden Teilchen hat schon Werner Heisenberg interessiert, und er führte eine Symmetrie ein, die beide Teilchen verbindet und die in der Kernphysik als Isospinsymmetrie bekannt ist.

Diese Symmetrie ist kein Zufall. Wie wir sehen werden, hängt sie mit speziellen dynamischen Eigenschaften dieser Teilchen zusammen, genauer mit den Massen der Quarks, aber dazu später mehr. Die Tatsache, daß das Neutron etwas schwerer als das Proton ist, kann man allerdings zu den bis heute nicht im Detail verstandenen Tatsachen der Mikrophysik zählen. Intuitiv würde man eigentlich das Gegenteil erwarten. Das Proton ist elektrisch geladen, mithin also von einem elektrisch geladenen Kraftfeld umgeben. Dieses besitzt elektrische Feldenergie, die entsprechend der Einsteinschen Energie-Masse-Relation zur Masse des Protons beiträgt. Aber wir kommen bald wieder auf dieses Problem zurück, denn es hängt mit der inneren Struktur der Kernteilchen zusammen.

Die Kernteilchen, also die Neutronen und Protonen, oft auch Nukleonen genannt, sind die Bausteine aller Atomkerne, wobei die Anzahl der Neutronen und Protonen vom betrachteten Element abhängt. Der Atomkern von Kohlenstoff beispielsweise besitzt normalerweise sechs Protonen und sechs Neutronen. Bei schweren Atomkernen ist die Anzahl der Neutronen stets größer als die Anzahl der Protonen.

So befinden sich im Innern des Uranatomkerns immer 92 Protonen und meist 146 Neutronen. Im Innern des Kerns herrschen starke elektrische Abstoßungskräfte, die leicht bewirken könnten, daß der Kern explodiert, wenn nicht eine neue Kraft, die starke Wechselwirkung, dafür sorgen würde, daß sich die Neutronen und Protonen auf kleinstem Raum zusammenballen. Sie werden eben durch die starke Wechselwirkung aneinandergepreßt.

Die Atomkerne haben eine Größenordnung von 10^{-13} cm. Mithin sind die Atomkerne etwa 100000mal kleiner als die Atome selbst. Wenn man den Atomkern zur Größe eines Apfels aufblasen würde, dann hätte im Vergleich das Atom einen ganz ansehnlichen Durchmesser von etwa 10 km.

Auch die Kernteilchen selbst erwiesen sich als Objekte mit einem endlichen Durchmesser, der von derselben Größenordnung wie der Kerndurchmesser ist, also etwa 10^{-13} cm. Die Größe der Kernteilchen kann man messen, indem man Elektronen an ihnen streut. Ein Elektron, das nahe an einem Kernteilchen vorbeifliegt, wird in seiner Flugrichtung abgelenkt, wobei der Grad der Ablenkung von der Verteilung der elektrischen Ladung im Innern des Teilchens abhängt. Auf diese Weise fand man heraus, daß bei einem Proton die positive elektrische Ladung nicht in einem Punkt konzentriert ist, sondern sich über eine Kugel mit einem Radius von etwa 10^{-13} cm verteilt. Ferner stellte man fest, daß ein Neutron zwar keine elektrische Ladung trägt, im Innern des Neutrons aber sehr wohl eine elektrische Ladungsverteilung vorliegt, wobei sich positive und negative Ladungen kompensieren.

Zu Beginn der fünfziger Jahre entdeckte man eine ganze Reihe weiterer Teilchen, die allerdings instabil waren, und zwar bei der Untersuchung der kosmischen Strahlen. Am

Ende dieser Dekade des 20. Jahrhunderts ähnelte die Physik der Elementarteilchen schließlich einem großen Zoo, angefüllt mit Dutzenden von neuen Teilchen, die man bei Kernreaktionen oder in der kosmischen Strahlung entdeckt hatte. Es war ein Chaos. Schließlich aber gelang es, Ordnung in das Chaos zu bringen. Das begann am Anfang der sechziger Jahre. Sowohl Murray Gell-Mann in den USA als auch sein israelischer Kollege Yuval Neeman, der gar kein Physiker war, sondern an der israelischen Botschaft in London arbeitete, diskutierten neuartige Symmetrien, und es zeigte sich bald, daß diese Symmetrien in der Lage waren, die Natur zu beschreiben.

Die bedeutsamsten Erkenntnisse der physikalischen Grundlagenforschung in der zweiten Hälfte des ausgelaufenen Jahrhunderts, gewonnen durch experimentelle Studien mit Hilfe großer Beschleuniger und durch theoretische Studien zugleich, betreffen damit eine weitgehende Klärung der Struktur der Materie und der Gesetze des Mikrokosmos. Man fand schließlich, daß man sowohl die Kernteilchen als auch die neu entdeckten Teilchen auf einfache Weise beschreiben konnte, indem man sie aus drei Bausteinen aufbaute, aus den Quarks.

Die Entdeckung geht auch auf das Caltech zurück. Hier erarbeitete Murray Gell-Mann im Jahr 1964 das Quarkmodell, am CERN bei Genf machte dies George Zweig, ein jüngerer Kollege von Gell-Mann und früherer Student von ihm, der auch am Caltech war, aber sich zur fraglichen Zeit am CERN aufhielt. Speziell Gell-Mann führte das Quarkmodell ein, indem er zeigen konnte, daß mit der Hypothese der Quarks leicht die Symmetrieresultate erhalten werden konnten, die er drei Jahre zuvor, im Jahre 1961, auf der Grundlage der Symmetriegruppe SU(3) diskutiert hatte.

Gell-Mann führte auch das Kunstwort Quarks ein, das er in

dem Buch *Finnegans Wake* von James Joyce fand. Angeblich hat James Joyce dieses Wort während der Durchreise in Freiburg i. Br. gehört, vermutlich auf dem Marktplatz der Stadt von den Marktfrauen, die Quark anpriesen, und fand es so komisch, daß er es in seinem Buch verwendete. Jedenfalls ist heute klar, auch Quark besteht aus Quarks.

EINSTEIN: Ja, ich erinnere mich an das Buch. Es heißt dort: »Three quarks for Muster Mark ...« Drei Quarks sind also da erwähnt, und Muster Mark ist wohl Gell-Mann selbst, oder zumindest dachte er das.

HALLER: Kann schon sein, auch wenn Gell-Mann das heute nie zugeben würde. Das Zitat von Joyce steht übrigens auf der Seite 383 der englischsprachigen Ausgabe von *Finnegans Wake*, was bemerkenswert ist, denn sowohl die Zahl 3 als auch die Zahl 8 spielen bei den Quarks eine besondere Rolle. Der Name »Aces«, den Zweig benutzte, fand hingegen keine allgemeine Akzeptanz.

Zwei verschiedene Quarks, bezeichnet mit den Symbolen u (»up«) und d (»down«), benötigt man für den Aufbau von Proton und Neutron. Das Proton besteht dabei aus zwei u-Quarks und einem d-Quark: p = (uud). Beim Neutron vertauschen sich die Rollen von u und d: n = (ddu).

Interessant sind insbesondere die elektrischen Ladungen der Quarks. Zwischen u und d muß eine Differenz von eins in der Ladung bestehen. Dadurch errechnet man schnell, was die einzelne Ladung sein muß.

Das u-Quark trägt eine merkwürdige Ladung, gemessen an der Protonenladung – sie ist $2/3$. Die Ladung des d-Quarks ist ein Drittel der Ladung des Elektrons, nämlich $-1/3$. Die Ladungen der beiden Kernteilchen ergeben sich dann als die Summen der Quarkladungen. Für die Protonenladung erhält man: $2/3 + 2/3 - 1/3 = 1$, für die Neutronenladung: $2/3 - 1/3 - 1/3 = 0$. In der Tat befinden sich also innerhalb des Neutrons elektrisch geladene Objekte, die Quarks, wobei sich die Ladungen nach außen hin exakt aufheben.

Die merkwürdigen Ladungen sind zweifelsohne eine sehr überraschende Eigenschaft der Quarks. Aus diesem Grund stieß die Hypothese auf eine starke Kritik. Nur wenige Physiker waren bereit, die Ladungen zu akzeptieren. Zweig hatte sogar Probleme, seine Arbeit zu veröffentlichen. Richtig publiziert wurde sie bis heute nie, weil Zweig sich weigerte, die Arbeit in einem europäischen Journal erscheinen zu lassen. Vom CERN aus durfte er seine Arbeit jedoch nicht in die USA schicken.

Gell-Mann hatte zurecht Bedenken, seine Arbeit an die amerikanische Zeitschrift *Physical Review Letters* zu schikken, und so ging die Arbeit nach Europa, an die *Physics Letters*. Dort hatte der Editor am CERN auch Bedenken, die Arbeit zu publizieren, wegen der seltsamen Ladungen, machte dies aber dann doch mit dem Argument: Gell-Mann riskiert mit seiner unsinnigen Arbeit seinen guten Namen in der Fachwelt, aber das ist halt sein Risiko, nicht das Risiko der Zeitschrift. Also publizieren wir seinen Unsinn.

Und so kam es, daß die Arbeit von Gell-Mann in *Physics Letters* gedruckt wurde. Sie wurde wohl zur wichtigsten Arbeit, die je in dieser Zeitschrift erschienen ist. Nach meiner Einschätzung sind die fast zwei Seiten von *Physics Letters*, die Gell-Mann schrieb, diejenigen, die am meisten Physik beinhalten, wenn man die gesamte physikalische Literatur seit Newtons Zeit ins Auge faßt.

NEWTON: Donnerwetter, die Arbeit werde ich bald mal lesen. Zu den Ladungen: die sind in der Tat sehr seltsam. Kann man die besser verstehen?

HALLER: Wirklich verstehen wir die eigentlich nicht, nur werden wir bald herausfinden, daß bei den Quarks eine neue

Symmetrie vorliegt, die zumindest die Ladungen plausibel macht. Aber darauf kommen wir noch.

Die Nukleonen und neue instabile Mesonen, die π-Mesonen, sind nicht die einzigen Teilchen, die man aus den Quarks im Rahmen der Quantenchromodynamik (QCD), auf die wir noch zu sprechen kommen, aufbauen kann. Auch das Δ^{++}(Delta)-Teilchen, oftmals Deltaresonanz genannt, gehört dazu. Es hat die Substruktur (uuu). Der Spin des Teilchens 3/2 ergibt sich als eine einfache Addition der drei Spins der Quarks, die in diesem Fall alle in dieselbe Richtung drehen. Durch systematische Vertauschung von u nach d bemerkt man, daß es insgesamt vier Deltaresonanzen gibt, deren Substruktur folgendermaßen ist: (uuu), (uud), (udd), (ddd). Die elektrischen Ladungen sind damit gegeben durch: (+2, +1, 0, –1) Auch diese Teilchen bilden eine Isospin-Familie, bestehend diesmal aus vier Mitgliedern.

Die Deltateilchen sind Anregungen des Protons, die man durch einen Beschuß mit π-Mesonen erzeugen kann. So wurden sie auch in Berkeley mit dem Beschleuniger entdeckt. Sie zerfallen sehr schnell wieder, etwa in der Zeit, die ein Lichtteilchen braucht, um einen Atomkern zu durchqueren, und zwar in Mesonen und Nukleonen. Die Lebensdauer dieser Teilchen ist so kurz, daß die Bezeichnung »Teilchen« eigentlich schon nicht mehr gerechtfertigt ist, denn das wichtige Kennzeichen eines Teilchens ist seine Masse, und die ist in diesem Fall ja nicht so genau gegeben.

Die Quantentheorie legt fest, daß es zwischen der Masse und der Lebensdauer eines Teilchens eine Unschärfebeziehung gibt. Je kürzer das Teilchen lebt, um so größer ist die Unschärfe in seiner Masse. Eigentlich kann man die Masse gar nicht mehr sehr genau angeben, sondern nur den Mittelwert der Masse, den man durch Mittelung vieler Ereignisse,

Abb. 4.1 Drei Quarks im Innern des Protons

bei denen das Teilchen beobachtet wird, findet. Beim Deltateilchen ist diese 1232 MeV. Die Unschärfe der Masse bei den Deltateilchen, die als die Zerfallsbreite dieser Teilchen bezeichnet wird, beträgt immerhin fast 120 MeV, also etwa 10 Prozent der Masse. Das Teilchen zerfällt sehr schnell, in der Zeit, die ein Lichtstrahl braucht, um die kleine Distanz von 10^{-13} cm zu durchqueren. Deshalb nennt man das Deltateilchen oft auch Deltaresonanz – es ist in der Tat mehr eine Resonanz als ein Teilchen.

Sowohl die Deltaresonanz (uud) als auch das Proton besitzen die gleiche Quarkstruktur, so daß man sich fragt, was denn der Unterschied zwischen beiden Teilchen ist. Dieser hat ausschließlich mit den Spins zu tun. Bei der Deltaresonanz mit der Quarkstruktur (uud) zeigen die Spins der beiden u-Quarks und der Spin des d-Quarks in die gleiche Richtung, beim Proton nicht. Um aus einem Proton eine Deltaresonanz zu machen, müßte man den Spin eines Quarks umklappen. Jedoch kostet dieser Prozeß Energie, nämlich genau die Energie, die sich in der Massendifferenz von fast 300 MeV niederschlägt.

Insbesondere wegen der ungewöhnlichen elektrischen Ladungen nahmen die Physiker anfänglich an, daß es sich bei den Quarks nicht um wirkliche Bausteine der Kernteilchen handelt, sondern um abstrakte mathematische Symbole zur Beschreibung der Teilchen und ihrer Symmetrieeigenschaften. Zumindest Gell-Mann hegte diese Meinung. Man fand jedoch heraus, insbesondere mit Hilfe des Elektronenbeschleunigers SLAC der amerikanischen Stanford-Universität, daß sich im Innern der Kernteilchen tatsächlich harte, anscheinend punktförmige geladene Objekte befinden.

Man ließ Elektronen, die man vorher fast bis auf Lichtgeschwindigkeit beschleunigt hatte, auf Atomkerne aufprallen. Meist wurden dabei die Elektronen nur wenig in ihrer Flugrichtung abgelenkt. Überrascht stellten die Physiker jedoch fest, daß hin und wieder ein Elektron doch stark seine Flugrichtung änderte, wie einst beim Rutherford-Experiment die Alphateilchen. Diese Ereignisse deuteten darauf hin, daß die Elektronen bei ihrem Flug durch die Kernmaterie manchmal frontal auf ein punktförmiges geladenes Objekt auftrafen.

Bei einer genaueren Analyse der Experimente konnte man auch Rückschlüsse auf die elektrischen Ladungen im Innern der Kernteilchen ziehen. Sie erwiesen sich als $2/3$ und $-1/3$; es handelte sich also um die Quarks.

Ich arbeitete damals mit Gell-Mann, und ich erwähnte den möglichen Zusammenhang der SLAC-Experimente mit den Quarks mehrere Male, ohne daß Gell-Mann dies ernst nahm. Lange Zeit beachtete Gell-Mann die Resultate am SLAC überhaupt nicht. Dann aber zeigte ich ihm, wie man die Resultate auch finden kann, ohne daß die Quarks als wirkliche Teilchen auftreten, und plötzlich fand er Gefallen an meinem Zugang und an den Experimenten am SLAC, und wir begannen, zusammen an diesen Problemen zu arbeiten.

Abb. 4.2 Ansicht des SLAC, Stanford-Universität

Obwohl man aus den experimentellen Daten schließen mußte, daß nach den harten Kollisionen der Elektronen mit den Quarks im Innern der Atomkerne die getroffenen Quarks einen starken Stoß erhalten haben mußten, konnte man unter den Bruchstücken keine freien Quarks nachweisen. Offensichtlich waren die Kräfte zwischen den Quarks so stark, daß es nicht möglich war, sie voneinander zu trennen.

Eine genauere Untersuchung der neuen experimentellen Resultate konfrontierte die Physiker mit einem weiteren Rätsel. Wenn ein Elektron, das einen großen Impuls trägt, bei der Kollision mit einem Kernteilchen abgelenkt wird, kommt es auf zwei verschiedene physikalische Größen an, die etwas über die Art der Kollision aussagen: zum einen auf den vorliegenden Streuwinkel, der beispielsweise 20 Grad beträgt, und zum anderen auf den Energieverlust, den es bei der Kollision erleidet. Ist die Energie am Anfang 20 GeV, kann sie nach der Kollision nur noch zum Beispiel 12 GeV sein. Die

Verteilung der Energien und der Winkel kann man genau messen. Sie sagen etwas aus über die Verteilung der Impulse der Quarks in einem schnellbewegten Kernteilchen.

EINSTEIN: Wenn man sich vorstellt, daß ein Proton aus drei Quarks besteht, könnte man annehmen, daß ein schnellbewegtes Proton mit einer Energie von vielleicht 18 GeV sich so verhält wie ein Bündel aus drei Quarks, jedes mit der Energie von 6 GeV, also einem Drittel der Gesamtenergie. Entsprechend wäre der Impuls eines Quarks ein Drittel des Impulses des Protons.

HALLER: Ja, so könnte man denken, aber die Experimente ergeben ein anderes Bild. Die Quarks tragen nicht etwa ein Drittel des gesamten Impulses, sondern zeigen eine interessante Impulsverteilung. Manchmal trägt ein Quark tatsächlich etwa ein Drittel des gesamten Impulses, oft aber auch viel weniger, zum Beispiel nur 1/10 des Impulses. Allein diese Information ist für das theoretische Verständnis der Quarks von großem Interesse, sagt sie doch etwas aus über die Kräfte zwischen den Quarks, auf die wir in der Folge zu sprechen kommen.

Verblüfft waren die Physiker jedoch auch über die Tatsache, daß im Mittel der Impulsanteil der Quarks viel kleiner war als erwartet. Nachdem man viele Details über die Impulsverteilungen der Quarks gemessen hatte, stellte sich heraus, daß die Summe der Impulse nicht etwa, wie erwartet, den Gesamtimpuls des Kernteilchens ergab, sondern viel weniger, nur etwa 50 Prozent. Die Quarks tragen also nur ungefähr die Hälfte zum Impuls eines schnellbewegten Kernteilchens bei. Es stellt sich die Frage, wie die andere Hälfte des Impulses zustande kommt.

EINSTEIN: Das heißt doch wohl, daß es weitere Konstituenten geben muß, vielleicht sind das die Teilchen, die die Kräfte zwischen den Quarks ausmachen?

HALLER: Sie haben richtig geraten, wie meist, Herr Einstein, mein Kompliment. Es sollte also neben den Quarks weitere Konstituenten geben, die man jedoch in den Elektron-Nukleon-Experimenten nicht beobachten kann. Da bei diesen Experimenten nur elektrisch geladene Konstituenten beobachtet werden können, müssen diese weiteren Bausteine des Nukleons elektrisch neutral sein. Sie tragen also nicht zur elektrischen Ladung bei, wohl aber zum Impuls.

Es wird sich herausstellen, daß diese neutralen Teilchen oder Quanten tatsächlich etwas mit den ungewöhnlichen Kräften zwischen den Quarks zu tun haben. Sie stellen den Klebstoff dar, der jeweils drei Quarks zu einem Kernteilchen zusammenfügt, und der Name der Teilchen beschreibt genau diese Eigenschaft: Gluonen, abgeleitet vom englischen »glue« (Klebstoff).

Wenn wir von den Gluonen einmal absehen, bestehen die Kernteilchen aus zwei verschiedenen Typen von Quarks: u und d. In der englischen Fachliteratur hat sich hierfür die anschauliche Bezeichnung »flavor« eingebürgert, die im Deutschen allerdings wenig Sinn macht. Man spricht also von den »quark flavors« u und d. Diese beiden Quarks sind die elementaren Bausteine der Atomkerne, wobei die Bezeichnung Baustein einer besonderen Interpretation bedarf.

Normalerweise assoziiert man mit dieser Bezeichnung die Vorstellung, daß man ein Kernteilchen auch in seine Bausteine zerlegen kann. Jedoch ist es bis heute nicht gelungen, und es wird wohl auch in Zukunft nicht gelingen, ein Kernteilchen in die Quarks zu zerlegen. Bei der Substruktur der Kernteilchen ist man, wie es scheint, auf einer Stufe der Substruktur der Materie angelangt, auf der unsere an der Alltagswelt orientierten Vorstellungen nicht mehr gültig sind.

NEWTON: Ja, die Quantenwelt der kleinsten Teilchen ist schon merkwürdig, kaum zu begreifen.

HALLER: Ganz so schlimm ist es nicht, vor allem dann nicht, wenn man ständig darüber nachdenkt, dann entwickelt man ein Gefühl für diese Teilchen. Also, wenn wir das Elektron als Baustein der Atomhülle hinzunehmen, können wir sagen, daß die normale Materie im Universum aus Elektronen, u-Quarks und d-Quarks besteht. Die Teilchenphysik als Physik dieser Bausteine ist also vergleichsweise einfach. Jedoch hat es die Natur so eingerichtet, daß die Teilchenphysik längst nicht bei diesen elementaren Objekten am Ende ist. Die Welt der Teilchen ist weitaus komplexer, als das Studium der Substruktur der normalen Materie erahnen läßt. Jenseits der u-Quarks, d-Quarks und des Elektrons liegt eine neue Welt instabiler Teilchen, die nur mit Hilfe von Beschleunigern erschlossen werden kann.

Der erste Schritt in diese neue Welt, in die wir bald vordringen werden, wurde im Jahre 1937 getan, allerdings nicht mit Hilfe von Beschleunigern, sondern mit Hilfe eines aus heutiger Sicht antiquierten Teilchennachweisgeräts, einer Nebelkammer, in der man die Spuren elektrisch geladener Teilchen der kosmischen Teilchenstrahlung beobachten kann.

Die obere Schicht der Erdatmosphäre wird ständig von schnellbewegten Teilchen bombardiert, die aus den Tiefen des Universums kommen. Meist handelt es sich hier um Protonen oder leichte Atomkerne wie Deuteronen oder Alphateilchen. Bei den dabei stattfindenden Kollisionen mit den Atomkernen entstehen unter anderem auch kurzlebige Teilchen, die wie die Elektronen elektrisch geladen sind und bereits nach etwa zwei Millionstel Sekunden zerfallen, wobei unter anderem auch ein Elektron entsteht.

Die neuen Teilchen, genannt die μ-Teilchen, besaßen eine Masse von etwa 105,7 MeV, sind also ca. 200mal so schwer wie ein Elektron. Weitere Experimente, die allerdings erst in den vierziger Jahren gemacht wurden, ergaben, daß es sich bei diesen Teilchen um strukturlose geladene Objekte handelte, gewissermaßen um schwere Brüder der Elektronen. Der einzige Unterschied zum Elektron schien die größere Masse zu sein und die Tatsache, daß die neuen Teilchen instabil waren.

Für den Aufbau der normalen Materie spielen die µ-Teilchen, heute oft als Myonen bezeichnet, offensichtlich keine Rolle. Im Grunde schien es ein völlig nutzloses Teilchen zu sein, und der bekannte amerikanische Physiker Isidor Rabi stellte seinerzeit die besorgte Frage: Das Myon, wer hat denn das bestellt? Und es stellte sich heraus, daß niemand es bestellt hatte. Trotzdem war es da.

Niemand weiß bis heute eine Antwort auf diese Frage. Anscheinend spielen die Myonen aber doch eine Rolle im Konzert der subnuklearen Teilchen, und wir werden in der Folge auf diese Rolle im Detail eingehen.

EINSTEIN: Ich kann mich noch entsinnen, daß bei den Myonen ein Problem auftauchte. Diese Teilchen haben ja nur eine kurze Lebensdauer, etwa $2,2 \times 10^{-6}$ s. Man konnte gar nicht verstehen, wieso diese Teilchen dann überhaupt zur Erdoberfläche gelangen konnten. Sie müßten doch schon vorher zerfallen sein. Aber da half jetzt meine Relativitätstheorie.

HALLER: Sie haben völlig recht. Ihre Theorie besitzt ja die Eigenschaft der Zeitdilatation, und das heißt, daß schnellbewegte Myonen länger fliegen können, als man naiv errechnet. Genauere Beobachtungen ergaben eine völlige Konsistenz der Beobachtungen mit Ihrer Theorie. Ihre Relativitätstheorie, Herr Einstein, hat das Rennen gewonnen.

Ich wollte noch auf etwas anderes hinweisen, das auch im engen Zusammenhang mit Ihrer Theorie steht. Normalerweise gibt es Positronen, also die Antiteilchen des Elektrons, in der Natur nicht, aber man kann sie leicht in Teilchenkolli-

sionen erzeugen, beispielsweise wenn zwei Photonen miteinander kollidieren. In diesem Fall findet eine Paarerzeugung statt, d. h. es entsteht ein Elektron-Positron-Paar. Dies ist wohl der einfachste Prozeß zur Veranschaulichung der Energie-Masse-Äquivalenz, die von Ihnen, Herr Einstein, zu Beginn des 20. Jahrhunderts, im Jahre 1906, entdeckt wurde. Aus der Energie der beiden Photonen entstehen zwei massive Teilchen.
Eindrucksvoll ist auch die Vernichtung des Positrons. Es greift sich ein Elektron aus einem der Atome, und dann knallt es, und aus Elektron und Positron sind zwei Photonen geworden, manchmal auch drei. Materie wandelt sich um in Licht.

EINSTEIN: In der Tat, das ist ein sehr schönes Beispiel meiner Energie-Massen-Beziehung, vermutlich das schönste Beispiel überhaupt. Im Jahre 1906 konnte ich natürlich nicht an eine solche Bestätigung denken, da Antiteilchen in der Vorstellung der Physiker damals nicht existierten. Ich dachte da mehr an radioaktive Prozesse, bei denen ein Teil der Masse in Energie verwandelt wird, aber nie 100 Prozent wie in Ihrem Beispiel.

HALLER: Aber ich sehe auf die Uhr. Es ist schon fast Mittag. Das nächste, was wir besprechen müßten, sind die Kräfte zwischen den Quarks, ich würde jedoch vorschlagen, wir machen das am Nachmittag. Jetzt ist Zeit, an das Mittagessen zu denken, das wir heute am besten drüben in der Chandler Hall einnehmen, wo die meisten Leute vom Caltech hingehen.

Und so geschah es. Die drei Physiker verließen das Athenaeum und gingen nach Westen. Nach etwa 200 Metern erreichten sie die Chandler Hall, in der die Studenten und die Wissenschaftler des Caltech oft zu Mittag aßen. Heute gab es Pizza, und die drei Physiker saßen schließlich am Tisch und verspeisten ihre Pizza mit Schinken und Peperoni.

Haller besorgte dann noch den Nachtisch, der wieder aus einer Portion Eis bestand, diesmal Zitroneneis, und einem Espresso. Newton genoß ihn sichtlich, denn er haßte den amerikanischen Kaffee. Dieser war nach seinen Worten nichts als etwas braun gefärbtes Wasser. Einstein und Haller widersprachen hier nicht, aber sie hatten auch nichts dagegen, denn zumindest konnte man den amerikanischen Kaffee wie Wasser trinken, soviel man wollte, ohne Bauchschmerzen zu bekommen. Mit starkem französischen oder italienischen Kaffee war das nicht möglich.

5. Kapitel
Große Beschleuniger

Am frühen Nachmittag trafen sich die Physiker wieder in der Bibliothek. Einstein begann gleich damit, daß er einen Wunsch äußerte.

EINSTEIN: Also, lieber Herr Haller. Wir sind zwar Theoretiker, aber sowohl Newton als auch ich haben wenig Ahnung, wie denn die neuen Erkenntnisse gerade in der Teilchenphysik gewonnen wurden. Meist waren es wohl solche, die man durch Experimente an Beschleunigern machte. Deshalb schlage ich vor, wir besprechen in der Sitzung heute erst einmal die Beschleuniger und danach erst die Kräfte zwischen den Quarks.

HALLER: Damit habe ich kein Problem. Ich bin zwar auch Theoretiker, allerdings doch relativ nahe am Experiment tätig. Manchmal werden sogar Experimente gemacht, die ich vorgeschlagen habe. Das geht so weit, daß mich die Experimentatoren gelegentlich einladen, bei ihrem Experiment mitzumachen. Manchmal steht mein Name sogar mit auf der Veröffentlichung. Also gut, zu den Beschleunigern.
Rutherford untersuchte die Struktur der Atome mit Hilfe von Alphateilchen. Die Alphateilchen konnte man sehr einfach erhalten. Sie werden von radioaktiven Atomkernen

ausgesandt. Wenn man sich jedoch die Aufgabe stellt, die innere Struktur der Atomkerne und der Kernteilchen zu untersuchen, sind die Alphateilchen leider völlig ungeeignet. Zum einen sind sie selbst Atomkerne, nämlich die Kerne von Helium, und zum anderen wäre die Energie der Alphateilchen im Bereich von etwa 5 MeV viel zu gering.

Es mag zwar paradox klingen, ist jedoch eine einfache Konsequenz der Quantentheorie: Je kleiner die Strukturen sind, die man untersuchen möchte, um so größer muß die Energie oder der Impuls der Teilchen sein, die man zur Untersuchung benutzt, und um so größer fallen die benötigten Apparaturen aus. Entsprechend der Unschärferelation bedeutet ein hoher Impuls eine geringe Unschärfe des Orts und umgekehrt.

Man kann leicht berechnen, daß man mit Teilchen einer Energie von einigen MeV, etwa mit den Alphateilchen im Rutherford-Experiment, in der Lage ist, Strukturen im Bereich von 10^{-12} cm zu beobachten. Damit ist aber auch schon die Grenze der Auflösung erreicht. Will man noch kleinere Strukturen auflösen, benötigt man Energien, die darüber hinausgehen. Aus diesem Grunde ist man gezwungen, in der Teilchenphysik Apparaturen zu bauen, mit deren Hilfe man stabile Teilchen wie Elektronen oder Protonen auf hohe Energien beschleunigt, also die Teilchenbeschleuniger.

Die Teilchenphysik wird oftmals auch als Hochenergiephysik bezeichnet – ein Hinweis, daß zum Studium der Teilchen hohe Energien benötigt werden. Moderne Teilchenbeschleuniger sind komplizierte und kostspielige Anlagen. Jedoch sind die Grundprinzipien der Beschleunigertechnik einfach und ohne weiteres zu verstehen.

Einen einfachen Teilchenbeschleuniger können Sie selbst bauen. Benötigt werden ein Glasrohr, einige Zentimeter lang, zwei Metallplatten, und eine 12-V-Autobatterie. Die beiden Metallplatten werden an den Enden des Glasrohrs angebracht und mit den Polen der Batterie verbunden. Anschließend wird mit Hilfe einer Pumpe die Luft aus dem Rohr entfernt. Wenn sich jetzt ein Elektron im Innern des Rohres in der Nähe der negativ geladenen Platte befindet, wird es von dieser abgestoßen. Es bewegt sich, ständig beschleunigt durch die elektrische Kraft, in Richtung der positiv geladenen Platte und trifft schließlich dort auf. Die Energie des Elektrons beträgt bei der Ankunft 12 Elektronenvolt.

Es ist leicht, die oben geschilderte Vorrichtung in einen Beschleuniger zu verwandeln. Wir ersetzen die positiv geladene Metallplatte durch einen aus dünnen Drähten bestehenden Schirm. Dieser zieht die Elektronen nach wie vor an, nur fliegen die meisten dann durch den Schirm hindurch. Man erhält also einen Strahl von Elektronen mit einer Energie von 12 eV. Diese Energie ist vergleichsweise gering, jedoch ist die Geschwindigkeit v der Elektronen durchaus beachtlich. Man kann sie leicht berechnen.

Wir können mit dieser Vorrichtung einen ganzen Strom von Elektronen erhalten, wenn wir es so einrichten, daß in der Nähe der negativ geladenen Platte viele Elektronen freigesetzt werden, etwa durch Bestrahlen der Platte mit energiereicher elektromagnetischer Strahlung oder durch Erhitzen eines Metalldrahtes in der Nähe der Platte, so daß Elektronen aus der Metalloberfläche herausgelöst werden. Die Röhre eines Fernsehapparats arbeitet nach einem ähnlichen Prinzip. Nur ist hier die Energie der Elektronen beim Auftreffen auf dem Bildschirm viel größer, etwa 20 000 eV.

NEWTON: Das ist in der Tat leicht getan. Da sie auf jeden Fall viel kleiner als die Masse des Elektrons ist, wenn wir diese in eV ausdrücken, nämlich etwa 511 000 eV, kann man die

Geschwindigkeit sofort erhalten, denn die Bewegungsenergie des Elektrons, die 12 eV beträgt, ist gleich $1/2\,mv^2$. Da der Masse des Elektrons die Energie mc^2 entspricht, ist das Verhältnis 12 eV/511 000 eV gleich $1/2\,v^2/c^2$. Die Geschwindigkeit v der Elektronen ergibt sich dann mit knapp 2060 km/s, wenn wir annehmen, daß die Geschwindigkeit der Elektronen beim Verlassen der negativ geladenen Platte Null ist.

HALLER: Ja, so kann man es leicht ausrechnen. Wäre die Energie 20 000 eV wie beim Fernseher, so berechnet man leicht, daß die Geschwindigkeit der Elektronen dann etwa 84 000 km/s ist, also etwas mehr als ein Viertel der Lichtgeschwindigkeit. Langsam wird es also problematisch mit Ihrer Mechanik, Mr. Newton. Dann müssen wir Herrn Einstein fragen.

Jeder Beschleuniger arbeitet nach dem oben geschilderten Prinzip. Wie kompliziert der Beschleuniger auch ist – die Teilchen werden immer mit Hilfe von elektrischen Feldern beschleunigt. Dies ist natürlich nur möglich, wenn die betreffenden Teilchen eine elektrische Ladung besitzen. Neutronen könnte man auf diese Weise nicht beschleunigen. Auch ist es erforderlich, daß die Teilchen stabil sind oder zumindest eine relativ lange Lebensdauer besitzen, denn die Beschleunigung eines Teilchens benötigt Zeit. Bei Elektronen und Protonen ist dies kein Problem, wohl aber bei den meisten anderen Teilchen, mit denen sich die Teilchenphysiker beschäftigen, da diese Teilchen schnell zerfallen.

Da die Atome aus Elektronen, Protonen und Neutronen bestehen, ist die Beschaffung der Elektronen und Protonen kein Problem. Auch Positronen und Antiprotonen kann man beschleunigen – allerdings ist hier die Beschaffung der Teilchen wesentlich aufwendiger, da man sie erst mit Hilfe von Teilchenkollisionen herstellen muß.

Leichte Atomkerne wie schwere Wasserstoffkerne oder Heliumkerne können ebenfalls beschleunigt werden. Im ersten Fall handelt es sich um Deuteronen, bestehend aus jeweils einem Proton und einem Neutron, im zweiten Fall um Alphateilchen. Auch schwere Atomkerne, wie etwa die von Blei oder Uran, können so auf hohe Energie beschleunigt werden.

Der oben beschriebene 12-eV-Beschleuniger beschleunigt Elektronen auf nur etwas mehr als 2000 km/s. Bauen wir drei weitere Beschleunigungselemente dahinter, erhalten wir die vierfache Energie, also 48 eV, und damit Elektronen mit der doppelten Geschwindigkeit, also über 4000 km/s.

Durch das Aneinanderreihen von vielen Beschleunigungselementen können wir also die Energie immer weiter erhöhen, nicht jedoch die Geschwindigkeit. Erreicht man Geschwindigkeiten von etwa 100 000 km/s, versagen die Gesetze der klassischen Mechanik und müssen durch die Gesetze der Einsteinschen relativistischen Dynamik ersetzt werden.

Je näher man an die Lichtgeschwindigkeit heranrückt, um so schwieriger wird es, die Geschwindigkeit noch weiter zu erhöhen. Relativ bald erreichen die beschleunigten Teilchen mehr als 99 Prozent der Lichtgeschwindigkeit. Eine weitere Erhöhung der Geschwindigkeit erfolgt kaum noch, auch wenn die Energie weiter gesteigert wird. Wenn man beispielsweise 99 Prozent von c erreicht hat, muß man die Energie um einen Faktor von etwa 3 weiter erhöhen, um schließlich 99,9 Prozent von c zu erreichen.

EINSTEIN: Das höre ich natürlich gern, daß sich dann auch die Ingenieure mit meiner Relativitätstheorie beschäftigen müssen. Das hätte ich mir im Jahre 1905 nicht träumen lassen.

HALLER: Ja, Ihre Theorie ist für die Ingenieure, die Beschleuniger bauen, mittlerweile kalter Kaffee, auch manche Politiker mußten sich mit Ihrer Theorie beschäftigen. Als vor vielen Jahren einmal im US-Kongreß über das Budget der Hochenergiephysiker gestritten wurde, brauchte es allerdings lange Zeit, bis schließlich die meisten Kongreßabgeordneten dem Budget zustimmten. Sie hatten Probleme zu verstehen, warum es wichtig ist, einen Beschleuniger zu bauen, der Protonen nicht nur auf 99 Prozent, sondern auf 99,95 Prozent der Lichtgeschwindigkeit beschleunigt und deshalb wesentlich teurer wird, und das alles nur wegen knapp einem Prozent.

Warum soll man, so die durchaus verständliche Meinung einiger Abgeordneter, 99,9 Prozent anpeilen, wenn 99 Prozent, also nicht mal ein Prozent weniger, doch so viel leichter zu erhalten sind? Die Abgeordneten hatten natürlich keinen Dunst von der Relativitätstheorie und mußten sich einige Erklärungen von den Physikern holen.

EINSTEIN: In der Tat, Politiker und Relativitätstheorie, das ist so ähnlich wie Feuer und Wasser.

HALLER: Leider, aber so ist es. Kein Wunder, wenn wir schlecht regiert werden. Jeder Politiker sollte die Relativitätstheorie kennen. Niemand darf ins Parlament, der die Relativitätstheorie nicht versteht. Dann hätten wir auch eine bessere Politik und nicht so viel Schwachsinn.

Aber zurück zu den Beschleunigern. Eine Maschine, bei der Protonen auf 99 Prozent von c beschleunigt wurden, entsprechend einer Energie von 7 GeV, war der Beschleuniger BEVATRON, der 1955 im kalifornischen Berkeley in Betrieb genommen wurde und mit dessen Hilfe das Antiproton entdeckt wurde. Die Maschine hat man speziell für diese Entdeckung gebaut, und siehe da, es hat funktioniert.

Der für die Entwicklung der Teilchenphysik sehr wichtige

Beschleuniger AGS in Brookhaven auf Long Island bei New York (Inbetriebnahme 1960) erreichte 99,95 Prozent von c und damit eine Energie von 30 GeV. Der im Bau befindliche Beschleuniger LHC am europäischen Teilchenphysikzentrum CERN bei Genf wird eine Energie von 14 TeV erreichen, also 14000 GeV, was fast dem 15000fachen der Masse des Protons, ausgedrückt in Energieeinheiten, entspricht. Die Geschwindigkeit der Protonen beträgt in diesem Fall 0,999999998c, also praktisch gleich c.

EINSTEIN: Damit ist auch ersichtlich, daß die Geschwindigkeit der Teilchen in der Hochenergiephysik keine sinnvolle Einheit mehr ist – auf die Energie und den dazugehörigen Impuls kommt es an, ganz im Sinne meiner Theorie.

HALLER: Auch die Aussage der Newtonschen Mechanik, daß Impuls gleich Masse mal Geschwindigkeit ist, stimmt in der Hochenergiephysik nicht mehr. Entsprechend der Einsteinschen Dynamik sind Energie und Impuls einander proportional, wobei die Proportionalitätskonstante die Geschwindigkeit ist, also bei hohen Energien die Lichtgeschwindigkeit. Nur bei Geschwindigkeiten, die klein sind im Vergleich zur Lichtgeschwindigkeit, wenn also die Energie im wesentlichen durch die Masse gegeben ist, also durch $E = mc^2$, gilt die Newtonsche Mechanik. Ein Proton mit der Energie von 100 GeV besitzt also einen Impuls von etwa 100 GeV/c. Der Impuls eines hochenergetischen Teilchens ist also im wesentlichen gerichtete Energie.

Im Jahre 1960 wurde auf dem Gelände der Stanford-Universität in Kalifornien der SLAC-Elektronenbeschleuniger in Betrieb genommen, ein Glanzstück der Beschleunigertechnologie – die Abkürzung steht für Stanford Linear Accelerator Center. SLAC arbeitet nach dem oben beschriebenen Prinzip – Elektronen werden auf einer zwei Meilen

langen Beschleunigungsstrecke sukzessive auf hohe Energien beschleunigt.
Beim SLAC waren es anfänglich bis zu 20 GeV. Später wurde die Energie auf 50 GeV erhöht. Mit SLAC hatten die Physiker ein gigantisches Mikroskop zur Verfügung, das in der Lage war, tief in das Innere der Atomkerne zu schauen. Mit den Strukturen, die sie dabei entdeckten, werden wir uns noch beschäftigen.
EINSTEIN: Ich kann mich noch erinnern. Etwa um das Jahr 1930 fand man heraus, daß man auch mit einem einzigen Beschleunigungselement hohe Energien erreichen kann. Der Trick besteht darin, die Teilchen immer wieder durch das gleiche Element zu beschleunigen.
HALLER: Ja, das war eine wichtige Entdeckung, die in Berkeley gemacht wurde. Voraussetzung dafür ist, daß die Teilchen nach der erfolgten Beschleunigung auf einer gekrümmten Bahn, etwa einer Kreisbahn, zu ihrem Ausgangsort zurückkehren, so daß sie erneut beschleunigt werden können. Dies geschieht durch die Anwendung von Magnetfeldern.
Ein elektrisch geladenes Teilchen beschreibt in einem konstanten Magnetfeld eine Kreisbahn. Durch geschickte Ausnutzung der Gesetze der Elektrodynamik ist es damit möglich, die Teilchen auf einer Kreisbahn laufen zu lassen. Bei jedem Umlauf erhalten die Teilchen einen zusätzlichen Schub, so daß die Energie ständig steigt.
Würde man nichts weiter tun, dann würden die Teilchen die vorgegebene Kreisbahn verlassen, da die nach außen wirkende Zentrifugalkraft die Teilchenbahn verändert.
Bei wachsender Energie muß man deshalb das Magnetfeld an die neue Situation anpassen, also erhöhen. Im Prinzip könnte man so die Energie der Teilchen beliebig steigern, wenn es nicht einen begrenzenden Faktor gäbe, die Stärke

Abb. 5.1 Das amerikanische Forschungslabor Fermilab bei Chicago

des Magnetfeldes. Letzteres ist nicht beliebig steigerungsfähig und hängt von verschiedenen Faktoren ab, beispielsweise vom benutzten Material oder der eingesetzten Technologie.
Ein Ringbeschleuniger, in dem die Teilchen in einer ringförmigen Vakuumröhre umlaufen, ist also durch zwei Parameter gekennzeichnet: den Radius des Rings und die maximale Stärke des Magnetfeldes. Je größer der Radius ist und je stärker das Magnetfeld gemacht werden kann, um so größer ist die erreichbare Energie.
Eine ganze Reihe von Protonenbeschleunigern wurde in der zweiten Hälfte des 20. Jahrhunderts errichtet, in Westeu-

ropa, in den USA, in Japan und in der früheren Sowjetunion. Besonders hervorzuheben sind das BEVATRON im kalifornischen Berkeley (1954, Energie 6 GeV), der AGS-Beschleuniger in Brookhaven bei New York (1960, 30 GeV), der PS-Beschleuniger am CERN bei Genf (1959, 25 GeV), der Beschleuniger am amerikanischen Fermilab bei Chicago (1972, 200 GeV, später 400 GeV) und der SPS-Beschleuniger des CERN (1976, 400 GeV, Ringumfang 26,7 km).

Die Beschleunigung der Teilchen erfolgte an den meisten dieser Beschleuniger nicht vollständig in einem Ring. Vielmehr erwies es sich als günstig, mehrere Beschleunigungsringe hintereinanderzuschalten, nach dem Prinzip einer Kaskade. So wurden die Protonen, die im SPS-Ring des CERN ihre letzte Beschleunigung erhielten, vorher im PS-Ring beschleunigt.

Die Beschleunigertechnologie machte einen beträchtlichen Sprung nach vorn, als es gelang, das Magnetfeld mit Hilfe supraleitender Magnete herzustellen. In einem supraleitenden Material fließt der elektrische Strom ohne Widerstand, so daß keine Energie in Form von Wärmeverlusten verlorengeht. Außerdem ist es möglich, stärkere Ströme durch die Drähte zu schicken, so daß man stärkere Magnetfelder erreichen kann, maximal bis etwa 10 Tesla. Die erforderlichen Stromstärken erreichen mehrere tausend Ampere. Zum Vergleich: Die Feldstärke des Erdmagnetfeldes beträgt etwa 1/20000 eines Tesla. Die stärksten Magnetfelder sind also 200000mal stärker als das Erdmagnetfeld.

Mit Hilfe sogenannter supraleitender Magnete gelang es am amerikanischen Fermilab im Jahre 1983, die Energie der Protonen auf 900 GeV zu erhöhen.

Nachdem also die Teilchen auf nahezu Lichtgeschwindigkeit beschleunigt wurden, beginnt die Arbeit der Hochenergiephysiker. Es kommt zu Kollisionen, und die Erforschung dieser Kollisionen ist die eigentliche Aufgabe der Physiker. Die Kollision eines beschleunigten Protons mit einem anderen beschleunigten Proton oder mit einem ruhenden Atomkern geschieht in einer äußerst kurzen Zeit, die durch die Zeitspanne gegeben ist, die das Proton benötigt, um den Atomkern faktisch mit Lichtgeschwindigkeit zu durchqueren, etwa 10^{-24} s. Eine genaue Verfolgung der Kollision ist also unmöglich, wohl aber die Untersuchung ihrer Endprodukte. Wir wissen, welche Teilchen vor der Kollision vorhanden waren, und wir sehen, welche Teilchen mit welchen Energien bzw. Impulsen den Ort des Zusammentreffens verlassen.

Die Situation ähnelt einem Verkehrsunfall, bei dem es keine Zeugen gibt. Die Polizeibeamten werden dann versuchen, den Hergang des Geschehens nach den vorliegenden Fakten (Schäden an den Fahrzeugen, Lage der Fahrzeuge etc.) zu rekonstruieren. Hierbei können sich die Polizisten darauf verlassen, daß bei einem Verkehrsunfall die Gesetze der klassischen Mechanik anwendbar sind.

In der Teilchenphysik ist es komplizierter, da die herrschenden Naturgesetze zwar den Hergang der Kollision bestimmen, diese Gesetze aber den Physikern nicht oder nur approximativ bekannt sind. Man will ja die Gesetze herausfinden. Aus einer einzigen Kollision kann man dann nicht viel lernen. Wenn man jedoch viele Kollisionen studiert, von einigen Hundert bis zu vielen Millionen Ereignissen, kann man letztlich viel über die Naturgesetze der Mikrophysik erfahren.

EINSTEIN: Aber nur, wenn die Theoretiker auch die entsprechenden Theorien formulieren. Nur mit Experimentalphysik geht es nicht.

HALLER: Selbstverständlich, aber soviel wissen unsere Experimentalphysiker schon, obwohl es auch einige gibt, die meinen, sie könnten auf die Theorie ganz verzichten. Die guten Experimentalphysiker beschäftigen sich jedoch auch mit der Theorie.

Die Messung der Eigenschaften der Teilchen, die nach der Kollision davonfliegen, erfolgt in Nachweisgeräten, deren Effizienz im Laufe der Zeit immer wieder gesteigert wurde. In den Anfangsjahren der Teilchenphysik behalf man sich noch mit Nebelkammern und Szintillationszählern. Später wurden Blasenkammern verwendet, bei denen die Teilchenspuren in speziellen Flüssigkeiten aufgezeichnet wurden. Eine andere Möglichkeit, Teilchen zu beobachten, besteht in der Verfolgung von Teilchenspuren mit Hilfe von Metallplatten, die unter Spannung stehen und zwischen denen beim Durchgang eines Teilchens kleine Funken entstehen. Das sind die Funkenkammern.

Heute werden jedoch fast ausschließlich komplizierte elektronische Nachweisgeräte eingesetzt, die den Vorteil haben, daß die Signale, die beim Durchgang eines Teilchens entstehen, sofort mit Hilfe von Computern aufgezeichnet und weiterverarbeitet werden können. Dadurch wird die Analyse der Teilchenkollisionen wesentlich erleichtert. Jedoch kann man die Teilchenkollision nicht mehr direkt beobachten – der Teilchenphysik wurde ein Stück Anschaulichkeit genommen.

Bei den Teilchenkollisionen gilt ebenso wie in der Alltagswelt das Gesetz von der Erhaltung des Impulses. Ein Proton, das mit einer Energie von 1000 GeV auf ein ruhendes Proton trifft, besitzt einen Impuls von 1000 GeV/c, das ruhende Proton hat keinen Impuls. Nach der Kollision muß der Gesamtimpuls des Systems nach wie vor 1000 GeV/c sein. Dies bedeutet, daß die Summe der Impulse aller wegfliegenden Teilchen ebenfalls 1000 GeV/c ist. In der Praxis sieht das so aus, daß nach der Kollision alle Teilchen nach vorn, in Richtung des hereinfliegenden Protons, davonfliegen.

Das Hauptziel von Teilchenkollisionen ist jedoch, möglichst viel der zur Verfügung stehenden Energie in Masse zu verwandeln, etwa in die Masse neuer Teilchen. Am besten wäre es, wenn zumindest im Prinzip die Möglichkeit besteht, die gesamte Energie in Masse umzusetzen – im oben erwähnten Beispiel wäre das eine Masse von 1000 GeV, in Energieeinheiten ausgedrückt. Wegen der Erhaltung des Impulses ist dies jedoch nicht möglich. Nur ein kleiner Teil der zur Verfügung stehenden Energie kann in Masse umgewandelt werden, maximal 42 GeV.

NEWTON: Man könnte das Problem aber vermeiden, wenn man das beschleunigte Proton nicht auf ein ruhendes Proton lenkt, sondern ebenfalls auf ein bewegtes.

HALLER: Ja, das macht man neuerdings auch. Man schießt es auf ein anderes bewegtes Proton oder ein Antiproton mit der gleichen Energie, aber mit einem genau entgegengesetzten Impuls, so daß die Summe der Impulse der beiden Teilchen Null ist. In diesem Fall ist die Wucht der Kollision viel stärker. Maximal ständen für die Erzeugung von Masse 2000 GeV zur Verfügung, also wesentlich mehr als vorher.

Auch hier ist die Analogie mit einem Verkehrsunfall hilfreich. Der Schaden, der an einem Auto entsteht, wenn es mit einem ruhenden Auto kollidiert, ist wesentlich geringer als der Schaden, der entsteht, wenn es mit einem fahrenden Auto frontal zusammenstößt. Allerdings sind solche frontalen Kollisionen wesentlich schwieriger zu arrangieren als Kollisionen mit einem ruhenden »target«. Zum einen benötigt man zwei verschiedene Teilchenstrahlen, zum anderen ist es nicht so einfach, einen Teilchenstrahl genau so zu lenken, daß er mit dem anderen Strahl frontal zusammentrifft.

Mit einem Gewehr einen Baumstamm zu treffen ist relativ leicht, eine andere Gewehrkugel im Flug zu treffen ist ungleich schwieriger, eigentlich unmöglich. In der Teilchenphysik kommt es nicht nur auf die erreichte Energie an, sondern auch auf die Anzahl der Kollisionen pro Sekunde, die man erreicht, auf die sogenannte Luminosität.

Trotz vieler technischer Schwierigkeiten ist es gelungen, frontale Teilchenkollisionen zu arrangieren. Die entsprechenden Maschinen heißen in der englischen Fachsprache »collider«. Die erste Kollisionsmaschine wurde am CERN im Jahre 1972 fertiggestellt, der »Intersecting Storage Ring« (ISR). Zwei parallel verlaufende Strahlrohre wurden am ISR mit Protonen der Energie von 30 GeV gefüllt. Die Kollisionen erfolgten an spezifischen Kollisionspunkten. Insgesamt stand also die Energie von 60 GeV für die Erzeugung von neuen Teilchen zur Verfügung. Nach vielen anfänglichen Schwierigkeiten erreichten die CERN-Physiker schließlich eine Kollisionsrate von fast 10 Millionen Kollisionen in der Sekunde. So konnte man mit dem ISR dann gute Physik machen.

Zu Beginn der siebziger Jahre konstruierten die Physiker am SLAC eine vergleichsweise billige, aber ungemein erfolgreiche Kollisionsmaschine, genannt SPEAR. Das Prinzip war denkbar einfach. In einen Ring wurden gleichzeitig Elektronen und Positronen gegenläufig eingeführt. Da die Positronen eine positive elektrische Ladung besitzen, werden sie im Magnetfeld genau in die andere Richtung abgelenkt als Elektronen. Driftet ein Positron nach links im Magnetfeld, driftet entsprechend ein Elektron nach rechts. Aus diesem Grund können Positronen und Elektronen in einem »collider«-Ring zusammen in derselben Vakuumröhre fliegen, vorausgesetzt, sie haben dieselbe Energie. Bei der Kollision der beiden Teilchen kommt es zur vollständigen Ver-

Abb. 5.2 Das DESY in Hamburg

nichtung. Die gesamte zur Verfügung stehende Energie kann in die Erzeugung neuer Teilchen, also in Masse, umgesetzt werden. Aus diesem Grund sind Elektron-Positron-Kollisionen besonders effektiv, um neue Teilchen und Phänomene zu finden.

In der Tat wurden mit Hilfe von SPEAR und später mit Hilfe des Beschleunigers DORIS am DESY-Labor in Hamburg wichtige Entdeckungen gemacht, die für die Entwicklung des heutigen Standardmodells der Teilchenphysik von großer Bedeutung waren.

Unvergessen wird das Wochenende des 9. November 1974 bleiben, als man am SLAC die Umwandlung der gesamten zur Verfügung stehenden Energie der Elektronen und Positronen in ein neues schweres Teilchen beobachtete, das später den Doppelnamen J/Ψ erhielt und für die weitere Entwicklung der Teilchenphysik eine große Rolle spielte. Wir werden darauf zurückkommen. Ich war damals am Caltech, und am Sonntag arbeitete ich in meinem Büro, weil es regnete, als plötzlich mein Kollege Richard Feynman auftauchte und mir von den interessanten Neuigkeiten am SLAC berichtete. In der folgenden Woche berichtete Feynman täglich über die neuen Resultate in Stanford.

In der Folge wurde eine Reihe weiterer Elektron-Positron-Maschinen gebaut: PETRA am DESY, PEP in Stanford und TRISTAN in Tsukuba (Japan).

Anfang der neunziger Jahre begann der Betrieb der LEP-Maschine am CERN, mit der man zum ersten Mal Präzisionsexperimente bei sehr hohen Energien durchführen konnte. Der Umfang des LEP-Rings betrug 26,7 km. Das Forschungsprogramm am LEP war für die Konsolidierung des heute vorliegenden Standardmodells der Teilchenphysik von großer Bedeutung.

Ähnliche Energien wie am LEP wurden einige Jahre später mit dem Stanford Linear Collider, kurz SLC genannt, erreicht. Bei dieser Maschine wurde der Linearbeschleuniger des SLAC benutzt, um sowohl Elektronen als auch Positronen auf ca. 50 GeV zu beschleunigen. Die Kollisionen wurden dadurch erreicht, daß beide Teilchen nach erfolgter Beschleunigung durch starke Magnetfelder um ca. 270 Grad abgelenkt wurden.

Neuland wurde in den neunziger Jahren am Hamburger DESY-Labor betreten, als der neue Beschleuniger HERA seinen Betrieb aufnahm. Zum ersten Mal gelang es bei HERA, Elektronen, beschleunigt auf eine Energie von 30 GeV, frontal mit Protonen, beschleunigt auf eine Energie von 800 GeV, kollidieren zu lassen. So konnte man Elektronen und Protonen miteinander zur Kollision bringen.

Mit Hilfe der HERA-Maschine ist es gelungen, eine besonders genaue Analyse der inneren Struktur des Protons durchzuführen, bis hinunter zu Distanzen von etwa 10^{-16} cm, also einem Tausendstel der Ausdehnung des Protons.

Elektronen und Positronen haben einen Nachteil. In Ringbeschleunigern kann man sie nicht auf sehr große Energien beschleunigen, ohne daß der Radius des Rings unverhältnismäßig groß wird. Das liegt an der kleinen Masse dieser Teilchen, was zur Folge hat, daß bei der geringsten Änderung der Richtung des Impulses das elektromagnetische Feld des Teilchens die Tendenz hat, sich selbständig zu machen und als elektromagnetische Strahlung davonzufliegen, als die sogenannte Synchrotronstrahlung.

Ein Ringbeschleuniger, in dem Elektronen im Kreis fliegen, also ständig die Richtung ihrer Impulse ändern, ist gleichzeitig eine Quelle dieser Strahlung, was zur Folge hat, daß ständig auch Energie abgestrahlt wird. Je näher man die Geschwindigkeit der Elektronen an die Lichtgeschwindigkeit heranbringt, um so stärker wird die Synchrotronstrahlung, so daß letztlich kaum noch Energie für die Beschleunigung der Teilchen übrigbleibt.

Das Problem besteht jedoch nicht, wenn sich die schnellbewegten Elektronen auf gerader Strecke bewegen. Aus diesem Grunde ist es wesentlich günstiger, Elektronen und Positronen auf einer geraden Strecke zu beschleunigen, in einem Linearbeschleuniger, wenn man Energien von mehreren hundert GeV erreichen möchte.

Daher werden heute Pläne erarbeitet, um einen großen Linearbeschleuniger als globales Projekt der Teilchenphysiker zu errichten. In diesem Linearbeschleuniger sollen Energien von 250 bis 500 GeV pro Strahl erreicht werden. Ein Linearbeschleuniger dieser Größenordnung, etwa das Projekt TESLA am DESY in Hamburg, wäre eine ideale Maschine, um die heute vorliegende Theorie der Teilchen und ihrer Wechselwirkungen unter extremen Bedingungen zu testen und vermutlich sogar die Grenzen des Gültigkeitsbereichs dieser Theorie zu überschreiten.

Ein Nachteil sind die hohen Kosten in der Größenordnung von drei Milliarden Dollar. Deshalb kann man eine solche Maschine nur als internationale Einrichtung betreiben. TESLA wäre eine ideale Maschine, und Hamburg würde zum Zentrum der Teilchenphysik, in dem die Physiker aus aller Welt sich begegnen. Die Maschine TESLA wäre auch die erste Weltmaschine, an der sich neben den Europäern auch die Amerikaner, Kanadier, Japaner, Chinesen u. a. beteiligen. Was CERN für Europa war, wäre TESLA für die ganze Welt.

Ein entscheidender Fortschritt wurde zu Beginn der achtziger Jahre am CERN gemacht, als es gelang, die ersten frontalen Kollisionen von Protonen und Antiprotonen bei hohen Energien durchzuführen. Antiprotonen gibt es ja nicht in der uns umgebenden Materie. Man kann sie jedoch in Teilchenkollisionen herstellen und sie ebenso wie Protonen beschleunigen. Allerdings sind die technischen Schwierigkeiten, einen sauberen Strahl von vielen Antiprotonen herzustellen, also einen Strahl, bei dem die Antiprotonen alle denselben Impuls besitzen, enorm und wurden erst nach jahrelanger intensiver Forschung überwunden.

Wie im Fall der Elektron-Positron-Maschine können Protonen und Antiprotonen in einem »collider«-Ring zusammen in derselben Vakuumröhre fliegen, vorausgesetzt, sie haben dieselbe Energie und die Antiprotonen fliegen genau entgegengesetzt zu den Protonen. Am CERN wurden ab 1981 Proton-Antiproton-Kollisionen untersucht, bei denen beide Teilchen schließlich die Energie von 400 GeV erreichten.

EINSTEIN: Das ist ja interessant, Materie fliegt gegen Antimaterie, da kann man sicher einiges lernen.

HALLER: Ja, die Investition hat sich gelohnt, denn bald gelang es, die ersten W- und Z-Teilchen nachzuweisen. Das waren jene von den Theoretikern vorausgesagten Teilchen, die für die Vermittlung der schwachen Kräfte, die beispielsweise den radioaktiven Zerfall des Neutrons verursachen, verantwortlich sind.

Seit Beginn der neunziger Jahre übernahm das Fermilab bei Chicago die Führung beim Studium der Proton-Antiproton-Kollisionen. Ebenso wie der CERN-Ring wurde der große Ring des Fermilab-Beschleunigers umgerüstet, um damit frontale Kollisionen von Antiprotonen mit Protonen zu untersuchen.

Das oben erwähnte Problem bei der Beschleunigung von Elektronen bzw. Positronen hinsichtlich der Synchrotronstrahlung gibt es bei Protonen im Prinzip auch, jedoch spielt es wegen der großen Masse der Protonen für praktische Belange keine Rolle. Deshalb kann man Protonen bzw. Antiprotonen auf Energien von Tausenden von GeV in Ringmaschinen beschleunigen, ohne daß erhebliche Abstrahlungsverluste auftreten.

Bei dem im Bau befindlichen LHC-Beschleuniger am CERN, dessen Abkürzung für Large Hadron Collider steht, werden ebenfalls supraleitende Magnete (Feldstärke 8,4 Tesla) eingesetzt, so daß Energien von 7 TeV, also 7000 GeV, pro Strahl erreicht werden. Es sei betont, daß der Ring des LHC im selben unterirdischen Tunnel errichtet wird, der vorher den LEP-Beschleuniger beherbergt hat.

EINSTEIN: Wann wird denn der LHC fertig sein?

HALLER: Im Jahre 2007 wird der neue Beschleuniger LHC am CERN in Betrieb genommen. Mit ihm wird zum ersten Mal die Tür in den TeV-Bereich auf der Energieskala weit aufgestoßen. Noch ist nicht abzusehen, wie die Physik auf dieser Skala aussehen wird, obwohl es an theoretischen Spekulationen nicht mangelt. Es gibt jedoch kaum einen Teilchenphysiker, der nicht davon ausgeht, daß der vom LHC abgedeckte Energiebereich für Überraschungen sorgen wird.

EINSTEIN: Na, wir werden sehen. Das war jedenfalls ein interessanter Vortrag, nicht über Theorie, aber trotzdem interessant. Jetzt weiß ich jedenfalls, wo in der Teilchenphysik die Probleme stecken und wie man diese Probleme lösen kann – mit Experimenten an Beschleunigern. Aber jetzt haben wir uns einen Kaffee im Athenaeum verdient. Danach können wir dann zur Theorie zurückkehren.

Und so geschah es. Die drei Physiker gingen zum Restaurant und genehmigten sich einen guten italienischen Espresso, und Einstein bestellte wieder Eis, diesmal Zitroneneis, mit viel Schlagsahne.

6. Kapitel

Farbige Quarks und Gluonen

Nach der Kaffeepause trafen sich die drei Physiker wiederum in der Bibliothek des Athenaeum. Einstein eröffnete die Diskussion.

EINSTEIN: Jetzt also weg von den Maschinen, wieder hin zur Physik. Das mit den Quarks leuchtet mir unmittelbar ein. Nur verstche ich eines nicht. Die Atome lassen sich gut durch die Quantenfeldtheorie der QED beschreiben. Dann müßten doch die Quarks auch durch eine Theorie beschrieben werden können, aber welche ist das dann? Mit der QED geht es ja nicht, aber wie sonst? Gibt es da etwas Neues?

HALLER: Ja, das gibt es heute, und hier war der Fortschritt in den letzten 30 Jahren besonders eindrucksvoll, das kann ich Ihnen versichern. Auch die Kräfte zwischen den Quarks, die insbesondere dafür sorgen, daß sich stets drei Quarks zusammenfinden, um ein Kernteilchen zu bilden, lassen sich im Rahmen einer Theorie beschreiben, die sogar der Quantenelektrodynamik sehr ähnlich ist. Es ist die Quantenchromodynamik, oftmals als QCD abgekürzt.
Die Theorie wurde 1972 von Murray Gell-Mann und seinem jungen deutschen Mitarbeiter Harald Fritzsch entwik-

kelt. Beide waren aber damals nicht am Caltech tätig, sondern am CERN bei Genf.

Die Bezeichnung QCD, abgeleitet vom griechischen »chromos« (Farbe), rührt daher, daß man den Quarks, etwa dem u-Quark, eine neue Eigenschaft gibt, eine Ladung, die allerdings nichts mit der elektrischen Ladung zu tun hat und die durch einen dreifachen Index beschrieben wird, den man anschaulich als Farbe bezeichnet. Da es sich um genau drei Indices handelt und die Zahl 3 eine besondere Bedeutung in der Farbenlehre besitzt, denn alle Farben lassen sich aus den drei Grundfarben Rot, Grün und Blau zusammensetzen, nennt man den zusätzlichen Index eben den Farbindex oder die Farbquantenzahl. Mit wirklicher Farbe hat dies natürlich nichts zu tun. Es gibt also im übertragenen Sinn ein rotes, ein grünes und ein blaues u-Quark.

Ursprünglich bestand Gell-Mann darauf, für die Farben die französischen Nationalfarben Rot, Weiß und Blau zu verwenden, denn er wohnte damals in einem Haus bei dem französischen Städtchen Gex im Juragebirge nicht weit von Genf. Außerdem liebte Gell-Mann Frankreich, die französische Geschichte, aber auch – nicht zuletzt – die französische Küche. Die 3-Sterne-Restaurants in Frankreich kannte er alle. Aber am Ende setzte sich Fritzsch durch, der die Farben Rot, Grün und Blau bevorzugte, denn Weiß ist ja keine wirkliche Farbe. Zudem erhält man, wenn man Rot, Grün und Blau optisch mischt, die Farbe Weiß, und das erwies sich in der Folge als sehr nützlich.

Daß man es mit genau drei Farben zu tun hat, fanden Fritzsch und Gell-Mann insbesondere beim genaueren Studium des Zerfalls des neutralen Pions, den sie zusammen mit ihrem amerikanischen Kollegen Bill Bardeen, der auch am CERN arbeitete, studierten. Dieses Teilchen zerfällt sehr schnell durch einen elektromagnetischen Prozeß. Die

Stärke dieses Prozesses hängt aber von der Anzahl der Farben ab. Hat man überhaupt keine Farben, kann man den Prozeß auch berechnen, findet aber, daß die Zerfallsrate des Pions um einen Faktor 9 zu klein ist. Dieses Argument wurde auch anfänglich benutzt, um das Quarkmodell zu diskreditieren. Genau für drei Farben geht aber die Rate um einen Faktor $9 = 3 \times 3$ nach oben, und man erhält eine ausgezeichnete Übereinstimmung mit dem Experiment – besser könnte es gar nicht sein. Das war zumindest ein schöner Erfolg, auch für das Quarkmodell an sich, vorausgesetzt, man nimmt die Farben ernst.

Diese Dreiheit der Farben ist wichtig, insbesondere ist sie aber auch für die Tatsache verantwortlich, daß die Kernteilchen aus drei Quarks bestehen. Alle drei Farben müssen nämlich präsent sein, damit ein physikalisches Teilchen entsteht, so die Annahme. Wenn wir als die drei Farben die Grundfarben Rot, Grün und Blau einführen, dann sind die physikalischen Teilchen nichts weiter als weiß, denn eine Mischung von Rot, Grün und Blau ergibt eben weiß.

Bezüglich der Farben sei noch hervorgehoben, daß die Symmetrie der Farben eine exakte Symmetrie sein soll. Es gibt in der Physik meist nicht ganz exakte Symmetrien, oft gebrochene Symmetrien genannt, aber bei den Farben der Quarks hat man es ausnahmsweise einmal mit einer ganz exakten Symmetrie zu tun. Allerdings weiß niemand, warum die Natur es so eingerichtet hat, daß ausgerechnet diese Symmetrie exakt ist.

EINSTEIN: Na ja, der Alte wird da schon seinen Grund gehabt haben. Eine Symmetrie, die in keiner Weise gebrochen ist, stellt immerhin etwas Schönes dar. Das gibt es selten in unserer Welt. Und noch etwas, was ich dem Alten zugute halten möchte: Er hat die Symmetrie der Farben eingeführt, aber so, daß man sie erst einmal gar nicht bemerkt. Heisenberg hatte keinen blauen Dunst von den Farben. Erst nach langem Hin und Her sind Gell-Mann und Fritzsch auf diese Symmetrie gestoßen. Der Alte hat sie eingeführt, aber gleich darauf alles darangesetzt, daß sie in keiner Weise auffällt, nur dem sehr aufmerksamen Beobachter. Das ist hervorragend. Der Alte ist niemals aufdringlich, aber oft etwas hintersinnig. Das hat er jedenfalls gut gemacht, da muß ich ihn loben.

HALLER: Sicher, nur scheint mir da noch mehr dahinterzustekken, so daß der Alte gar keine Wahl hatte, aber das ist nur so ein Gefühl von mir. Niemand weiß etwas Genaues. Ganz verstehen wir bis heute nicht, warum ausgerechnet die Farbsymmetrie ganz exakt ist. Sie hätte doch auch gebrochen sein können, nur gäbe es uns dann nicht, also auch niemanden, der sich wundert.

Aber noch einmal zurück zum alten Quarkmodell. Vor der Entdeckung der Quarks als strukturlose Quanten im Innern der Nukleonen hatte man eine andere merkwürdige Eigenschaft der Quarks festgestellt, und zwar im Rahmen des naiven Quarkmodells von Gell-Mann und Zweig, in dem die Nukleonen als Systeme von drei Quarks interpretiert wurden. Bei Streuexperimenten mit Nukleonen hatte man bereits in den fünfziger Jahren angeregte Zustände des Protons entdeckt, die nur sehr kurze Zeit existierten und mit dem Spin $3/2$ ausgestattet waren. Wir hatten sie schon erwähnt, es sind die Deltateilchen.

Eines davon war besonders bemerkenswert, das Δ^{++}-Teilchen mit einer Masse von etwa 1230 MeV. Im Rahmen des Modells mußte es sich bei diesem Objekt um ein Gebilde aus drei u-Quarks handeln, das in der Tat die elektrische Ladung 2 hat. Wenn die Spins der drei Quarks in dieselbe Richtung zeigen, erhält man zudem ein System mit dem Spin $3/2$.

EINSTEIN: Moment mal, dieses Teilchen kommt mir jetzt doch spanisch vor. Es besteht nur aus u-Quarks, und die haben auch noch denselben Spin. Da gibt es doch ein Problem mit meinem Freund Wolfgang Pauli. Oder helfen die Farben der Quarks jetzt auch wieder?

HALLER: Gratuliere, Mr. Einstein, Sie haben es erfaßt. Quarks als Objekte mit dem Spin $1/2$ sollten ebenso wie alle anderen Objekte oder Teilchen mit dem Spin $1/2$ dem Gesetz unterliegen, das Wolfgang Pauli kurz nach Aufstellung der Quantenmechanik fand und das nach ihm als Pauli-Verbot oder Pauli-Prinzip in die Geschichte der Physik einging. Es besagt, daß bei einem zusammengesetzten System der Quantenphysik der betreffende Zustand immer antisymmetrisch beim Vertauschen zweier Objekte sein muß.

Das ist dieser Zustand in keiner Weise, denn er ist symmetrisch, und wir haben dann ein Problem. Wir wollen dieses Prinzip an einem Beispiel verdeutlichen, um es unserem Freund Newton klarzumachen. Betrachten wir einen Zustand, der aus den beiden Konstituenten A und B besteht, also den Zustand AB. Wenn wir jetzt A und B miteinander vertauschen, erhalten wir den Zustand BA, also einen anderen Zustand.

Wären A und B Objekte mit dem Spin $1/2$, besagt das Pauli-Prinzip, daß in der Natur weder der erste noch der zweite Zustand vorkommen kann, sondern nur der Zustand (AB – BA). Dieser Zustand ändert sein Vorzeichen beim Vertauschen von A und B, ist also antisymmetrisch. Der Zustand (AB + BA) wäre symmetrisch. Entsprechend dem Pauli-Verbot ist dieser nicht erlaubt, kommt also in der Natur nicht vor. Bei dem Pauli-Verbot handelt es sich um eine subtile Eigenschaft der Quantenphysik, die für die Atomphysik von großer Bedeutung ist.

Wie steht es nun mit der Anwendung dieses Prinzips auf die

Quarks? Das Δ^{++}-Teilchen hat im Modell der Quarks die Struktur (uuu). Die Vertauschung zweier Quarks offenbart das Problem – nichts ändert sich. Mithin ist der Zustand symmetrisch. Also dürfte er in der Natur überhaupt nicht existieren, was Sie, Mr. Einstein, auch vorhin bemerkten.

Damit ist der Konflikt zwischen dem einfachen Quarkmodell und dem Experiment vorprogrammiert. In der Tat war dieses Problem einer der Gründe, warum das Quarkmodell anfänglich bei vielen Physikern auf große Kritik stieß. Die Lösung des Problems wurde erst Anfang der siebziger Jahre entdeckt, eben von Fritzsch und Gell-Mann, wobei der aus Japan stammende amerikanische Physiker Yoichiro Nambu in Chicago eine wichtige Vorarbeit geleistet hatte.

Es erwies sich damit, daß die Quarks neben ihrer elektrischen Ladung und ihrem Spin noch eine weitere Eigenschaft besitzen, gewissermaßen einen neuen Index oder eine neue Ladung, und das ist eben die Farbe. Betrachten wir ein u-Quark. Es besitzt die elektrische Ladung $2/3$ und den Spin $1/2$. Die neue Ladung gibt an, daß sich das u-Quark in drei verschiedenen Formen zeigen kann, die man mit einem Index wie 1, 2 oder 3 beschreiben könnte oder mit a, b oder c.

Mit Hilfe der Farbe gibt es ganz neue Möglichkeiten, einen Zustand aus drei u-Quarks aufzubauen. Man könnte etwa schreiben: $(u_r u_r u_r)$ = (rrr). Dies wäre ein Zustand aus drei roten u-Quarks. Wieder haben wir ein Problem mit dem Pauli-Prinzip, denn der Zustand ist wiederum symmetrisch bezüglich des Vertauschens zweier Quarks. Es gibt nur einen Zustand, der antisymmetrisch ist, und zwar den Zustand (rgb – rbg + brg – bgr + gbr – grb).

In der Tat ist das Resultat antisymmetrisch bezüglich des Vertauschens zweier Quarks. Wie man sieht, hat dieser Zustand die Eigenschaft, daß alle drei Farben vorkommen, keine Farbe ist benachteiligt oder übervorteilt, und trotzdem ist er völlig antisymmetrisch.

EINSTEIN: Also, die Einführung der Farbquantenzahl erlaubt es, dem Pauli-Prinzip seine Referenz zu erweisen. Pauli hat immer recht. Wie im Fall der QED und der Atomphysik ist das Pauli-Prinzip Herrscher über Sein oder Nichtsein eines möglichen Zustands. Wenn man den oben erwähnten Zustand aus drei roten Quarks in Betracht zieht, sagt das Pauli-Prinzip hier: Nein. Im anderen Fall, bei dem alle drei farbigen Quarks präsent sind und die Vorzeichen stimmen, sagt das Prinzip: Ja.

HALLER: Ja, so ist es. Die Rotation der Farben beschreibt eine Symmetrie, die eine gewisse Ähnlichkeit mit der Phasenrotation in der QED hat. Im Jahre 1972 wurde von Fritzsch und Gell-Mann vorgeschlagen, die Farbsymmetrie in ähnlicher Weise zu verwenden wie die Phasensymmetrie in der QED. Das Resultat ist wiederum eine Eichtheorie, die in Anlehnung an die Quantenelektrodynamik (QED) eben als Quantenchromodynamik (QCD) bezeichnet wird. Wenngleich dieser Theorie anfänglich große Skepsis entgegengebracht wurde, hat es sich im Verlauf der siebziger und achtziger Jahre herausgestellt, daß die QCD in der Lage ist, die Dynamik der Quarks im Innern der Kernteilchen hervorragend zu beschreiben. Heute gilt sie als anerkannte Theorie der starken Wechselwirkung, die einzige Theorie, die es gibt. Alle Experimente sprechen für diese Theorie.

Bevor wir mehr ins Detail gehen, sei hier schon ein wesentlicher Unterschied zwischen der QED und der QCD herausgestellt, der mit der Struktur der zugrunde liegenden Symmetrien zu tun hat. Die Eichsymmetrie der QED ist im Grunde sehr einfach. Es handelt sich um die Symmetrie von Phasenrotationen. Einmal wird beispielsweise um 30 Grad rotiert, dann 10 Grad zurück, wieder 37 Grad vorwärts etc.

Eine Rotation kann immer durch die Angabe einer Zahl, also eines Parameters, beschrieben werden, und zwar des betreffenden Winkels. Führt man zwei Rotationen nacheinander aus, sagen wir einmal um 10 Grad, dann um 30 Grad, erhält man insgesamt 40 Grad. Dreht man erst um 30 Grad, dann um 10 Grad, ist man wiederum bei 40 Grad angelangt. Das Resultat hängt nicht von der Reihenfolge der beiden Transformationen ab.

Mathematiker beschreiben eine solche Symmetrie als eine Abelsche Symmetrie, benannt nach dem norwegischen Mathematiker des 19. Jahrhunderts Niels Henrik Abel, dem die seltene Ehre zuteil wurde, daß sein Name zur Schaffung eines neuen Adjektivs in der mathematischen Fachsprache führte, aber dies gilt ja auch für Einstein und Newton: Newtonsche Mechanik, Einsteinsches Relativitätsprinzip.

EINSTEIN: Sehr wohl, aber Haller hat diese Ehre noch nicht, wobei das ja noch werden kann. Sie müssen sich eben anstrengen, dann kommt das schon, etwa als Hallersches Prinzip.

HALLER: Das ist mir egal, mein Name muß nicht unbedingt »adjektiviert« werden. Jedenfalls, die Symmetrie der Farben ist nicht so einfach. Man kann dies mit einem Beispiel aus der Geometrie veranschaulichen. Drehungen in einer Ebene, also einem zweidimensionalen Raum, sind ein Beispiel einer Abelschen Symmetrie.

Führen wir eine weitere Dimension ein, so daß wir einen dreidimensionalen Raum erhalten, können wir die Symmetrie erweitern auf Drehungen in einem dreidimensionalen Raum. Hier gibt es drei verschiedene Drehungen, die voneinander unabhängig sind, nämlich die Drehungen um die x-Achse, die y-Achse und die z-Achse, oder auch die drei Eulerschen Winkel. Aus diesem Grund wird eine beliebige Drehung im Raum durch drei Parameter beschrieben.

Die Drehungen kann man beliebig miteinander kombinieren. Beispielsweise können wir eine Drehung um die x-Achse um 10 Grad durchführen, danach eine um die neue y-Achse um 20 Grad, oder zuerst eine Drehung um die x-Achse mit 20 Grad, dann um die neue y-Achse um 10 Grad. In beiden Fällen erhalten wir eine Drehung des dreidimensionalen Raumes.

Jedoch erweist es sich, wie man auch leicht durch ein Experiment oder eine kleine Rechnung nachprüfen kann, daß die beiden Resultate nicht identisch sind, sondern sich durch eine Drehung um die z-Achse unterscheiden.

Es kommt also auf die Reihenfolge der einzelnen Drehungen an. Eine solche Symmetrie nennt man eine nicht-Abelsche Symmetrie. Eine Eichtheorie, die auf einer nicht-Abelschen Symmetrie beruht, nennt man deswegen nicht-Abelsche Eichtheorie. Solche Theorien wurden zuerst in den fünfziger Jahren untersucht, und zwar von den amerikanischen Theoretikern C. N. Yang, der in China geboren wurde, und R. Mills.

Erste Ideen zur Konstruktion solcher Theorien wurden bereits Jahre vorher von Hermann Weyl in den USA, Oskar Klein in Schweden und Wolfgang Pauli in der Schweiz beigesteuert. Pauli ging sehr weit und schrieb sogar einen langen Brief nach Princeton mit seinen Ideen, und es ist nicht ausgeschlossen, daß Yang, der damals in Princeton tätig war, bei seiner Arbeit die Ideen von Pauli miteinbezog, ohne dies zu betonen. Jedenfalls hat er den Brief von Pauli nicht explizit als Referenz erwähnt. Der Brief ist heute bekannt, und er enthält in der Tat wesentliche Elemente der Yang-Mills-Theorie. Pauli hätte ihn damals publizieren sollen, dann würden wir heute von der Pauli-Yang-Mills-Theorie reden.

Yang und Mills wollten die Theorie für die schwache Wechselwirkung anwenden, aber sie konnten das Problem nicht lösen, daß die Kraftteilchen in ihrer Theorie keine Masse hatten. Erst viel später hat man gefunden, wie eine Masse eingeführt werden kann, ohne daß es Probleme mit der Theorie gibt. Aber dies ist ein schwieriges Kapitel, auf das wir noch zurückkommen werden.

Fritzsch schrieb im Jahre 1967 seine Diplomarbeit auf dem Gebiet der Gravitation und beschäftigte sich vornehmlich mit dem Problem der Quantisierung der Gravitation. Sein Professor in Potsdam hatte ihm seinerzeit geraten, als Vorbereitung einmal die Yang-Mills-Theorie anzuschauen, und dies tat er sehr gründlich. So kam es, daß Fritzsch recht viel über die Yang-Mills-Theorie wußte, mehr als die meisten Theoretiker damals, und plötzlich sein Wissen auf die Quarks anwenden konnte.

EINSTEIN: Das ist gut zu hören, da will einer die Gravitation quantisieren, ein bis heute ungelöstes Problem, und er lernt dabei etwas über die Yang-Mills-Theorie. Meine Gravitationstheorie hatte also doch einen Nutzen. Aber noch eine Frage: Fritzsch war in Potsdam, also im Osten Deutschlands, eingesperrt in der DDR. Wieso konnte er dann anschließend mit Gell-Mann arbeiten? Für einen Physiker, der im Osten Deutschlands lebte, ist das doch erstaunlich – Student in Leipzig, dann gleich in Pasadena, das ist doch seltsam, eine bemerkenswerte Karriere, vergleichbar mit der von George Gamow, der aus Rußland in die USA kam.

HALLER: Das kann ich Ihnen sagen. Fritzsch war im Osten politisch tätig, in Opposition zum herrschenden Regime, und machte einige Aktionen, für die er mindestens zehn Jahre Zuchthaus bekommen hätte. Deshalb flüchtete er im Sommer des Jahres 1968 mit einem Freund in den Westen. Sie fuhren in einem kleinen Faltboot über das Schwarze Meer von Varna in Bulgarien in die Türkei, über das offene Meer, eine Flucht, die selbst die amerikanische CIA interessierte, denn nach der Flucht hat die CIA Fritzsch und seinen Freund genau ausgefragt. Anschließend hat sie den beiden angeboten, als Doktoranden an eine beliebige amerikanische Universität zu gehen, auf Kosten der CIA. Offensichtlich war die CIA beeindruckt von den beiden und wollte sie in die USA locken. Daraus wurde aber nichts, denn Fritzsch konnte auf Einladung von Werner Heisenberg als Doktorand am Max-Planck-Institut für Physik in München arbeiten, sein Freund wurde zum DESY nach Hamburg eingeladen.

EINSTEIN: Das nenne ich Mut, mit einem Boot über das Schwarze Meer, das voll war von sowjetischen Kriegsschiffen. Ich hätte mir das nie zugetraut. George Gamow hat das auch einmal versucht in den dreißiger Jahren, mit seinem Segelboot von der Krim aus, aber am Ende war er froh, daß er von einem sowjetischen Kriegsschiff gerettet wurde. Fritzsch und sein Freund haben es jedenfalls geschafft, offenbar ohne die Mithilfe sowjetischer Kriegsschiffe.

HALLER: Ja, die Flucht hat auch Gell-Mann sehr beeindruckt, und dies war der wahre Grund, warum er anfing, mit Fritzsch zu arbeiten. Gell-Mann und Fritzsch konstruierten also damals eine Yang-Mills-Theorie im Raum der Farben der Quarks, und die Kraftteilchen nannten sie Gluonen. Der Name wurde von Gell-Mann beigesteuert. Die Theorie wurde auf einer großen Tagung in Chicago im Herbst 1972 vorgestellt, aber die Physiker nahmen sie nicht sehr wichtig. Manche witzelten sogar: Drei Quarks wären schon nicht schlecht, aber neun Quarks, das hielten sie für zuviel, völlig unsinnig, und dann auch noch acht Gluonen, schrecklich. Fritzsch und Gell-Mann ließen sich aber nicht beirren. Und ein Jahr später begann die Theorie ihren Siegeszug anzutreten.

Aber jetzt zu einigen Details der Theorie. Im Vergleich zu den Drehungen im Raum sind die Drehungen im Farbraum allerdings komplizierter. Da die Quarks ebenso wie die Elektronen in der QED durch komplexe Felder beschrieben werden, ist die Farbsymmetrie eine Symmetrie, die man erhält, wenn man die drei Achsen x, y und z durch komplexe Achsen ersetzt. In der mathematischen Fachsprache bezeichnet man eine solche Symmetrie als eine SU(3)-Symmetrie.

Das klingt komplizierter, als es in Wirklichkeit ist, jedoch ist die Anzahl der verschiedenen Transformationen, die man benötigt, um eine beliebige Transformation im Farbraum der Quarks zu bewerkstelligen, schon beträchtlich, nämlich acht. Mithin benötigt man acht Parameter, um eine beliebige Transformation im Farbraum zu beschreiben, fünf mehr als im Fall der Drehungen im normalen dreidimensionalen Raum.

Ein Laie kann durchaus verstehen, warum die Zahl 8 im Fall der QCD zu Ehren kommt. Da es drei Farben gibt, kann man eine Transformation durch die Angabe Farbe => Farbe charakterisieren, also r => r, r => g, r => b, g => r, g => g, g => b, b => r, b => g, b => b.

NEWTON: Das sind aber neun Möglichkeiten, nicht acht.

HALLER: Ja, das sind neun Möglichkeiten, wobei ausdrücklich der Fall, daß eine Farbe dieselbe bleibt, mitgezählt werden muß, wie auch bei der QED, bei der es ja nur diese eine Möglichkeit gibt. Darunter ist jedoch eine, nämlich die, bei der alle drei Farben gleichbleiben, die nicht mitgezählt werden sollte, genauer die Superposition r => r + g => g + b => b. Das sagt jedenfalls die zugrunde liegende mathematische Theorie.

Damit verbleiben 9 – 1, also acht Möglichkeiten. Wäre die Anzahl der Farben nicht drei, sondern zwei, hätte man 4 – 1, also drei Möglichkeiten, also die normalen drei Drehungen im Raum. Bei vier Farben wären es immerhin

16 – 1 = 15 Möglichkeiten, aber zum Glück gibt es nur drei Farben.

Die Tatsache, daß die Zahl 8 eine besondere Rolle in der SU(3)-Symmetrie hat, bezeichnete Gell-Mann gern als den achtfachen Weg, in Analogie zum Buddhismus. Hier wird der achtfache Weg beschrieben durch die richtige Sichtweise, die richtige Absicht, die richtige Sprache, die richtige Aktion, den richtigen Unterhalt, die richtige Mühe, die richtige Achtsamkeit und die richtige Konzentration.

NEWTON: Das klingt so gut, da könnte ich glatt Buddhist werden bei Ihren Worten, oder wir werden das alle zusammen, das wäre doch etwas, eine konzertierte Aktion der Akademie Olympia: Annahme des Buddhismus aus Liebe zum achtfachen Weg.

HALLER: Na ja, das verlange ich nicht. Wenn Sie allerdings vorschlagen, daß wir alle drei Buddhisten werden, kann ich mir das noch überlegen. Ich könnte auch mit Gell-Mann und Fritzsch reden, die würden da vielleicht auch mitmachen. Das wäre schon etwas, der Jude Gell-Mann wird Buddhist.

Wenn man die Farbsymmetrie als Eichsymmetrie zuläßt und fordert, daß die entsprechenden Feldgleichungen diese Symmetrie respektieren, erhält man ganz analog wie in der QED eine Wechselwirkung der Quarks mit den Gluonen, deren Rolle ebenfalls analog zu den Photonen in der QED ist.

Die Photonen vermitteln eine Kraft, die elektromagnetische Kraft, die auf die elektrische Ladung wirkt. Analog vermitteln die Gluonen eine Kraft, die auf die Farbladung der Quarks wirkt. Es liegt in der Natur der Eichtheorie im Farbraum, daß diese Wechselwirkung etwas anders ist als in der QED.

Allgemein hat eine nicht-Abelsche Eichtheorie eine Struktur, die von der Struktur der Abelschen Eichtheorie, also der

QED, erheblich abweicht. Insbesondere ist die Kopplung der Gluonen an die Quarks anders als die Kopplung der Photonen an die Elektronen. Wenn ein Elektron mit einem Photon eine Wechselwirkung eingeht, ändert sich im Verlauf der Wechselwirkung zwar der Zustand des Elektrons, insbesondere sein Impuls, es bleibt jedoch ein Elektron. Tritt aber ein Quark in Wechselwirkung mit einem Gluon, kann sich der Farbzustand des Quarks ändern. Beispielsweise kann ein rotes Quark in ein grünes verwandelt werden.

Diese Wechselwirkungen sind durch die Transformationen im Farbraum, die wir oben erwähnten, gegeben. Da es acht verschiedene Transformationen gibt, benötigt man insgesamt acht verschiedene Gluonen. Diese Gluonen können durch ihre Farbtransporteigenschaften charakterisiert werden. Es gibt also ein rot => grün-Gluon oder ein grün => blau-Gluon etc.

Wir sollten die vorhandenen Analogien zwischen QED und QCD benutzen, um ein kleines Wörterbuch zu erstellen, das die Begriffe der beiden Theorien verknüpft:

Elektron, QED, Myon	Quarks, QCD
Elektrische Ladung	Farbladungen
Photon	Gluonen
Atom	Nukleon

Wie bereits erwähnt, besteht ein wichtiger Unterschied zwischen der QED und der QCD in der Anzahl der Quanten für die Kraftübermittlung: ein Photon in der QED, acht Gluonen in der QCD. Bei der elektromagnetischen Wechselwirkung ändert sich die elektrische Ladung des betreffenden Teilchens nicht, jedoch kann sich die Farbe eines Quarks bei der Wechselwirkung mit einem Gluon ändern.

Doch es gibt noch einen anderen wichtigen Unterschied.

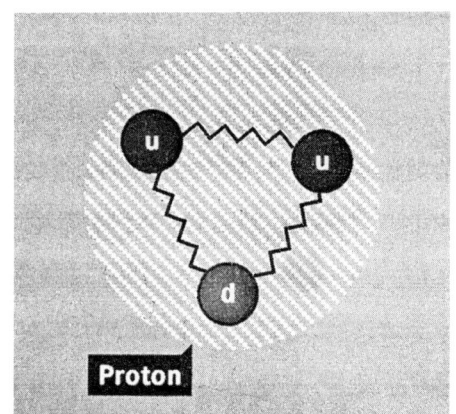

Abb. 6.1 Drei Quarks bilden ein Nukleon, zusammengehalten durch die Gluonen

Die Photonen sind elektrisch neutral, d.h. sie können mit sich selbst keine elektromagnetische Wechselwirkung eingehen, eine Eigenschaft, die von großer Bedeutung für die Natur und die Technik ist.

So fliegen etwa die Myriaden von Photonen in einem Laserstrahl alle nebeneinander mit Lichtgeschwindigkeit durch den Raum, ohne sich gegenseitig zu beeinflussen. Gluonen könnten dies nicht. Es erweist sich, daß die Gluonen nicht nur mit den Quarks, sondern auch mit sich selbst eine Wechselwirkung eingehen können. Die Gluonen tragen wie die Quarks eine Farbladung, was man schon daran erkennen kann, daß die acht verschiedenen Gluonen sich durch ihre Farbeigenschaften unterscheiden. Ein Gluon, das ein rotes Quark in ein blaues Quark verwandelt, ist eben anders als dasjenige Gluon, das ein rotes Quark in ein grünes verwandelt. Jedenfalls agieren die Gluonen und die Quarks so, daß sich drei Quarks zusammenfinden und ein Nukleon bilden, also ein Proton oder ein Neutron.

Daß die Gluonen selbst Farbe tragen, also im Sinne der Farbsymmetrie geladen sind, hat geradezu dramatische

Konsequenzen, wenn man die Dynamik der Quarks und Gluonen näher betrachtet. Insbesondere wird die Vakuumpolarisation beeinflußt. Das Vakuum ist nach den theoretischen Vorgaben der QCD angefüllt mit virtuellen Quarks, Antiquarks und Gluonen. Wenn wir die Umgebung eines Quarks betrachten, so wird diese durch die chromodynamische Wechselwirkung verändert.

Es findet wie in der Elektrodynamik eine Polarisation des Vakuums statt. Wegen seiner Farbladung vertreibt das Quark die virtuellen Quarks aus seiner Umgebung, während die Antiquarks angezogen werden. Durch diesen Effekt passiert also etwas Ähnliches wie in der Elektrodynamik: die effektive Farbladung des Quarks wird teilweise abgeschirmt. Da jedoch die Gluonen ebenfalls eine Farbladung tragen, wird auch der See der virtuellen Gluonen um das Quark herum polarisiert. In der QED passiert dies nicht. Obwohl ein Elektron sehr wohl von virtuellen Photonen umgeben ist, werden diese nicht durch andere Photonen beeinflußt, da Photonen keine Ladung tragen.

Als man zu Beginn der siebziger Jahre die Effekte der Vakuumpolarisation bei den nicht-Abelschen Eichtheorien näher untersuchte, ging man zunächst davon aus, daß die Effekte hier ähnlich wie in der QED sind und letztlich eine Abschirmung der Ladungen stattfindet. Um so größer war die Überraschung, als man fand, daß der Effekt qualitativ verschieden ist. Erste Berechnungen wurden von dem russischen Theoretiker Kriplovich und dem niederländischen Physiker Gerard t'Hooft durchgeführt.

Speziell im Hinblick auf die QCD berechneten im Jahre 1973 D. Gross und sein Doktorand F. Wilczek in Princeton als auch D. Politzer in Harvard die Vakuumpolarisationseffekte – mit überraschenden Ergebnissen. Politzer war damals Doktorand des bekannten Physikprofessors S. Coleman in

Harvard, der auch viel zu den Rechnungen beigesteuert hat. Man fand zur großen Überraschung, daß sich die virtuellen Gluonen an ein Quark regelrecht anlagern und damit eine Verstärkung der Farbladung bei größeren Abständen bewirken. Dies wirkt sich unmittelbar auf die Stärke der Wechselwirkung aus, die man in der QCD analog zur QED durch eine Konstante beschreibt, dem Analogon zur Feinstrukturkonstanten α. Sie wird allgemein als α_s bezeichnet.

Im Jahre 2004 erhielten Gross, Politzer und Wilczek den Nobelpreis für diese Rechnung. Das ist angemessen, nur scheint das Nobelkomitee vergessen zu haben, daß die QCD als Theorie im Grunde noch wichtiger ist als die Rechnung.

EINSTEIN: Ja das stimmt schon, nur hat dabei wohl eine Rolle gepielt, daß Gell-Mann schon einen Nobelpreis hat. Das Nobelkomitee gibt sehr ungern den Preis zweimal an dieselbe Person.

HALLER: O.k., aber jetzt zurück zur QCD und den Kopplungskonstanten. Wie bereits erwähnt, wird die elektromagnetische Feinstrukturkonstante bei sehr kleinen Distanzen größer. In der QCD ist es dann genau umgekehrt. Durch den Beitrag der Gluonen zu der Polarisation des Vakuums nimmt die QCD-Konstante α_s bei kleinen Distanzen ab. Diese Aussage ist eigentlich ein Widerspruch in sich, da α_s keine Konstante ist, sondern von der Distanz oder der entsprechenden Energie abhängt. Trotzdem spricht man gelegentlich von der Wechselwirkungskonstanten, da sie bei gegebener Distanz α_s immer denselben Wert annimmt, unabhängig davon, in welchem Experiment man die Wechselwirkung mißt.

In der Tat wurde α_s in vielen Experimenten gemessen, etwa in Elektron-Proton-Reaktionen oder in der Elektron-Positron-Vernichtung. Als Beispiel sei hier der Wert von α_s bei

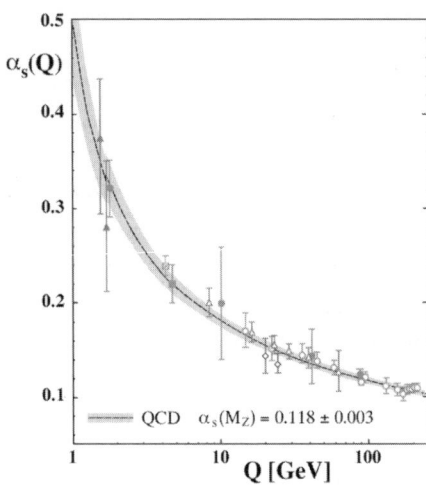

Abb. 6.2 Das Verhalten der chromodynamischen Kopplungskonstante als Funktion der Energie

einer Energie von etwa 90 GeV angegeben. Das ist gerade die Masse des Z-Teilchens, auf das wir noch näher eingehen werden. Man findet hier $\alpha_s \approx 0{,}12$.

Die Wechselwirkung der QCD ist bei dieser Energie also etwas stärker als die Wechselwirkung der QED. Trotzdem is α_s noch klein gegenüber 1, so daß es gelingt, mit Methoden wie in der QED, also im Rahmen der Störungstheorie, die Prozesse der Quark-Gluon-Wechselwirkungen zu berechnen.

Bei kleinerer Energie wird α_s jedoch größer. Die Wechselwirkung wird in der Tat bei fallender Energie, also bei größerer Distanz, immer stärker, so daß schließlich die Störungstheorie nicht mehr anwendbar ist. Bei wachsender Distanz nimmt die virtuelle Gluonenwolke um das Quark immer mehr zu, was bedeutet, daß die Energiedichte der virtuellen Teilchen immer beachtlicher wird.

Diese Energiedichte, wenn man sie über den gesamten Raum summiert, würde beispielsweise die Masse eines

Quarks beschreiben. Die Rechnungen ergeben jedoch, daß die Masse eines Quarks unendlich groß wird, die Angabe einer Masse also keinen Sinn macht. Damit ergibt sich in der QCD, daß die Quarks nicht als freie physikalische Teilchen auftreten können. Sie sind permanent innerhalb der Nukleonen gebunden. Das zumindest ist die derzeitige Meinung, auch wenn noch nicht alles bewiesen ist.

Sie könnten viel Geld verdienen, wenn Sie beweisen, daß tatsächlich eine permanente Bindung der Quarks stattfindet. Zumindest hat die Cray Foundation in den USA einen Preis von einer Million Dollar ausgelobt für einen solchen Beweis. Es dürfte aber schwer werden herauszufinden, ob ein wirklicher Beweis vorliegt oder nicht.

EINSTEIN: Ich muß schon sagen, mir gefällt die Theorie, unabhängig von dem Unfug, den die Cray Foundation da anrichtet. Die Tatsache, daß die fundamentalen Teilchen in der Theorie gar nicht als freie Teilchen herauskommen, ist sehr interessant, ja fast geheimnisvoll. Es ist daher eine schöne Theorie, und weil sie schön ist, stimmt sie vermutlich auch.

Chagall sagte einmal sinngemäß: Wer alles, was seltsam aussieht, als unlogisch abtut, verrät nur, daß er die Natur nicht begreift.

Hier hat man seltsame Dinge gesehen und daraus schließlich eine gute Theorie gemacht. Das gefällt mir sehr, mein Kompliment an Fritzsch und Gell-Mann.

HALLER: Ja, wir glauben schon, daß die Theorie stimmt. Und schön ist sie auch, irgendwie schöner und auch etwas einfacher als Ihre Theorie der Gravitation.

EINSTEIN: Na ja, schöner als meine Theorie der Gravitation, das möchte ich bezweifeln. Aber Sie müssen mir zugute halten, daß ich schließlich die Gravitationstheorie erfunden habe, und der Erfinder hat ein Recht, auf seine Erfindung stolz zu sein, auch wenn das vielleicht etwas irrational ist.

HALLER: O.k., wir wollen da nicht streiten, ich finde beide Theorien schön. Und beide Theorien sind vermutlich richtig, das ist immerhin schon etwas.

Instruktiv ist es, sich die Wechselwirkung zwischen einem Quark und seinem Antiquark vorzustellen. Bei kleinen Distanzen, wobei klein im Vergleich zur charakteristischen Skala der starken Wechselwirkung von etwa 10^{-13} cm gemeint ist, verhält sich die Kraft wie die entsprechende elektrische Kraft, die bei wachsender Entfernung mit dem Quadrat des Abstandes abfällt.

Man kann die chromodynamische Kraft in ähnlicher Weise wie die elektrische Kraft durch Feldlinien beschreiben. Wenn der Abstand jedoch größer als 10^{-13} cm wird, ändert sich die Situation. Da die Gluonen mit sich selbst eine Wechselwirkung eingehen, wirkt zwischen den chromodynamischen Feldlinien eine Kraft mit dem Effekt, daß die Feldlinien einander anziehen.

Man kann diesen Effekt mit einem ähnlichen Fall in der Elektrodynamik vergleichen. Zwei parallellaufende Drähte, in denen ein elektrischer Strom in derselben Richtung fließt, ziehen sich gegenseitig an. Diese Kraft wird durch das Magnetfeld, das beide Drähte umgibt, hervorgerufen. In der QCD treten Kraftwirkungen zwischen den gluonischen Feldlinien als Folge der Wechselwirkungen der Gluonen untereinander auf.

Während die zwischen einem Quark und einem Antiquark wirkende elektrische Kraft mit wachsendem Abstand abfällt, bleibt die chromodynamische Kraft konstant. Damit ist klar, daß es nicht möglich ist, die Quarks voneinander zu trennen. Noch sind hier viele Fragen offen, aber man hat die Situation in einem Modell studiert, in dem der Raum und auch die Zeit nicht kontinuierlich sind, sondern diskret.

Wenn man die Quarks sehr weit voneinander entfernt, ergibt sich ein Feldlinienbild, das ganz anders als in der Elektrodynamik aussieht. Die Feldlinien, die von einem der beiden Quarks ausgehen, fließen zwar zum anderen Quark, jedoch fast parallel zueinander, so daß sich ein Schlauch von Feldlinien ergibt, ähnlich den elektrischen Feldlinien zwischen den beiden Platten eines Plattenkondensators. Auch die zwischen den Quarks wirkende Kraft ist ähnlich der Kraft zwischen den Platten eines Kondensators. Sie ist konstant, unabhängig vom Abstand.

NEWTON: In diesem Fall können also der Raum und die Zeit nur bestimmte Werte annehmen? Macht so etwas Sinn? Raum und Zeit, das sind doch ganz stetige Phänomene.

HALLER: Ja, aber das ist nur ein Rechentrick. Man spricht hier vom sogenannten Gitterraum, und der hat die schöne Eigenschaft, daß man dabei auch Rechnungen durchführen kann, die bei einem kontinuierlichen Raum nicht funktionieren würden. Jedenfalls, wenn man die Rechnungen so durchführt, erhält man genau die Situation, die ich vorhin beschrieben habe. Die Feldlinien werden parallel, und die Quarks sind permanent gefangen.

Man kann jetzt die Gitterkonstante, also den Abstand zwischen zwei Gitterpunkten, immer kleiner machen und erhält dann die Möglichkeit zu schließen, wie es aussieht, wenn der Raum wieder kontinuierlich wird. Gitterraum heißt also nicht, daß man Raum und Zeit ihren stetigen Charakter nimmt. Es geht nur darum, Rechnungen durchzuführen, die man ohne den Gitterraum nicht machen kann.

Andererseits wird die zwischen den Quarks wirkende Kraft bei sehr kleinen Abständen sehr schwach. Dies erklärt, daß sich die Quarks wie strukturlose, ungebundene Objekte in der Elektronenstreuung verhalten, denn bei diesen Experimenten dringt das Elektron, das von den QCD-Kräften ja überhaupt nicht beeinflußt wird, tief in das Proton ein und tritt meist nur mit einem der Quarks in Wechselwirkung, wobei die Wechselwirkungszeit sehr kurz ist, so daß sich die gluonische Wechselwirkung nur sehr wenig bemerkbar machen kann.

Ein Vergleich mit einem Beispiel aus dem Alltag ist hier angebracht. Wir betrachten drei farbige Kugeln, die eine rot, die andere grün, die dritte blau, die sich in einer hohlen Glaskugel befinden und sich dort schnell bewegen, wobei sie ständig an der Wand reflektiert werden. Die mittlere Zeit zwischen zwei Berührungen mit der Wand sei nur etwa eine hundertstel Sekunde. Wenn wir ein Foto von der Kugel machen und die Belichtungszeit relativ lang wählen, sagen wir ein Fünftel einer Sekunde, werden wir von den Kugeln nichts sehen. Statt dessen sieht man ein stark verwaschenes Bild, wobei sich die Farben der Kugeln überlagern, so daß man im Mittel weiß erhält. Wählen wir jedoch als Belichtungszeit ein Tausendstel einer Sekunde, sieht man jede der drei Kugeln mit den jeweiligen Farben sehr genau.

Ganz ähnlich verhält es sich in der Teilchenphysik mit den Quarks. Bei hochenergetischen Streuexperimenten mit Elektronen sieht man die drei Quarks sehr genau, weil die entsprechende Belichtungszeit, gegeben durch die Dauer der Kollision, sehr kurz ist. Benutzt man jedoch Elektronen mit kleiner Energie, so daß die Kollisionszeit groß ist, sieht man nichts oder nur sehr wenig von den Quarks. Bei kurzer Belichtung erscheinen also die Quarks als freie Teilchen, bei langer Belichtung als stark gebundene Objekte.

Die Physiker bezeichnen das Abfallen der gluonischen Kräfte bei kleinen räumlichen oder zeitlichen Abständen als asymptotische Freiheit. Im Grenzfall sind die Quarks dann freie Teilchen. Eine Folge dieses Phänomens ist, daß die

Wechselwirkungskonstante α_s bei kleineren Abständen oder wachsender Energieskala immer kleiner wird, so daß es möglich ist, die Methoden der Störungstheorie ähnlich wie in der QED anzuwenden.

NEWTON: Das ist ja hochinteressant. Plötzlich hat man also die Möglichkeit, diese Methoden zu verwenden, obwohl das sonst in der starken Wechselwirkung überhaupt nicht geht.

HALLER: Ja, plötzlich geht es, und das war die Überraschung. Damit hatte eigentlich niemand gerechnet. Interessant ist auch der Beitrag der QCD zum heutigen Verständnis der starken Kernkräfte im Innern der Atomkerne. Letztere bestehen aus Kernteilchen, diese wiederum aus den Quarks. Der Ausgangspunkt der Teilchenphysik am Anfang ihrer Entwicklung war jedoch der Wunsch der Physiker nach einem besseren Verständnis der Kernkräfte.

Welche Kräfte sind beispielsweise verantwortlich dafür, daß sich sechs Protonen und sechs Neutronen zusammenfinden, um einen besonders stabilen Atomkern, etwa einen Kohlenstoffkern, zu bilden?

NEWTON: Vielleicht hängen diese Kräfte irgendwie mit den Farbkräften zusammen?

HALLER: Ja, Sie haben es erfaßt, so ist es. Aus heutiger Sicht kann man sagen, daß diese Kräfte in keiner Weise fundamentale Kräfte sind, sondern lediglich indirekte Konsequenzen der gluonischen Kräfte zwischen den Quarks im Innern der Kernteilchen, vergleichbar etwa mit den Kräften zwischen elektrisch neutralen Atomen, die für die Bildung der Moleküle verantwortlich sind. Letztere sind indirekte Konsequenzen der elektrischen Kräfte innerhalb der Atome.

Heute, nachdem die Schleier um die Geheimnisse der Atomkerne und der Kernteilchen gefallen sind, ergibt sich damit ein Bild von den Kernkräften und ihren Bausteinen, das zum einen im Rahmen der Quantenfeldtheorie zu verstehen ist, zum anderen jedoch eine verwirrende Komplexität aufweist. Obwohl die Natur für den Aufbau der stabilen Atomkerne nur zwei Quarks, also u und d, benötigt, sind es sechs Quarks, die im Konzert der subnuklearen Kräfte mitspielen. Nach außen hin macht ein stabiler Atomkern einen ruhigen Eindruck, tief in seinem Innern brodelt es jedoch – ein komplexer Mikrokosmos von instabilen Hadronen tut sich auf, der sich bei jeder hochenergetischen Kollision des Kerns manifestiert

EINSTEIN: Das ist gut. Ich dachte schon immer, daß die Kernkräfte nicht direkt fundamental sind, ganz im Gegensatz zu meinen jüngeren Kollegen wie Werner Heisenberg. Und am Ende hatte ich dann doch recht. Nur das Brodeln im Innern der Atomkerne macht mich etwas unruhig, aber vielleicht muß ich mich nur daran gewöhnen.

HALLER: Ja, mit dem Brodeln, das ist wohl Ihr Problem, aber mit den Kernkräften, da hatten Sie durchaus recht. Aber Sie hatten schließlich immer recht, zumindest meist. Ich hoffe, Sie haben nichts dagegen, wenn ich Sie wieder einmal lobe, ich verspreche, das künftig nicht mehr zu tun.

Am Ende dieser Ausführungen über die QCD wollen wir aber der Frage nachgehen, welche Aussagen die QCD über die Struktur der in der Natur vorkommenden, aus Quarks bestehenden Objekte macht.

Die Quarks selbst kommen ebenso wie die Gluonen nicht als freie Teilchen vor, da sie Farbe tragen. Da es genau drei Farben gibt, sind die Quarks, wie man sagt, Farbtripletts. Da alle drei Farben gleichberechtigt sind und sie miteinander vertauscht werden können, spricht man von einer Farbsymmetrie, die in der Mathematik durch eine Gruppe beschrieben wird, im vorliegenden Fall durch die Gruppe SU(3).

Wir haben oben argumentiert, daß die farbigen Quarks nicht als freie Teilchen existieren können. Dies gilt in der QCD nicht nur für die Quarks, sondern für alle farbigen Objekte, beispielsweise für die acht Gluonen, die man als Farboktett interpretiert. Die einzigen Objekte, die als freie Teilchen auftreten können, sind diejenigen, die nach außen keine Farbeigenschaften tragen. In der Sprache der Mathematik sind dies die Farbsinguletts, bei denen sich die Farben der verschiedenen Bausteine gegenseitig aufheben.

In der QED ist dieser Effekt wohlbekannt. Die Atome sind Objekte, die aus elektrisch geladenen Bausteinen bestehen, dem Kern und den Elektronen in der Hülle. Sie sind jedoch selbst elektrisch neutral, und man könnte sie ganz analog als Ladungssinguletts bezeichnen.

Die einfachsten Farbsinguletts, die man mit Hilfe der farbigen Quarks bilden kann, sind allerdings Objekte, die wir bislang noch nicht betrachtet haben. Ein Quark und ein Antiquark bilden zusammen ein Farbsingulett, weil die Farbe des Quarks durch die des Antiquarks genau aufgehoben wird. Diese Objekte, die zur Hälfte aus Materie und zur Hälfte aus Antimaterie bestehen, gibt es in der Natur als instabile Teilchen, die bei Teilchenprozessen erzeugt werden und kurz darauf wieder zerfallen. Wir haben sie schon erwähnt, sie werden als Mesonen bezeichnet.

Das erste Meson wurde im Jahre 1947 bei der Untersuchung der kosmischen Teilchenstrahlung entdeckt. Es handelte sich um elektrisch geladene Teilchen ohne Spin, deren Masse etwa 207mal so groß war wie die Masse des Elektrons, also etwa 140 MeV. Damit waren diese Teilchen, genannt die π-Mesonen, wesentlich leichter als die Protonen. Auf der Massenskala sind sie sozusagen in der Mitte angesiedelt – deshalb der Ausdruck Mesonen, was soviel wie Teilchen der Mitte bedeutet. Entsprechend werden die Nukleonen und darüber hinaus alle aus drei Quarks bestehenden Objekte als Baryonen bezeichnet, was sie als deutlich schwerer kennzeichnet.

Auch aus den Quarks können wir farbneutrale Objekte, also Farbsinguletts, aufbauen. Der oben erwähnte Zustand aus drei u-Quarks hatte die Struktur ($u_r u_g u_b - u_g u_r u_b + \ldots$) und erfüllte die Antisymmetrie-Bedingung, die aus dem Pauli-Prinzip folgt. Wie man sieht, hat er zugleich die Eigenschaft, daß alle drei Farben völlig gleichberechtigt auftreten. Auch bezüglich des Vertauschens zweier Farben ist dieser Zustand antisymmetrisch. Dies bedeutet aus der Sicht des Mathematikers, daß es sich um ein Farbsingulett handelt.

Die Dreiheit der Farben erlaubt es also, aus drei Quarks ein farbneutrales Objekt aufzubauen. In der Elektrodynamik, die man als Eichtheorie mit einer Farbe, der elektrischen Ladung, interpretieren kann, wäre dies nicht möglich. Neutrale Zustände, etwa die Atome, kann man in der Elektrodynamik nur konstruieren, indem man jede positive elektrische Ladung mit der entsprechenden negativen Ladung kompensiert. Damit besitzt die QCD eine viel reichere dynamische Struktur mit vielen interessanten Eigenschaften, denen wir uns in der Folge zuwenden werden. Überhaupt ist die QCD eine sehr einfache Theorie, die aber in der Lage ist, eine ungeheure Vielzahl von Phänomenen zu beschreiben, etwa die gesamte Kernphysik.

EINSTEIN: Die Teilchen, die Sie bislang erwähnten, bestehen alle aus den Quarks, und die Gluonen spielen nur eine untergeordnete Rolle als Teilchen, die die Kräfte zwischen den Quarks vermitteln. Jedoch können zwei Gluonen, die ja beide Farboktetts sind, sich leicht zu einem Singulett verbinden. Das wären also Teilchen, die nur aus Gluonen bestehen und die natürlich dann auch elektrisch neutral sein müssen. Gibt es solche Teilchen?

HALLER: Sie stellen eine interessante, aber auch schwierige Frage. Bereits Fritzsch und Gell-Mann haben diese Teilchen, genannt die Glue-Mesonen, eingeführt. Manche Physiker reden auch etwas respektlos von Glue-Bällen, als wären das Tennisbälle. Nach ihnen suchen die Experimentalphysiker aber bis heute ohne einen eindeutigen Erfolg. Allerdings handelt es sich hier auch um ein schwieriges Problem. Die Glue-Mesonen können sich ohne weiteres mit normalen, elektrisch neutralen Mesonen mischen, und dann ist die Sache nicht so klar. Man hat eine Reihe von neutralen Mesonen entdeckt, aber es scheint so zu sein, daß man in keinem Fall genau sagen kann, daß es Glue-Mesonen sind. Es sind wohl auch keine reinen, sondern gemischte Zustände. Aber die Experimentalisten suchen weiter.

Nun zurück zu unserem Ausgangspunkt. Ja, ohne Experimente geht es nun einmal nicht. Die Physik ist eine experimentelle Wissenschaft, das sollten wir als Theoretiker nie vergessen.

Mit Hilfe der hochenergetischen Elektronen des SLAC gelang es Ende der siebziger Jahre des 20. Jahrhunderts, eine Art Röntgenbild der Nukleonen zu erhalten. Dieses Bild offenbarte hauptsächlich drei elektrisch geladene strukturlose Objekte im Innern der Kernteilchen, ausgestattet mit den Ladungen $2/3$ und $-1/3$. Weitere ins Detail gehende experimentelle Untersuchungen ergaben, daß es sich bei den Quarks um Objekte mit dem Spin $1/2$ handelte.

Da sich der Spin eines Systems aus den Spins der Konstituenten zusammensetzt, wenn man mögliche Drehimpulseffekte nicht in Betracht zieht, ergab sich der Spin eines Protons durch die Kombination der Spins der drei Quarks. Dies erhält man, wenn die Spins zweier Quarks zueinander entgegengesetzt sind, während der Spin des dritten Quarks den Spin des Nukleons beschreibt. Allerdings gibt es auch heute noch Probleme, den Spin des Nukleons einfach aus den Spins der Quarks zu erhalten. Vermutlich gibt es hier auch einen Beitrag der Gluonen. Aber das ist ein recht spezielles Problem, und wir wollen das nicht weiter betrachten.

Zurück zu den Quarks. Wichtig ist vor allem die Tatsache, daß bei hohen Energien die Quarks praktisch als punktförmige Gebilde existieren. Man kann also die starke Wechselwirkung dann vernachlässigen, aber eben nur bei hohen Energien. Bei niedrigen Energien sieht es komplizierter aus. Da unterliegen die Quarks sehr starken Kräften.

Die Tatsache, daß die Quarks bei hohen Energien nur einer schwachen Kraft unterliegen, nennt man asymptotische Freiheit. Bei niedriger Energie kommt dann das Gegenteil zum Tragen, und das nennt man anschaulich infrarote Knechtschaft, im Englischen »infrared slavery«. Und das alles kommt daher, weil die Gluonen dem Gesetz der Yang-Mills-Theorie unterliegen. Mehr braucht man dazu nicht. Yang und Mills machen es möglich.

EINSTEIN: Gluon – welch ein grausiger Name. Hätte man da nicht einen schöneren Namen finden können, Chromon zum Beispiel? Schließlich sind die Gluonen sehr wichtig, und sie haben einen besseren Namen verdient, nicht einfach Klebeteilchen.

HALLER: Da haben Sie schon recht. Mir hat der Name auch nicht gepaßt, Fritzsch übrigens auch nicht, und er schlug in der Tat vor, den Namen Chromon zu nehmen. Aber Gell-Mann hatte den Begriff Gluon schon lange vorher eingeführt, als man von den Farben noch keine Ahnung hatte, und bestand darauf, daß der Name genommen wird. Und so heißen die Objekte heute Gluonen, also Klebeteilchen, in der Tat ein komischer Name, aber zumindest ist er anschaulich. Die durch die Gluonen vermittelten Kräfte erweisen sich jedenfalls als stark genug, daß es unmöglich ist, die Quarks

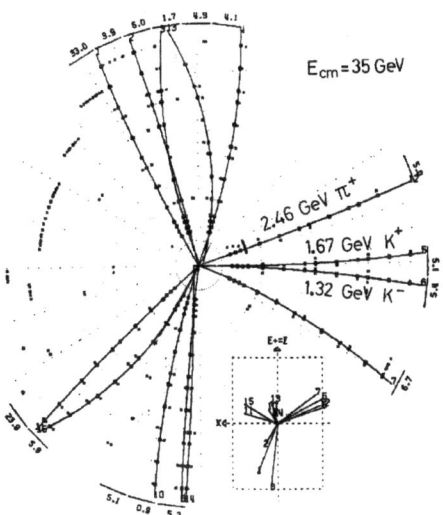

Abb. 6.3 Gluon Jets, beobachtet am DESY, Hamburg

voneinander zu trennen. Quarks und Gluonen kann man deshalb nur indirekt beobachten, beispielsweise durch Experimente, bei denen man Elektronen, Neutrinos oder Photonen als Sonden benutzt, die unbeeinflußt von der starken Kraft in das Innere der Atomkerne eindringen können.
Erste indirekte Hinweise auf die Existenz der Gluonen wurden übrigens Ende der siebziger Jahre des 20. Jahrhunderts am Hamburger Forschungszentrum DESY gefunden. Man hat dort Prozesse untersucht, in denen ab und zu ein Gluon mit hoher Energie abgestrahlt wird, und dieses Gluon manifestiert sich als ein Jet von Teilchen, den man beobachten kann. Der Effekt war vorher auch durch theoretische Untersuchungen vorausgesagt worden. Neben den beiden Quarks, die sich auch als Jets manifestierten, fand man also einen dritten Jet, und das war das Gluon, wie theoretisch erwartet.

EINSTEIN: Ein gluonisches Kraftfeld muß dann wohl komisch ausschauen. Die Kraftlinien beeinflussen sich gegenseitig – das gibt doch einen richtigen Salat.

HALLER: So schlimm ist das gar nicht. Nehmen wir einmal an, wir bewegen zwei Quarks voneinander weg. Die Kräfte zwischen den Quarks werden aber nicht kleiner. Die Kraftlinien ziehen sich gegenseitig an, und am Ende bildet sich zwischen den Quarks ein Feld heraus, das so aussieht wie das elektrische Kraftfeld eines Plattenkondensators.

EINSTEIN: Aha, Sie haben also zwischen den Quarks jetzt eine Art Schlauch, und bei so einem Schlauch bleibt die Kraft konstant. Das würde allerdings sofort erklären, warum die Quarks nicht aus dem Nukleon herausgeschlagen werden können, interessant.

HALLER: Ja, das wird dann so erklärt. In der Realität ist es noch etwas komplizierter, denn wegen der Energie-Masse-Relation können sich im Kraftfeld neue Quark-Antiquark-Paare bilden, und so kommt es, daß Sie kein Quark erhalten, dafür aber einen ganzen Strahl von Mesonen. Man nennt so etwas einen Jet. Man schlägt also keine freien Quarks heraus, aber man sieht trotzdem etwas, die Jets, und die sind im Experiment seit langem bekannt.

Eichtheorien stellen eine interessante Verknüpfung zwischen der Dynamik von Teilchenprozessen bzw. Kräften und der zugrundeliegenden Raum-Zeit-Struktur dar. Man erhält sie automatisch, wenn man fordert, daß die Natur sich nicht ändert, wenn man Symmetrieoperationen an verschiedenen Orten in verschiedener Weise und unabhängig voneinander ausführt.

Trotzdem ist es nach wie vor ein Geheimnis, warum Eichtheorien in der Beschreibung der Dynamik in unserem Universum eine so fundamentale Rolle spielen. Ist es die Verbindung zwischen der Geometrie und der Dynamik der Naturkräfte, die durch die Eichtheorien automatisch geschaffen wird, oder gibt es ein weiteres, bislang nicht erkanntes Naturprinzip, das für die Präferenz der Eichtheorien verantwortlich ist? Ich denke jedoch, daß die Geometrie, also die Struktur des Raumes und der Zeit, hier hereinspielt. Möglicherweise hat die Anzahl der Farben, also drei, etwas mit der Anzahl der Dimensionen des Raumes zu tun – da gibt es ja auch drei. Aber wir wissen es nicht.

EINSTEIN: Ja, der Alte scheint also eine Vorliebe für die Eichsymmetrie zu haben, die mein Freund Hermann Weyl immer so betont hat, und für die Zahl 3. Jeder hat halt seine irrationalen Vorlieben, und der Alte hat die Eichsymmetrie und die Zahl 3 in sein Büchlein eingetragen. Auch die katholische Kirche hat schließlich eine Vorliebe für die Zahl 3, und vielleicht hängt das alles miteinander zusammen.

HALLER: Na ja, die katholische Kirche hat doch wohl nichts mit der QCD zu tun, hoffe ich. Ich denke, daß dem noch etwas Fundamentaleres zugrunde liegt, aber wir wissen es bislang nicht.

Die Elektrodynamik und die Chromodynamik haben jedenfalls eines gemeinsam. In diesen Theorien sind die Elektronen und die Quarks punktförmige Objekte, besitzen also keine innere Struktur. Damit befinden sich die Elektronen und die Quarks auf derselben Stufe der Elementarität.

EINSTEIN: Mir ist das klar, die Elektronen und die Quarks sind faktisch fast gleich, jedenfalls sind sie auf derselben Stufe der Elementarität. Protonen und Elektronen wären das nicht.

HALLER: Sicher, Protonen sind nicht elementar, aber Elektronen sind es vermutlich. Wie bei den Elektronen hat man auch bei den Quarks versucht, eine innere Struktur nachzuweisen, bislang aber ohne Erfolg. Die Grenze für einen möglichen Substrukturradius, die man mit Hilfe der großen Beschleuniger LEP am CERN bei Genf, der HERA-

Maschine am Hamburger DESY und dem TEVATRON-Beschleuniger des US-Labors Fermilab bei Chicago fand, liegt bei den Quarks ebenso wie beim Elektron bei etwas weniger als 10^{-16} cm, also etwa 1/200 des Kernradius.

Leider ist das noch nicht sehr viel. Mein früherer Kollege am Caltech, Richard Feynman, sprach zum Beispiel oft davon, daß die Leptonen und Quarks eine Substruktur haben, und er nannte als Radius immer 10^{-18} cm. Allerdings hat er mir nicht verraten, wieso er gerade auf diesen Radius kam. Bis heute haben wir jedoch diesen Radius nicht erreicht, und es könnte durchaus sein, daß Feynman recht hatte.

Aber ich schaue jetzt auf die Uhr. Die Zeit ist schon fortgeschritten, und wir haben gerade noch Zeit für eine kleine Kaffeepause. Ich schlage vor, wir gehen in ein Café, das ich kenne, in der Lake Street.

7. Kapitel

Das Standardmodell

Etwa eine Stunde später waren die Physiker wieder in der Bibliothek.

HALLER: Jetzt zu einigen Dingen, die etwas komplizierter sind, genauer gesagt zu Phänomenen, die bis heute niemand so recht versteht. Neben dem Elektron findet man in der Natur fünf weitere, anscheinend strukturlose Teilchen, die nicht von den starken Wechselwirkungen beeinflußt werden. Allgemein werden sie als Leptonen bezeichnet. Das Elektron ist das leichteste elektrisch geladene Lepton. Es wird begleitet vom Myon, das wir schon erwähnten und das eine etwa 207mal größere Masse trägt. Seine genaue Masse ist 105,658 MeV.

EINSTEIN: Um noch einmal auf Isidor Rabi zu sprechen zu kommen – der hat sich doch immer darüber lustig gemacht, indem er ironisch fragte: Das Myon – wer hat denn das bestellt? Mir scheint, Sie wissen heute auch nicht die Antwort, ja nicht einmal den Hauch einer Antwort.

HALLER: Nein, niemand weiß etwas, es ist ein Mysterium, eines der großen Geheimnisse der Natur.

EINSTEIN: Also, Herr Haller, Sie haben mich jetzt neugierig gemacht. Es sollte doch einen Grund für die Existenz des

Myon-Teilchens geben. Weiß man da wirklich überhaupt nichts?

HALLER: Ich sage Ihnen, niemand hat einen blauen Dunst davon. Wir könnten alle ganz gut ohne das verdammte Myon existieren, aber das Myon gibt es. Nach wie vor haben wir keine Ahnung, warum es da ist, aber wir haben auch langsam aufgehört zu fragen, woher es kommen könnte. Es ist einfach da.

Die Natur wird schon gewußt haben, warum es da ist. Oder der Alte hat hier einfach einen dummen Fehler gemacht und es aus Versehen eingeführt. Allerdings ist das Myon gut zu gebrauchen, um Teilchenreaktionen zu messen, da ist es in der Tat unschlagbar. Die Experimentalphysiker benutzen es liebend gern in ihren Experimenten. Die meisten Experimente sind umgeben von Myonkammern, mit denen man die Myonen gut messen kann, und die verraten manchmal einiges. Und dann gibt es auch noch das Tauon, mit einer Masse etwa 3540mal so groß ist wie die Elektronenmasse: 1776 MeV. Und, lieber Herr Newton, diese Zahl 3540 ist wieder eine der zahlreichen Naturkonstanten, die wir nicht verstehen.

Beide Teilchen, also Myon und Tauon, sind instabil und zerfallen kurz nach ihrer Erzeugung in einer Teilchenkollision. Das Myon ist, wie erwähnt, ein Teilchen, das man gut zur Analyse gebrauchen kann, ohne das Tauon hätten wir allerdings wirklich gut auskommen können. Es ist für keinerlei Anwendung brauchbar. Nur Martin Perl vom SLAC hat davon profitiert, denn er hat für die Entdeckung des Tauons den Nobelpreis bekommen.

Den elektrisch geladenen Leptonen zugeordnet sind drei elektrisch neutrale Neutrinos; zu jedem geladenen Lepton gehört also ein Neutrinoteilchen, wobei allerdings bis heute nicht völlig geklärt ist, ob die Neutrinos selbst eine Masse besitzen – vermutlich haben sie aber eine, wenn auch eine sehr kleine.

EINSTEIN: Pauli, der die Neutrinos in die Physik eingeführt hat, dachte immer, daß diese eine kleine Masse haben. Daß sie masselos sein könnten, kam ihm, soweit ich weiß, nie in den Sinn.

HALLER: Ja, aber lange Zeit glaubte man wirklich, daß die Neutrinos masselos sind wie die Photonen, da man einfach keine Masse fand. Ich muß jedoch gestehen, daß ich zumindest immer annahm, daß die Neutrinos eine kleine Masse haben, in der Nähe von einigen Elektronenvolt. Jetzt deutet sich jedoch an, daß die Massen der Neutrinos noch unter einem Elektronenvolt liegen, also wirklich sehr klein sind.

In letzter Zeit hat sich herausgestellt, daß die Neutrinos seltsame Eigenschaften besitzen, auf die ich jetzt allerdings nicht eingehen will, die jedoch nur zu erklären sind, wenn die Neutrinos doch eine kleine Masse haben, allerdings viel kleiner als einige Elektronenvolt. Pauli hatte also vermutlich recht, nur ist die Masse noch viel kleiner, als Pauli glaubte.

NEWTON: Na ja, vergessen wir mal die Massen, aber sechs fundamentale Leptonen, das ist mir etwas zu viel. Vielleicht sind die Leptonen doch nicht elementar? Die Protonen sind es schließlich auch nicht.

HALLER: Vielleicht, wer weiß, aber es wird noch schlimmer bei den Quarks. Zum Aufbau der Kernmaterie werden ja die beiden Quarks u und d benötigt. So hat das Proton die Struktur (uud), das Neutron (ddu). Es gibt jedoch noch vier weitere Typen von Quarks, die mit den Symbolen s (»strange«), c (»charm«), b (»bottom«) und t (»top«) bezeichnet werden.

Das s-Quark hatten wir schon erwähnt. Die ersten Effekte, die mit Hilfe des s-Quarks erklärt werden können, fand man Anfang der fünfziger Jahre. Eine ganze Reihe neuer Teilchen haben ein oder zwei s-Quarks, eines hat sogar drei. Die vier neuen Quarks, die man paarweise als (c,s) und (t,b) schreiben kann, treten nur als Bausteine schwerer Teilchen auf. Sie sind wie das Myon oder das Tauon instabil. Es gibt also keine dauerhaften Teilchen, die aus diesen Quarks bestehen.

EINSTEIN: Oh Gott, was hat der Alte denn da schon wieder rumgetrickst, als er diese Dinger eingeführt hat. Rabi könnte auch fragen: Myon, Tauon, s-, c-, b- und t-Quarks, wer hat denn dieses ungenießbare Menü bestellt? Das sind doch richtige Geisterobjekte, völlig unnütz. Die braucht ja kein Mensch, ausgenommen ihr Teilchenphysiker, die ihr euch einen Spaß daraus macht, die neuen Teilchen zu erzeugen und dann zu studieren, um anschließend vielleicht einen Nobelpreis zu bekommen.

HALLER: Da fragen Sie mich zuviel. Niemand weiß, warum es die anderen Quarks gibt. Ich könnte auch, so wie Sie, ganz gut ohne die leben. Wäre ich der Alte, ich hätte auf das Zeug überhaupt verzichtet, falls das geht. Die u- und d-Quarks sind eigentlich genug, das reicht.

NEWTON: Was sind denn die Massen dieser neuen Quarks?

HALLER: Diese Massen sind bis heute ein Mysterium. Während die Massen der u- und d-Quarks nahezu verschwinden, ist das superschwere t-Quark fast genauso schwer wie der Atomkern von Gold, der meist aus 197 Kernteilchen besteht, etwa 174 GeV. Das t-Quark ist also ein richtiges Monstrum. Würden wir die u-Quarks in unserem Körper durch t-Quarks ersetzen, würde das Gewicht eines Menschen von etwa 80 kg auf ca. 25 Tonnen ansteigen. Ein Elefant wäre geradezu ein Leichtgewicht dagegen.

EINSTEIN: Oh Gott, das ist ja ein Riese, zumindest was die Masse angeht. Denn größer würde der Mensch dabei schließlich nicht. Und welche Masse haben die s-Quarks?

HALLER: Die s-Quarks sind vergleichsweise leicht. Ihre Masse beläuft sich nur auf etwa 150 MeV. Dennoch sind sie schon etwa zwanzigmal schwerer als die u- oder d-Quarks. Die c-Quarks sind noch schwerer, etwa 1100 MeV, und die b-Quarks haben schon eine recht hohe Masse, etwa 4300 MeV.

NEWTON: Die neuen Quarks bilden ja wohl mit den alten Quarks auch Teilchen. Was sind denn die Massen dieser Teilchen?

HALLER: Das ist leicht beantwortet. Zunächst gibt es die K-Mesonen, etwa die negativ geladenen Kaonen, die aus einem s-Quark und einem Anti-u-Quark bestehen, oder die neutralen K-Mesonen, bestehend aus einem s-Quark und einem Anti-d-Quark. Deren Masse beträgt im Mittel knapp 500 MeV.

Dieselben Prinzipien kann man auch auf Teilchen analog dem Proton anwenden, die neben den u- und d-Quarks die s-Quarks beinhalten. So gibt es ein Teilchen, das aus einem u-Quark, einem d-Quark und einem s-Quark besteht, die zusammen ein Farbsingulett bilden, das neutrale Λ(Lambda)-Teilchen, das man schon in den fünfziger Jahren in der kosmischen Strahlung entdeckte. Ich finde, das ist ein schönes Teilchen, das alle drei Quarks in sich vereinigt.

Neben dem Λ-Teilchen gibt es eine Reihe anderer Teilchen, die aus s-Quarks bestehen, darunter auch Teilchen mit zwei s-Quarks, etwa (uss), und ein Teilchen der Ladung -1, bestehend aus drei s-Quarks. Dieses Teilchen, genannt Omega (Ω), besitzt die Masse von etwa 1670 MeV und ist sozusagen das s-Analogon zu der Deltaresonanz (uuu). Im Unterschied zur letzteren ist es jedoch ungewöhnlich langlebig. Der Grund hierfür hat einfach mit der Tatsache zu tun, daß das Ω-Teilchen nur dann zerfallen kann, wenn sich die s-Quarks während des Zerfalls in u- oder d-Quarks umwandeln. Dies ist nur im Rahmen der schwachen Wechselwirkung möglich, nicht jedoch durch eine starke Wechselwirkung, wie im Fall der Deltaresonanz, die sich ohne weiteres in Teilchen verwandeln kann, die aus u und d bestehen. Damit erklärt sich die lange Lebensdauer des Ω-Teilchens.

Die Entdeckung dieses Teilchens im Jahre 1964 am amerikanischen Brookhaven-Labor war einer der Meilensteine in der Entwicklung der Teilchenphysik im 20. Jahrhundert, da die Existenz dieses Teilchens und auch seine Masse im Rahmen von Symmetriemodellen der Elementarteilchen von Gell-Mann und Neeman vorausgesagt worden war. Damit war der Weg zum Nobelpreis für Gell-Mann bereitet. Den hat er dann 1969 auch bekommen.

Das Charm-Quark bildet mit dem Anti-u- oder dem Anti-d-Quark ein Teilchen, das Charm-Meson D mit einer Masse von 1867 MeV. Analog gibt es ein B-Meson, das aus einem b-Quark und einem der leichten Antiquarks besteht, mit einer Masse von 5279 MeV.

EINSTEIN: Interessant sind doch wohl die neuen Teilchen, die ein t-Quark haben, die müssen doch eine riesige Masse haben.

HALLER: Im Prinzip ja, aber hier macht uns die Natur einen Strich durch die Rechnung. Es gibt keine Teilchen mit t-Quarks.

EINSTEIN: Wieso denn das? Ein t-Quark und ein Anti-u-Quark bilden doch sofort ein schönes und auch sehr schweres Teilchen, praktisch so schwer wie ein Goldatom, das sollte doch existieren, zumindest für ganz kurze Zeit.

HALLER: Ja, im Prinzip haben Sie schon recht. Aber Sie müssen bedenken, daß die t-Quarks über die schwache Wechselwirkung in b-Quarks zerfallen und in ein Leptonpaar oder ein Paar der leichten Quarks. Wegen der hohen

Masse des t-Quarks erfolgt dieser Zerfall allerdings sehr rasch, so schnell, daß sich kein normales Teilchen bilden kann. Hier kämpfen also die starke und die schwache Wechselwirkung miteinander, und die schwache Wechselwirkung gewinnt diesmal ausnahmsweise wegen der hohen Masse des t-Quarks. Das t-Quark zerfällt einfach zu schnell. Wäre es etwas leichter, gäbe es dieses Problem nicht.

EINSTEIN: Aber jetzt zurück zu den anderen Leptonen und Quarks. Ich vermute, die existieren nicht ganz ungeordnet, sondern man kann sie irgendwie einordnen, aber wie?

HALLER: Ja, da haben Sie recht, auch wenn wir noch nicht sehr viel wissen. Aber es fällt auf, daß es möglich ist, die beobachteten sechs Leptonen und Quarks jeweils in drei Paaren zu ordnen. Es empfiehlt sich sogar, jeweils ein Leptonpaar und ein Quarkpaar zu einer Lepton-Quark-Familie zusammenzufassen.

Die Teilchen der ersten Familie, die u- und d-Quarks, das Elektron und sein Neutrino, beinhalten damit die Konstituenten der normalen atomaren Materie. Die zweite Familie beinhaltet die c- und s-Quarks und das Myon und sein Neutrino. Die dritte Familie besteht aus den t- und b-Quarks, dem Tauon und seinem Neutrino.

EINSTEIN: Also, Rabi könnte jetzt auch fragen: Wer hat denn die zweite und die dritte Familie bestellt?

HALLER: Sicher, das würde die Sache sogar prägnanter machen. Es gibt jedoch noch einen tieferen Grund, die Leptonen und Quarks paarweise zusammenzufassen. Neben den bereits diskutierten elektromagnetischen und starken Wechselwirkungen gibt es eine weitere, die schwache Wechselwirkung, die beispielsweise für die radioaktiven Zerfälle von Atomkernen verantwortlich ist. Auch diese wird durch den Austausch von speziellen Kraftteilchen verursacht, die als W- und Z-Teilchen bezeichnet werden.

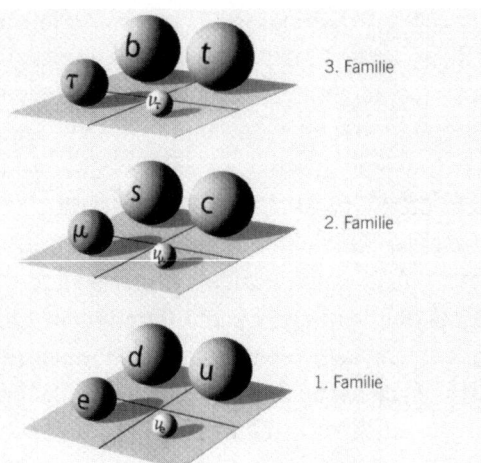

Abb. 7.1 Die drei Familien der Leptonen und Quarks. Jeweils ein Paar der Leptonen und ein Paar der Quarks faßt man zu einer Lepton-Quark-Familie zusammen. So bilden das Elektron, sein Neutrino und die Quarks u und d die erste Lepton-Quark-Familie. Die zweite Familie umfaßt das Myon, sein zugeordnetes Neutrino und die beiden Quarks c und s. Die dritte Familie besteht aus dem schweren Tauon, seinem Neutrino und den beiden Quarks t und b

Im Unterschied zu den Photonen und Gluonen tragen sie jedoch eine große Masse, etwa 80 GeV für die W-Teilchen und etwa 90 GeV für die Z-Teilchen, wie man aus den Experimenten am CERN in der ersten Hälfte der achtziger Jahre weiß.

NEWTON: Das war also die Theorie, die Yang und Mills konstruieren wollten und nicht konnten?

HALLER: Nicht ganz, aber es ging in diese Richtung. Nur wußte man 1954 noch nicht sehr viel über die schwache Wechselwirkung. Erst in den sechziger Jahren hat man das wieder aufgegriffen, aber es dauerte lange, bis man auf der richtigen Fährte war.

Sie wurde schließlich von Salam und Ward, von Glashow und Weinberg aufgespürt. Daraus wurde dann das heutige Modell der elektroschwachen Wechselwirkungen. Glashow, Salam und Weinberg erhielten dafür den Nobelpreis. Es dauerte recht lange, weil man in den Modellen immer Wechselwirkungen hatte, die den »flavor« des Leptons oder des Quarks nicht veränderten, etwa eine Wechselwirkung »Neutrino plus Teilchen« => »Neutrino plus Teilchen«.

Die Experimentalphysiker behaupteten, daß es solche Wechselwirkungen nicht geben kann, aber da lagen sie falsch. Man konnte experimentell nur ausschließen, daß es eine Wechselwirkung wie »d-Quark plus Teilchen« => »s-Quark plus Teilchen« geben kann. Jedenfalls dauerte es eine Weile, bis die Theoretiker sich schließlich an spezifische Modelle wagten, darunter insbesondere Steven Weinberg im Jahre 1967.

In der einfachsten Theorie, die wir heute haben, gibt es ein positiv und ein negativ geladenes W-Boson mit einer Masse von 80,40 GeV und ein neutrales Z-Teilchen mit einer Masse von 91,20 GeV.

Übrigens, am CERN wurden die W- und Z-Bosonen etwa gegen Ende 1983 entdeckt, mit Hilfe des damals neuen Proton-Antiproton-Colliders. Die W-Teilchen kann man nicht direkt erzeugen und dann beobachten, sondern man kann nur ihre Zerfallsprodukte beobachten. Das Problem besteht jedoch darin, daß die W-Teilchen entweder nur in Quarks zerfallen, die man nicht direkt beobachten kann, oder etwa in ein Myon und sein Neutrino. Das letztere sieht man jedoch nicht, so daß eine Massenbestimmung zumindest ungenau ist.

Alle Reaktionen der schwachen Wechselwirkungen lassen sich in zwei verschiedene Kategorien einteilen, in Reaktionen, bei denen sich die elektrische Ladung des Teilchens ändert, zum Beispiel beim Betazerfall. Hier verwandelt sich ein neutrales Neutron in ein geladenes Proton. Diese Reaktionen werden durch die W-Bosonen vermittelt.

Aber es gibt auch Reaktionen, bei denen sich die elektrische Ladung nicht ändert, etwa bei Reaktionen, bei denen Neutrinos gestreut werden, zum Beispiel bei der Reaktion

$$\nu + p => \nu + p$$

Diese Reaktionen werden durch das Z-Boson vermittelt. Die ersten Reaktionen nennt man Prozesse des geladenen Stroms, die zweiten Prozesse des neutralen Stroms.

Die Reaktionen des neutralen Stroms waren lange Zeit umstritten. Da Reaktionen dieser Art, die ein s-Quark in ein d-Quark überführen, nicht beobachtet wurden, nahm man erst einmal an, daß es keine neutralen Stromwechselwirkungen gibt. Das war ein Fehler, der aber immerhin dazu führte, daß manche Experimentalphysiker solche Ereignisse einfach nicht wahrhaben wollten. Sie wurden zwar beobachtet, aber dann nicht weiterverfolgt. Das änderte sich erst Anfang der siebziger Jahre, und 1972 wurden sie schließlich gefunden.

Typisch für all diese verschiedenen Prozesse ist, daß vier Fermionen beteiligt sind. Manchmal wandelt sich ein Fermion in drei andere Fermionen um, wie beim Betazerfall, manchmal reagieren zwei Fermionen miteinander, wobei sich auch zwei andere Fermionen bilden können, zum Beispiel bei der Reaktion

$$\nu_\mu + n => \mu^- + p$$

Außerdem möchte ich hier noch bemerken, daß zwischen der elektromagnetischen und der schwachen Wechselwirkung auch ein erheblicher Unterschied besteht, was die Frage der Raumspiegelung betrifft.

Betrachten wir einmal ein beliebiges Fermion, zum Beispiel ein Elektron oder ein Quark. Wir können dieses Fermion aus einem linkshändigen und einem rechtshändigen Fermion zusammensetzen. Ein rechtshändiges Fermion ist ein Teilchen, das sich wie eine Rechtsschraube dreht. Demgegenüber ist ein linkshändiges Fermion ganz analog ein Teilchen, das sich wie eine Linksschraube dreht. Bei einer Spiegelung, also einer Paritätstransformation, geht ein linkshändiges Fermion in ein rechtshändiges über und umgekehrt.
Wenn wir jetzt eine Spiegelung im Raum betrachten, so wandelt sich etwa ein linkshändiges Fermion in ein rechtshändiges um. Wäre die Natur symmetrisch bezüglich der Raumspiegelung, so müßten also linkshändige und rechtshändige Fermionen dieselben Wechselwirkungen zeigen. Dies ist genau der Fall bei den elektromagnetischen Wechselwirkungen, nicht jedoch bei den schwachen.
EINSTEIN: Oh Gott, was soll denn das schon wieder – eine Verletzung der Parität, schrecklich, so ein Unfug. Der Raum ist nicht mehr symmetrisch bei Spiegelung, grauenhaft.
HALLER: Ja, richtig gefällt mir das auch nicht, aber es ist so. Bereits im Jahre 1956 wurde experimentell festgestellt, daß die schwachen Wechselwirkungen die Spiegelungssymmetrie verletzen, eine Tatsache, die als Nichterhaltung der Parität in die Annalen der Physik einging. Man fand die ersten Effekte dieser Art beim Studium des schwachen Zerfalls von Kobalt in Nickel. Übrigens wurde der Effekt von Theoretikern – von Yang, dem Yang von der Yang-Mills-Theorie, und von T. D. Lee – vorgeschlagen und noch im selben Jahr experimentell bestätigt. Und der Nobelpreis für Lee und Yang folgte sofort. In der Folge stellte sich heraus, daß die Verletzung der Parität bei den Leptonen und Quarks sehr einfach zu beschreiben ist, wenn man sich auf die Wechselwirkung der Fermionen mit den W-Bosonen beschränkt. Nur die linkshändigen Lep-

tonen und Quarks haben eine Wechselwirkung mit den W-Bosonen, nicht die rechtshändigen. Damit hat die Wechselwirkung der W-Bosonen mit den Fermionen eine wesentlich andere Struktur als die Wechselwirkung der Fermionen mit dem Photon, denn hier gibt es keinen Unterschied zwischen linkshändigen und rechtshändigen Fermionen.

Warum die Natur diese Linkslastigkeit bei der schwachen Wechselwirkung zeigt, ist bis heute unbekannt. Wir müssen sie als Faktum akzeptieren, wissen aber nicht, warum es so ist.

EINSTEIN: Das erstaunt mich schon, ich hätte nie geglaubt, daß die Natur so komisch ist, linkslastig. Die Natur liebt also links, rechts bleibt liegen, aber immerhin, das ist also das Prinzip. Nur – was hat denn der Alte da wieder ausgeheckt?

HALLER: Was der Alte da ausgeheckt hat, weiß ich nicht. Vielleicht hatte er einige Flaschen Cabernet getrunken, als er das erfand. Jedenfalls ist es schon komisch. Aber es hätte noch schlimmer kommen können, denn es hätte auch sein können, daß die W-Bosonen mit den Fermionen auf seltsame Art reagieren, wobei irgendein Mischungswinkel auftritt, etwa 30 Prozent rechts, 70 Prozent links, aber das ist nicht der Fall. Wir können auf diese Weise zumindest irgendwelchen fernen Lebewesen, falls sie im Universum existieren, mitteilen, was bei uns links ist. Wir brauchen ihnen nur mitzuteilen: Schaut das Elektron an, das beim Betazerfall emittiert wird, das ist linkshändig, zumindest bei uns, und bei euch vermutlich auch.

Die durch die W-Teilchen vermittelten Kräfte wirken innerhalb der angegebenen Lepton- und Quarkpaare. Beim radioaktiven Zerfall eines Atomkerns, also beim Betazerfall, findet beispielsweise der Übergang eines d-Quarks in ein u-Quark statt, wobei gleichzeitig ein Elektron und ein Neu-

trino entstehen. Genauer handelt es sich bei diesem Prozeß um den Übergang eines Neutrons im Atomkern in ein Proton, und dies geschieht durch die Verwandlung eines d-Quarks in ein u-Quark.
Der Prozeß sieht so aus: Das d-Quark emittiert ein u-Quark und ein negativ geladenes W-Boson, das aber nur virtuell auftritt und sofort in ein Elektron und ein neues Teilchen, ein neutrales Neutrino, zerfällt.

EINSTEIN: Mein Freund Wolfgang Pauli hat bereits gegen Ende der zwanziger Jahre die Neutrinos eingeführt. Er wollte damals den anscheinend in radioaktiven Zerfällen verletzten Energiesatz retten. Ich habe seine Hypothese zwar registriert, aber nie sehr ernst genommen. Sie sagen also, die Neutrinos gibt es wirklich? Ist man da sicher?

HALLER: Ja, absolut sicher, sie wurden erstmals in einem Experiment der Amerikaner Cowan und Reines gefunden. Sie führten ihr Experiment in einem Erdloch in der Nähe eines großen Kernreaktors der US-Armee in Ohio durch, dem Savannah-River-Reaktor. Kurios ist, daß Cowan und Reines ihr Resultat nur unvollständig publizieren durften. Sie durften zum Beispiel nicht angeben, wie weit ihr Detektor vom Reaktorkern entfernt war, denn daraus hätten die Russen ausrechnen können, wie stark der Reaktor ist und wieviele Atombomben damit hergestellt werden können. Das aber war geheim. Wie dem auch sei, Cowan und Reines fanden hinreichend Evidenz, daß eine Menge Neutrinos durch den Reaktor emittiert werden.

Übrigens fand das Experiment von Cowan und Reines vor Mitte der fünfziger Jahre statt. Pauli hat also den Erfolg des Experiments noch mitbekommen. Als er die Neutrinos einführte, sagte er, er tue dies nur mit Widerwillen, da die Teilchen nie gefunden werden könnten. Aber hier hatte er sich geirrt. Heute können wir mit den Neutrinos vieles machen.

In den Beschleunigerlabors gibt es intensive Neutrinostrahlen, mit denen man ganz normal experimentieren kann.
Vor Jahren gab es am CERN einen starken Neutrinostrahl, der das CERN-Gelände in Richtung Jura-Gebirge verließ. Er ging direkt durch das Schlafzimmer des Bürgermeisters einer kleinen französischen Ortschaft beim CERN, und der hat das natürlich nie bemerkt.
EINSTEIN: Gut, dies über Pauli zu hören. Da hat mein Freund Pauli also doch etwas Vernünftiges in die Welt gesetzt. Er hat allerdings auch viel Blödsinn dahergeredet. Immerhin, das Neutrino war die Erfindung eines Theoretikers.
HALLER: Durchaus. Hätte er viel länger gelebt, hätte er dafür vielleicht einen zweiten Nobelpreis bekommen. Reines bekam ihn jedenfalls, allerdings erst recht spät, in den neunziger Jahren. Cowan hat diesen Erfolg allerdings nicht mehr erlebt. So ist es – wenn man heute auf den Nobelpreis aus ist, muß man vor allem lange leben, am besten mehr als hundert Jahre.
NEWTON: Mir kommt der Zerfall des Neutrons in ein Proton aber immer noch seltsam vor. Wieso geschieht dies überhaupt? Warum geht es nicht auch umgekehrt?
HALLER: Ihre Frage ist berechtigt. Wie wir heute wissen, haben die Quarks ebenso wie die Elektronen eine kleine Masse. Nun erweist es sich, daß die d-Quarks etwas schwerer sind als die u-Quarks, wie bereits erwähnt.
EINSTEIN: Moment mal, Sie sagten doch vorhin, daß die Quarks nicht isoliert werden können. Wenn sie nicht als freie Teilchen existieren können, wieso haben sie dann eine Masse? Mir kam diese Frage schon hoch, als wir vorhin über die Massen der Quarks sprachen, aber ich wollte Sie nicht unterbrechen.
HALLER: Sie wollen aber auch alles wissen, nur ist hier die Antwort nicht so leicht. Die Quarks bilden ja die Protonen

und die Neutronen. Man kann sich leicht überlegen, daß Protonen und Neutronen die gleiche Masse haben sollten, wenn wir einmal die elektromagnetische Wechselwirkung weglassen und die Quarks als masselos betrachten. In der Natur findet man jedoch, daß die Neutronen etwas schwerer sind als die Protonen, und man kann dies nur verstehen, wenn die d-Quarks etwas schwerer sind als die u-Quarks. Die Quarkmassen sind hier jedoch nicht wirklich die Massen von Quarkteilchen, die es ja gar nicht gibt, sondern nur formale Massenterme, die man für die Beschreibung der Teilchenmassen braucht.

Wie gesagt, die d-Quarks sind etwas schwerer als die u-Quarks, und deshalb zerfällt ein d-Quark in ein u-Quark und nicht umgekehrt. Ich hoffe, Ihre Frage ist damit einigermaßen beantwortet, Mr. Newton.

Im übrigen habe ich hier etwas Seltsames gerade mehrmals erwähnt. Warum die d-Quarks schwerer sind als die u-Quarks, ist nämlich bis heute völlig unverstanden. Wäre es umgekehrt, würde man dies schon eher verstehen, denn die Ladung des u-Quarks ist zumindest doppelt so groß wie die Ladung des d-Quarks. Bei den anderen Quarks ist es auch so: c ist schwerer als s, t ist schwerer als b, nur d ist schwerer als u – das versteht vielleicht nicht mal der liebe Gott, hat aber auch seine guten Seiten. Stellen Sie sich einmal vor, das u-Quark hätte eine etwas größere Masse als das d-Quark ...

EINSTEIN: Haha, das verhindere der Alte. Der hat dann also doch gewußt, was er gemacht hat. In diesem Fall würde das Proton nämlich in ein Neutron zerfallen, Mr. Newton, und nicht umgekehrt, und Wasserstoff könnte überhaupt nicht existieren, natürlich auch kein Wasser. Aus ist es mit uns, denn wir bestehen schließlich zu 75 Prozent aus Wasser. Würden wir die Massen der Quarks austauschen, hätten wir gerade noch Zeit, einander zuzuwinken. Nach zehn Minuten wäre dann alles vorbei, good bye, Welt.

HALLER: Sie haben es erfaßt. Jawohl, es hat schon seinen Sinn, daß das d-Quark schwerer ist als das u-Quark. Unser ganzes Leben hängt schließlich daran. Gott sei Dank ist es so. Es lebe das schwerere d-Quark. Unser Leben hängt an dieser Anomalie.

Aber jetzt weiter in meinem Vortrag. Die elektromagnetischen und schwachen Kräfte kann man im Rahmen einer einheitlichen Theorie zusammenfassen, die allgemein als Theorie der elektroschwachen Wechselwirkungen bezeichnet wird. Die schwachen und die elektromagnetischen Wechselwirkungen gehören also zusammen, was vielleicht erst einmal seltsam anmutet, denn die Photonen als die Kraftteilchen der elektromagnetischen Kraft sind schließlich masselos, während die W-Bosonen eine große Masse tragen.

Ich muß zugeben: Als ich Ende der sechziger Jahre zum ersten Mal von der Theorie der beiden Wechselwirkungen hörte, war ich sehr skeptisch, zumal die Theorie auch noch sehr merkwürdig formuliert war. Damals hielt ich ein Seminar am Max-Planck-Institut für Physik in München. Besonders unschön fand ich die Tatsache, daß das Photon, von Einstein 1905 zuerst diskutiert, in dieser Theorie ein merkwürdiges Zwitterobjekt wurde.

Die Vereinigung der beiden Wechselwirkungen, also der schwachen und der elektromagnetischen, geschieht in der Theorie nämlich dadurch, daß es zwei neutrale Teilchen gibt, die beide eine Masse haben, jedoch auch einen Term, der beide Teilchen mischt. Wenn man dann die beiden physikalischen Teilchen, also die mit festen Massen, ausrechnet, findet man, daß ein Teilchen, das heutige Z-Boson, eine Masse besitzt, die etwas größer ist als die W-Masse, das andere Teilchen jedoch masselos wird, und das ist das Photon. Die Masselosigkeit des Photons erscheint also in der Theorie fast als eine Art Zufall.

EINSTEIN: Ja, die Theorie ist sehr merkwürdig. Eigentlich ist das Photon massiv, aber weil da zwei Masseterme miteinander korrelieren, kommt am Ende die Masse Null heraus, sehr seltsam. Also, ich glaube das nicht.

HALLER: Die Massendifferenz zwischen dem W-Teilchen und dem Z-Teilchen hängt im übrigen von einem freien Parameter ab, der allgemein als der Mischungswinkel der Theorie bezeichnet wird. Als ich damals mein Seminar in München mit einer kritischen Diskussion der Theorie beendete, bestellte mich Werner Heisenberg in sein Büro und fragte nach Details. Er nahm die Theorie damals sehr ernst, im Gegensatz zu mir, und er hatte im Grunde recht.

EINSTEIN: Heisenberg hin oder her, mein Gott, das klingt schon reichlich komisch. Das Photon entpuppt sich also als ein Zwitterteilchen. Welch eine merkwürdige Theorie! Und Sie meinen, die Theorie könnte stimmen? Falls ja, dann hat der Alte aber wieder mal Mist gebaut. Zerhackt mein Photon in zwei massive Stücke, schrecklich.

HALLER: Wie es aussieht, stimmt die Theorie. Zumindest wurde der Nobelpreis schon mal dafür vergeben, an Glashow, Salam und Weinberg. Es gibt zahlreiche Experimente, die die Theorie bestätigen, heute zweifelt eigentlich niemand mehr daran.

Im Jahre 1983 unternahm man am CERN die ersten Experimente. Man versuchte die W-Teilchen nachzuweisen, und nach relativ kurzer Zeit gelang dies auch. Man fand die W-Teilchen, kurz darauf auch die Z-Teilchen. Im Rahmen der vorliegenden Theorie konnte man auch etwas sagen über die Massen der Teilchen, und, siehe da, man fand die Teilchen genau mit den von den Theoretikern vorhergesagten Massen. Die Physiktheoretiker hatten wieder einmal einen Grund, stolz auf sich zu sein.

Im Jahre 1989 ging der Beschleuniger LEP am CERN in Betrieb. Das war ein Beschleuniger, in dem Elektronen und Positronen gegeneinander beschleunigt wurden. Die Energien, die damit erreicht wurden, waren enorm, am Ende der Laufzeit Ende der neunziger Jahre waren das um die 210 GeV. Am Anfang lief jedoch LEP vor allem bei etwas mehr als 90 GeV, um das Z-Teilchen zu erzeugen.

Als LEP anfing zu arbeiten, war ich überzeugt, daß man mit Hilfe von LEP kleine Abweichungen vom elektroschwachen Modell finden würde. Ich glaubte nicht an die Theorie, aber da lag ich falsch. Man fand im Laufe der Jahre keinerlei Abweichungen.

Dasselbe gilt für den Protonenbeschleuniger TEVATRON, der am Fermi-Labor bei Chicago errichtet wurde. Auch mit Hilfe des TEVATRON fand man keine Abweichungen von den Voraussagen der Theorie. Sie stimmte einfach sehr gut, es ist zum Haare ausreißen. Jedenfalls gibt es heute keinen Zweifel, daß die Theorie der elektroschwachen Wechselwirkungen in großen Zügen richtig ist. Abweichungen könnte es nur noch bei sehr kleinen Effekten geben.

EINSTEIN: Das klingt ganz beachtlich, aber ich hätte mir gewünscht, daß die Theorie die Tests nicht überlebt. Die Realität scheint allerdings anders zu sein. Aber in Zukunft kann da sicher noch etwas passieren.

HALLER: Damit schließen wir: Das heutige Standardmodell der Elementarteilchen, also die Zusammenfassung der Theorien der elektroschwachen und starken Wechselwirkungen, scheint die gesamte Physik zu beschreiben – ein eindrucksvolles Resultat. Mit der Aufstellung dieses Modells ist es gelungen, eine Beschreibung der in der Natur

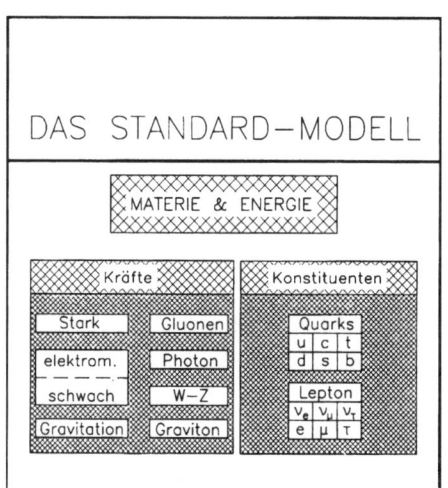

Abb. 7.2 Das Standardmodell der Teilchenphysik

wirkenden fundamentalen Kräfte und der elementaren Teilchen zu finden.

Dies stellt jedoch keinen Abschluß der physikalischen Grundlagenforschung dar, denn eine Reihe entscheidender Fragen wird innerhalb dieses Modells nicht beantwortet. Wohl die wichtigste Frage ist die nach der Herkunft der Teilchenmassen. Die für die Struktur der Materie bedeutsamsten Massen sind die Elektronenmasse (0,511 MeV) und die Protonenmasse (938 MeV).

Heute können wir sagen, daß die Herkunft der Protonenmasse im Rahmen der Theorie der QCD verstanden ist. Die Theorie liefert ein sehr einfaches und unmittelbar einleuchtendes Bild. Sie ist nichts weiter als die Bewegungsenergie E der Quarks und Gluonen im Inneren eines Protons und ergibt sich aus letzterer entsprechend der Äquivalenz von Masse und Energie, gegeben durch Einsteins Gleichung: $M = E/c^2$.

Die Protonenmasse und darüber hinaus die Massen der

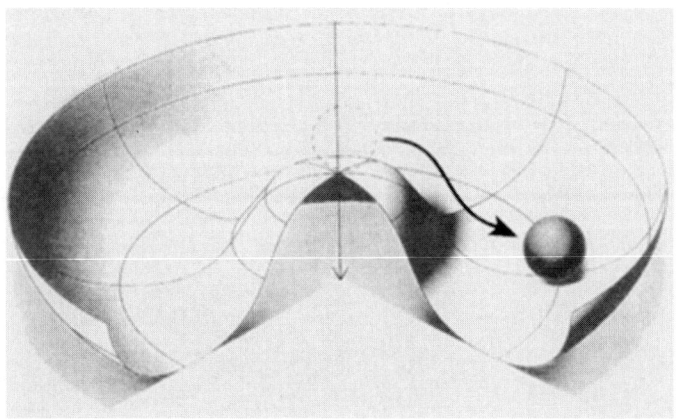

Abb. 7.3 Modell des Higgs-Feldes, analog einem mexikanischen Hut

Atomkerne repräsentieren damit die Feldenergie der Quarks und Gluonen in den Kernteilchen. Wichtig ist für diese Interpretation die Substruktur des Protons. Die Masse ist eine direkte Folge der endlichen Ausdehnung des Protons, die etwa ein Hunderttausendstel der Ausdehnung eines Wasserstoffatoms beträgt. Die Substruktur und die Masse hängen damit eng zusammen.

Anders sieht es bei den Massen der Leptonen und Quarks aus. Um diese Massen als Parameter in die Theorie einzufügen, haben die Physiker zu einem Notbehelf gegriffen, von dem man bis heute nicht weiß, ob er mehr als nur ein Alibi für das Nichtwissen ist. Ich zumindest habe hier meine Zweifel.

Er besteht in der Einführung eines hypothetischen Feldes, dessen einzige Aufgabe ist, den Teilchen ihre Massen zu geben. Diese Massengebung erfolgt durch eine eigens für diesen Zweck eingeführte Wechselwirkung der Leptonen und Quarks mit dem Feld, das allgemein als Higgs-Feld bezeichnet wird (benannt nach Peter Higgs, einem der Theoretiker, die dieses Massenfeld als erste diskutierten). Im übrigen werden in der Theorie auch die Massen der W- und Z-Teilchen durch das Higgs-Feld eingeführt.

Mit dem Higgs-Feld hat es eine besondere Bewandtnis. Es ist ein Feld, das im normalen Vakuum einen Wert annimmt. Man spricht von einem Vakuumerwartungswert, und dieser kommt durch die spontane Brechung einer Symmetrie zustande. Es ist wie bei einem mexikanischen Hut. Wenn ein Apfel da genau im Zentrum liegt, also genau in der Mitte, ist er erhöht. Bei der kleinsten Erschütterung rollt der Apfel nach unten. Er bleibt dann irgendwo am Rand liegen. Jetzt hat der Apfel einen gewissen Abstand vom Zentrum, und das ist der Vakuumerwartungswert. Letzterer bestimmt dann die Massen der W- und Z-Teilchen.

Wie jedes physikalische Feld ist das Higgs-Feld mit der Existenz eines Teilchens, kurz genannt das Higgs-Teilchen, verbunden, das bei Teilchenkollisionen genügend hoher Energie erzeugt werden würde. Die erforderlichen Energien sind allerdings so hoch, daß erst die Experimente am im Bau befindlichen Beschleuniger LHC des CERN, geplant ab 2007, Aufschluß geben können, ob es das Higgs-Teilchen gibt oder ob die Natur einen anderen Weg der Massenerzeugung geht.

Persönlich denke ich, daß die Sache doch anders gelagert ist, daß es also ein Higgs-Teilchen gar nicht gibt. Aber auch wenn es eines geben sollte, ist längst nicht klar, ob die Masse des Elektrons durch das Feld erzeugt wird. Aber vielleicht liege ich hier falsch. Zu Anfang der siebziger Jahre des 20. Jahrhunderts zeigten Gerard t'Hooft und Martinus Veltmann in Utrecht, daß bei Einbeziehung des Higgs-Feldes die Theorie der elektroschwachen Wechselwirkungen renormierbar ist, also keine Unendlichkeiten erzeugt, die man nicht durch Anpassung an gemeinsame Größen absorbieren kann. Dafür erhielten sie im Jahr 1999 den Nobelpreis für Physik.

Es sei noch erwähnt, daß neue Ergebnisse der Neutrinophysik auf Tatsachen hinweisen, die im Rahmen des einfachsten Modells nicht erwartet worden waren. Im einfachsten Modell, basierend auf der Eichgruppe $SU(2) \times U(1)$, erwartet man, daß die Neutrinos masselos sind. Insbesondere mit Hilfe des Neutrinodetektors, den man seit Jahren nahe Kamioka in Japan betreibt, ist es gelungen, Oszillationen von Neutrinos zu beobachten. Dies bedeutet, daß beispielsweise ein Myon-Neutrino, das etwa bei einem schwachen Zerfall abgestrahlt wird, beim Flug durch den Raum sich umwandeln kann, zum Beispiel in ein Tau-Neutrino. Eine solche Umwandlung ist durchaus möglich, wenn die Neutrinos eine Masse besitzen. Es besteht dann kein triftiger Grund, daß zum Beispiel ein Myon-Neutrino ein Masseneigenzustand ist, also eine bestimmte Masse besitzt. Es könnte ebenso eine Mischung von mindestens zwei, möglicherweise sogar drei Massenzuständen sein. Da man in den schwachen Zerfallsprozessen die Neutrinomassen wegen ihrer Kleinheit nicht beobachten kann, besteht diese Möglichkeit ohne weiteres.

Da jedoch die verschiedenen Massenzustände sich mit verschiedenen Geschwindigkeiten ausbreiten, ändert sich die Struktur der Neutrinos als Funktion der Massenzustände. Ein Myon-Neutrino kann dann ohne weiteres ein Tau-Neutrino werden, danach wieder ein Myon-Neutrino usw. Ein Elektron-Neutrino, das die Sonne verläßt, kann sich auf seinem Weg zur Erde in ein anderes Neutrino umwandeln. Solche Umwandlungen hat man im japanischen Kamioka und im Neutrino-Detektor bei Sudbury in Kanada beobachtet.

In Kanada untersuchte man sowohl Neutrinoreaktionen mit den Atomkernen, bei denen Elektronen entstehen, als auch Reaktionen des neutralen Stroms. Letztere findet man, in-

Abb. 7.4a Der Physiker Gerard t'Hooft **Abb. 7.4b** Martinus Veltmann

dem man elastische Neutrinoreaktionen untersucht, bei denen nur eine Streuung der Elektronen passiert.

Aus den Experimenten muß man schließen, daß Neutrinomischungen tatsächlich in der Natur realisiert sind, mit Mischungswinkeln, die sogar relativ groß sind. Andererseits müssen die Neutrinomassen sehr klein sein. Zwar kennt man die genaue Größe der Massenskala noch nicht, jedoch spricht vieles dafür, daß die Neutrinomassen im Bereich von weniger als einem eV liegen sollten. In Zukunft wird man die Neutrinomassen genauer bestimmen können. Die Neutrinophysik ist damit heute ein sehr interessantes Kapitel in der Teilchenphysik geworden.

Sowohl die Massen der geladenen Leptonen als auch die der Quarks zeigen eine bemerkenswerte Hierarchie. Die Quarks der dritten Familie t und b als auch das Tauon sind dabei die schwersten Objekte, wobei die riesige Masse des t-Quarks das gesamte Massenspektrum dominiert.

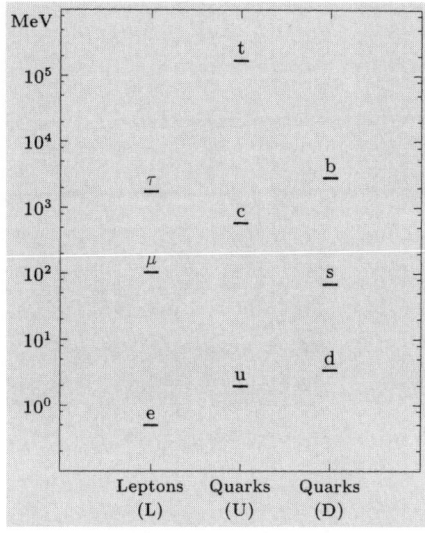

Abb. 7.5 Die Massen der geladenen Leptonen und Quarks

Zu Beginn des 20. Jahrhunderts beobachtete man beim Wasserstoffatom ein Energiespektrum, das zwar eine einfache Struktur aufwies, aber theoretisch völlig unverstanden blieb bis zur Entwicklung der Quantentheorie, die den Schleier des Geheimnisses lüftete. Etwas Ähnliches suchen wir jetzt bei den Leptonen und Quarks.

Die Massen der Quarks und Leptonen kann man nicht isoliert betrachten. Sie stehen in einem engen Zusammenhang mit anderen Phänomenen, insbesondere mit den Mischungen zwischen den Quarks.

In den schwachen Wechselwirkungen treten die Quarks als gemischte Zustände auf. Phänomenologisch äußert sich dies in der Tatsache, daß zum Beispiel ein c-Quark nicht, wie man naiv erwarten würde, durch die schwache Wechselwirkung zu 100 Prozent in ein s-Quark zerfällt, sondern nur zu 95 Prozent. Mit einer Wahrscheinlichkeit von fünf Prozent zerfällt es in ein d-Quark. Damit wird eine Brücke

zwischen der ersten und der zweiten Familie errichtet, und im Rahmen des Standardmodells wird diese Brücke, die man als Mischung zwischen zwei Quarks beschreibt, durch die Massen der Quarks hergestellt.
Sowohl die beeindruckende Massenhierarchie als auch die Struktur dieser Brückenbildung kann man als eine Folge einer Symmetrie deuten, die man als subnukleare Demokratie bezeichnet. Die Idee besteht in der Annahme, daß letztlich alle drei Lepton-Quark-Familien gleichwertig sind. Es herrscht also eine Demokratie der Massen- und Mischungsterme.
Die einfachste Brechung dieser Symmetrie macht eine bemerkenswerte Vorhersage. Sie beinhaltet, daß die Mischungen und die Massen der Quarks miteinander auf eine einfache Art zusammenhängen. Eine dieser Relationen besagt, daß der Parameter, der die Mischungen zwischen den beiden ersten Familien beschreibt und als V(1,2) bezeichnet wird, zusammen mit den Wurzeln der Massenverhältnisse m_u/m_c und m_d/m_s die Seiten eines rechtwinkligen Dreiecks bildet.
Nach dem Satz des Pythagoras ist also die Summe der beiden Massenverhältnisse gleich dem Quadrat von V(1,2). Numerisch stimmt dies sehr gut, innerhalb der Fehlergrenzen von wenigen Prozent. Es ist eine bemerkenswerte Relation, denn sie verknüpft die Massenverhältnisse mit einem Mischungsparameter, der experimentell bestimmt werden kann und nicht direkt etwas mit den Massen zu tun hat.
EINSTEIN: Wenn das stimmt, wäre das schon bemerkenswert, denn es wäre endlich einmal eine Relation da, die eine Beziehung zwischen fundamentalen Konstanten beschreibt. Ich mag solche Relationen, da sie zur Folge haben, daß die Anzahl der fundamentalen Parameter kleiner wird.
HALLER: Das stimmt schon, aber um die Anzahl der funda-

mentalen Parameter auf eins oder sogar auf null zu drücken, brauchen wir eine Menge solcher Relationen, und die sehe ich im Moment nicht. Trotzdem, jede Relation dieser Art ist nützlich. Aber zurück zu den Leptonen und Quarks.

Im theoretischen Bild des Standardmodells sind die Leptonen und Quarks Punkte, also Singularitäten im Raum, die mit Kraftfeldern ausgestattet sind. Können solche unendlich kleinen Punkte überhaupt eine Masse besitzen? Falls ja, warum ist dann die Masse des Myons 207mal größer als die Masse des Elektrons, obwohl beide Teilchen sich nur durch die Masse und durch sonst nichts unterscheiden?

Es kann sehr wohl sein, daß man in Zukunft gezwungen ist, die Vorstellung eines Massenpunktes aufzugeben. So könnten die Massen der Leptonen und Quarks auch eine Folge einer Substruktur dieser Teilchen sein, so wie die Protonenmasse eine Folge seiner Substruktur ist. Feynman hat schon in diese Richtung gedacht. Möglicherweise werden die Effekte einer Substruktur und Hinweise auf neue Bausteine im Innern der Leptonen und Quarks bald mit Hilfe der Beschleunigerexperimente entdeckt.

Aber ein Blick auf die Uhr sagt mir, daß wir die Diskussion abbrechen müssen. Ich habe noch einen Termin mit einem Physiker hier am Caltech, hoffe aber, in etwa 45 Minuten wieder hier zu sein. Ich schlage vor, daß Sie einen Spaziergang über den Campus machen.

Und so geschah es. Haller ging zu seinem Termin, und Einstein und Newton liefen in Richtung des Beckman-Auditoriums. Einstein erging sich in Erzählungen, wie er sich im Jahre 1929 mit Millikan vom Caltech hier im Athenaeum getroffen hatte. Millikan wollte Einstein damals auch überreden, zum Caltech zu kommen, und Einstein war nicht abgeneigt. Aber dann hat er im Rundfunk einen Vortrag über eine Reise in die Sowjetunion gehalten, und dabei kam das sowjetische System recht positiv weg. Darauf entschieden die Caltech-Trustees, die Sache mit Einstein zu kippen. Im Grunde war diese Entscheidung ziemlich sinnlos, denn Einstein hat die Sache mit der Sowjetunion überhaupt nicht ernst genommen. Er hat sich dann aber entschieden, nach Princeton zu gehen. Und dort blieb er auch.

Einstein und Newton liefen die Straße entlang in Richtung Millikan-Bücherei, dann wieder zurück zum Athenaeum. Einstein wunderte sich über eine alte Kanone, die mitten auf dem Campus stand. Ein Student sagte ihnen, daß die Kanone von den Caltech-Studenten vor Jahren von einem anderen Campus gestohlen wurde. Seither wird sie ständig bewacht, denn die Studenten des anderen Campus hatten angedroht, die Kanone zurückzuholen. Bislang war jedoch nichts passiert. Die Kanone zeigte direkt auf das Büro des Caltech-Präsidenten. Dieser wußte davon, nahm es aber gelassen hin, denn die Kanone war nicht geladen.

8. Kapitel

Die Naturkonstanten im Standardmodell

Es war schon spät am Nachmittag, als sich Einstein, Haller und Newton wieder in der Bibliothek des Athenaeum trafen, um die Diskussion fortzusetzen.

HALLER: Es gibt einen anderen wichtigen Grund, von der Interpretation der Leptonen und Quarks als punktartigen Massensingularitäten abzugehen. Und zwar ist es bis heute nicht gelungen, die Wechselwirkungen des Standardmodells mit der Gravitation zu einer einheitlichen Theorie zusammenzufügen. Dies liegt vor allem daran, daß die Gravitation in der von Herrn Einstein gegebenen Fassung Ausdruck einer Krümmung von Raum und Zeit ist.

EINSTEIN: Sehr richtig. Im Grunde ist die Gravitationskraft in meiner Relativitätstheorie gar keine richtige Kraft, sondern spiegelt nur die Krümmungsverhältnisse wider. Das führt aber auch gleich zu Problemen. Während etwa bei der elektromagnetischen Wechselwirkung der Übergang von der klassischen Theorie zur Quantentheorie ohne weiteres möglich ist, stellt dies im Fall der Gravitation ein bislang ungelöstes Problem dar. Ich jedenfalls hatte immer meine Probleme damit. Oder hat sich da etwas Neues ergeben?

HALLER: Leider nein, da muß ich Sie enttäuschen. Mit einer

Quantentheorie der Gravitation sieht es nach wie vor schlecht aus. Ist doch auch klar, denn die Quantentheorie würde zur Folge haben, daß Raum und Zeit Quanteneigenschaften bekommen. Raum und Zeit sind jedoch die Grundlagen, auf denen man aufbauen möchte. Das Standardmodell ist in Raum und Zeit formuliert. Wenn die jetzt auch noch durch die Quantentheorie sozusagen verstümmelt werden, was dann? Ich weiß es nicht, niemand weiß es. Aber trotzdem gibt es eine Reihe von Theoretikern, die sich damit beschäftigen. Ob sie aber auch wissen, was sie tun – keine Ahnung. Ich betrachte das bislang als Zeitverschwendung. Trotzdem kann man abschätzen, daß bei sehr kleinen Abständen, genauer bei etwa 10^{-33} cm, die durch die Quantentheorie bedingten Unschärfen die übliche Raum-Zeit-Struktur zerstören. Wenn ein Elektron also tatsächlich eine Massensingularität ist, dann wird sie bei der angegebenen, allerdings winzigen Distanz letztlich doch aufgeweicht. Nur weiß niemand, wie das Elektron dann wirklich aussieht.

Manche Theoretiker vermuten, daß die Leptonen und Quarks Manifestationen von kleinsten eindimensionalen Objekten sind, den »Superstrings«, wie man sie nennt. Ein kleines fadenförmiges Gebilde ist in der Tat weniger singulär als ein Punkt, und es hat sich herausgestellt, daß man mit Hilfe der »Superstrings« weniger Probleme hat, eine konsistente Theorie der Quantengravitation zu entwerfen. Allerdings muß man voraussetzen, daß die Raum-Zeit im Universum, die durch vier Dimensionen beschrieben wird, drei für den Raum, eine für die Zeit, auf zehn Dimensionen erweitert wird.

EINSTEIN: Oh Gott, nicht auch noch das, zehn Dimensionen, das klingt ja verrückt.

HALLER: Dies sieht nur vordergründig wie ein Konflikt mit der alltäglichen Beobachtung aus, denn man kann es so einrichten, daß nur vier der zehn Dimensionen makroskopisch wirksam sind, während die restlichen sechs sich nur bei sehr kleinen Distanzen, bei denen die Effekte der Gravitation wirksam werden, bemerkbar machen. Ein einfaches Modell kann dies veranschaulichen. Ein Blatt Papier wird eng zusammengerollt. Bei größerer Distanz sieht es dann wie ein eindimensionales Gebilde aus. Die zweite Dimension sieht man erst, wenn man Distanzen betrachtet, die vergleichbar mit der Dicke der Rolle sind. Analog stellt man sich vor, daß die sechs weiteren Dimensionen aufgerollt sind.

Sollte unser Raum tatsächlich im kleinen weitere Dimensionen besitzen, könnte man diese sogar benutzen, um Phänomene in der Teilchenphysik mit ihnen in Verbindung zu bringen. Bis heute ist nicht klar, warum die Natur die Zahl 3 bevorzugt, denn man beobachtet neben den drei Raumdimensionen drei Familien von Leptonen und Quarks, wobei die Quarks wiederum in drei verschiedenen »Farben« auftreten.

Dreimal kommt also die Zahl 3 zum Vorschein, und wir haben nicht die geringste Ahnung, warum das so ist.

EINSTEIN: Na, da könnte vielleicht die katholische Kirche etwas dazu sagen, denn die Katholiken mögen die Zahl 3 doch auch.

HALLER: Sie sind ein Witzbold. Das fehlte noch, daß die katholische Kirche da mit hereinspielt und der Papst am Ende den Physiknobelpreis bekommt.

Es könnte jedoch sein, daß diese Symmetriestrukturen direkt etwas mit den verborgenen Dimensionen zu tun haben, so daß letztlich die Phänomene der Elementarteilchen auf eine geometrische Weise erklärt werden können.

EINSTEIN: Na ja, wenn sich die neuen Dimensionen auf diese Weise manifestieren, von mir aus. Mein Freund Hermann

Weyl hat einmal ein Buch geschrieben mit dem Titel *Raum, Zeit, Materie*. Er wollte damit wohl etwas Ähnliches ausdrücken, nämlich daß sich die Materie als eine Art Fortsetzung von Raum und Zeit manifestiert. Er hat in seinem Buch auch herumgespielt mit zumindest einer weiteren Dimension. Allerdings, an sechs weitere Dimensionen hat er damals wohl nicht gedacht. Ich hielt die Weylsche Idee immer für eine Art Spinnerei und nahm sie nicht ernst, aber vielleicht sollte man der Sache doch eine Chance geben.
HALLER: Ob und wie ein solcher geometrischer Zugang zur Physik der Elementarteilchen je Erfolg haben wird, ist nach wie vor ein Geheimnis, ebenso wie die Struktur der Massen der Leptonen und Quarks, die zwar im Standardmodell unendliche kleine Objekte sind, dies aber in der Realität nicht sein können. Dieses Geheimnis wirft seine Schatten weit in das neue Jahrtausend voraus, etwa im Sinne von Bertolt Brecht, der im Jahre 1921 in sein Tagebuch schrieb: »Wo es kein Geheimnis gibt, gibt es keine Wahrheit.«
EINSTEIN: Nichts gegen Bertolt Brecht, den ich hochschätze, zumal er auch wie ich damals Deutschland mit diesem Verbrecher Hitler an der Spitze in Richtung USA verließ, aber die Vorstellung von den »Superstrings« kommt mir schon ziemlich seltsam vor. Ehrlich gesagt, ich glaube nicht daran. Die Natur muß irgendwie einfach sein, und die Theorie der »Superstrings«, also dieser kleinen Würmer, scheint mir das nicht zu sein.
NEWTON: Also, lieber Einstein, da kann ich Ihnen nicht zustimmen. Zumindest könnte es doch so sein. Schließlich sind die heutigen jungen Leute nicht dumm. Aber lassen wir das. Nun, ich muß schon gestehen, lieber Haller, daß zumindest die Entwicklung des Standardmodells schon etwas Aufregendes war und noch ist. Ich weiß vom Lesen, wie kurz nach dem Zweiten Weltkrieg die Teilchenphysik aus-

sah – kein Vergleich mit dem Standardmodell heute. Immerhin, mit diesem Modell kann man die ganze Welt beschreiben, ein ganz beachtlicher Fortschritt zumindest seit meinen *Principia*. Könnte ich heute eine Neuauflage der *Principia* machen, das Standardmodell wäre mit drin.

HALLER: Sicherlich, es ist eine großartige Theorie. Mit der Entwicklung der Eichtheorien für die elektroschwachen und starken Wechselwirkungen ist es gelungen, einfache Prinzipien für die Beschreibung der in der Natur wirkenden Kräfte zu finden. Dies bedeutet jedoch nicht, daß das heutige Modell dieser Wechselwirkungen einen Abschluß der physikalischen Grundlagenforschung darstellt, denn eine Reihe entscheidender Fragen wird innerhalb dieses Modells nicht beantwortet. Wohl die wichtigste Frage ist die nach der Herkunft der Teilchenmassen oder allgemeiner nach der Herkunft der Naturkonstanten.

EINSTEIN: Genau, Sie sprachen doch schon davon, daß man eine ganze Reihe solcher Konstanten braucht. Da wird die Theorie schon weniger attraktiv. Wieviele Konstanten sind denn am Ende im Spiel?

HALLER: Wir haben zwar schon einiges gesagt über Naturkonstanten, aber noch nichts über jene Konstanten, die auch da sind, uns aber so in Fleisch und Blut übergegangen sind, daß wir sie gar nicht als Konstanten empfinden, ich meine die Anzahl der Dimensionen des Raumes und der Zeit.

NEWTON: Wir wissen alle, daß der Raum drei Dimensionen hat, aber kann die Zeit mehr als eine Dimension haben?

EINSTEIN: Warum nicht, denn die Zeit ist doch eine von vier Dimensionen der Raum-Zeit. Im Prinzip könnten wir auch zwei Zeiten haben oder drei. Allerdings möchte ich in so einer Welt eher nicht leben, schon bei zwei Zeitdimensionen wäre das Führen des Terminkalenders etwas aufwendig. Ich habe da schon bei einer Zeitdimension meine Probleme.

HALLER: Als Kind überlegte ich mir, daß das Newtonsche Gesetz der Gravitation doch ganz leicht zu verstehen ist. Das Abfallen der Kraft mit $1/R^3$ ist ja korreliert mit der Oberfläche einer Kugel, die mit R^3 zunimmt. Später hörte ich: Dieser Zusammenhang wurde zuerst von Immanuel Kant bemerkt, der nicht nur ein großer Philosoph war, sondern auch ein guter Naturwissenschaftler und ein großer Bewunderer von Ihnen, Mr. Newton.

Kant sah auch, daß das Newtonsche Gesetz ein Abfallen wie $1/R^3$ beinhalten würde, wenn der Raum vier Dimensionen hätte. Immerhin, Kant bemerkte als erster, daß ein enger Zusammenhang zwischen der Anzahl der Dimensionen und der Gestalt der Naturgesetze existiert – für einen Philosophen eine bemerkenswerte Einsicht.

EINSTEIN: Allerdings, für einen Philosophen ist das überaus beachtlich. Die meisten Philosophen wissen doch noch nicht einmal, daß unser Raum drei Dimensionen hat. Kant hat den falschen Beruf gewählt. Er hätte lieber Physiker werden sollen.

Aber jetzt zu den Dimensionen, zunächst zu denen des Raumes. Unser dreidimensionaler Raum hat ja besondere Eigenschaften. Bereits Plato schrieb, daß der Übergang von zwei auf drei Dimensionen bemerkenswert ist.

In zwei Dimensionen gibt es eine unendliche Zahl von regulären Polygonen, also von Dreiecken, Vierecken, Fünfecken usw., nicht jedoch in drei Dimensionen. Reguläre dreidimensionale Polyhedra gibt es nur fünf: das Tetraeder mit vier Dreiecken als Seitenflächen und vier Ecken, den Würfel mit sechs Quadraten und acht Ecken, das Oktaeder mit acht Dreiecken und sechs Ecken, das Dodekaeder mit zwölf Fünfecken und 20 Ecken und das Ikosaeder mit 20 Dreiecken und zwölf Ecken, mehr gibt es nicht. Gäbe es noch mehr Dimensionen, wären die Restriktionen noch viel einschränkender.

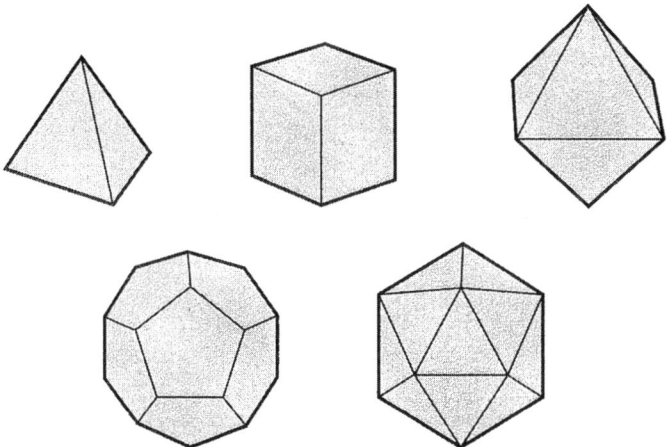

Abb. 8.1 Die fünf Platonischen Körper

Mein Freund Paul Ehrenfest bemerkte um 1917, daß eine stabile Planetenbahn nur in drei Dimensionen möglich ist, nicht in mehr. Auch erkannte er, daß in einer Welt mit mehr als drei Dimensionen keine stabilen Atome existieren würden.

HALLER: Richtig, allerdings gilt dies nur, wenn die neuen Dimensionen wirklich da wären, aber wir sehen sie ja nicht, sie sind aufgerollt. Man verknüpft diese neuen Dimensionen gern mit den Freiheitsgraden, die wir in der Physik haben, etwa mit der Anzahl der Quarks und Leptonen.

Aus diesem Grunde addiert man gern sechs weitere Dimensionen hinzu und hat dann schließlich einen Raum mit zehn Dimensionen, von denen eine die Zeit ist.

EINSTEIN: Wie soll denn das im Detail gehen? Kann man dann auch etwas ausrechnen, etwa die Massen der Quarks und Leptonen?

HALLER: Leider sind diesbezüglich die Theorien noch viel zu wenig ausgefeilt. Ob sie stimmen, weiß man ohnehin nicht, aber es ist schon interessant, am Ende ein rein geometrisches Bild der Welt zu erhalten. Alles ist dann im Raum oder in der Raum-Zeit enthalten. Das wäre doch etwas für Sie, da Sie die geometrischen Aspekte unserer Welt immer so geliebt haben.

EINSTEIN: Ich habe auch gar nichts dagegen. Nur sollte es auch etwas bringen, irgendeine neue Einsicht. Aber so weit ist man wohl noch nicht.

HALLER: Leider nein. Deshalb ist der ganze Zugang noch nicht wirklich als positiv zu werten, vielleicht ist man da auch auf der falschen Spur. Forschen bedeutet manchmal auch, falsche Wege zu gehen, nur müssen wir verhindern, daß man zu lange auf der falschen Spur bleibt. aber da helfen meist nur neue Experimente. Gott sei Dank haben wir die, sonst wären wir Physiker völlig verloren.

Wir kommen aber jetzt zum Problem der Naturkonstanten. Wieviele freie Naturkonstanten hat man also im heutigen Standardmodell? Dabei gehe ich davon aus, daß wir drei Raumdimensionen und eine Dimension der Zeit annehmen und diese nicht als Naturkonstanten führen. Gehen wir also systematisch vor.

EINSTEIN: Moment. Es gibt doch im Standardmodell eine ganze Reihe von Teilchen, die wir überhaupt nicht für unser tägliches Leben benötigen, etwa das Myon oder die b-Quarks. Um gut zu essen oder zu schlafen, brauche ich kein Myon. Ich finde es ganz richtig, daß Rabi fragte: »Das Myon, wer hat denn das bestellt?«

Nehmen wir einmal an, wir vergessen diese und betrachten nur die Teilchen, die wir wirklich brauchen, also die u- und d-Quarks, die Elektronen, alle Kraftteilchen, also die Photonen, Gluonen, W- und Z-Teilchen. Mehr erlaube ich erst einmal nicht. Wieviele Konstanten hat man dann? Das dürften doch gar nicht so viele sein.

HALLER: Das können wir uns schnell überlegen. Zunächst möchte ich jedoch noch die eine Konstante hinzunehmen, die unser Freund Newton eingeführt hat, die Konstante der Gravitation. Im Standardmodell kommt sie zwar nicht direkt vor, aber wir sollten darauf nicht verzichten.

EINSTEIN: Einverstanden, Gravitation ist sicher wichtig, außerdem wäre unser Freund Newton ganz verärgert, wenn wir ausgerechnet seine Konstante, die schließlich die erste war, die man in der Physik einführte, draußenlassen. Außerdem habe ich die Konstante schließlich in meiner Allgemeinen Relativitätstheorie auch benutzt. Es ist die einzige Konstante, die in meiner Theorie vorkommt. Sie sehen also, in meinen Theorien war ich mit Konstanten immer sehr sparsam, mehr als eine hatte ich nie.

HALLER: Dann haben wir also die Gravitationskonstante, weiter die Feinstrukturkonstante, die Masse vom Elektron und die Massen der beiden Quarks, das macht fünf Konstanten. Diese Konstanten beschreiben die stabile Materie. So schlecht ist das nicht.

Aber damit sind wir noch nicht am Ende. Wir müssen noch die schwachen Wechselwirkungen betrachten. Hier haben wir ein Analogon der Feinstrukturkonstante und den bereits erwähnten Mischungswinkel sowie schließlich die Masse der W-Teilchen. Hinzu kommt das Analogon der Feinstrukturkonstante für die starke Wechselwirkung. Das macht dann insgesamt neun Konstanten.

Und im Grunde müßte ich noch zwei Konstanten dazunehmen, die für den Higgs-Mechanismus gebraucht werden, aber darauf wollen wir jetzt mal verzichten, zumal wir auch nicht wissen, ob dieser Mechanismus wirklich in der Natur funktioniert.

NEWTON: Das ist doch schon eine ganze Menge. Von einer fundamentalen Theorie hätte ich gedacht, daß die Anzahl der freien Parameter viel geringer ist. Immerhin, alle diese neun oder auch mehr Parameter müssen durch Experimente festgelegt werden. Die Theorie bringt da gar nichts.

HALLER: In der Tat, die neun Parameter müssen durch Experimente bestimmt werden, und sie wurden es auch. Aber lassen Sie mich jetzt noch etwas sagen zu dem bereits erwähnten Higgs-Mechanismus, mit dessen Hilfe die Massenparameter in die Theorie kommen.

Der Mechanismus wurde ursprünglich in den sechziger Jahren eingeführt, um in der Theorie die Massen der W-Teilchen einzuführen. Es erwies sich nämlich, daß man die Massen dieser Teilchen nicht einfach in die Theorie hineinschreiben kann. Wenn man dies tut, zerstört man die Methode der Renormierung, die so erfolgreich in der Quantenelektrodynamik war.

Wenn man jedoch die Massen mit Hilfe des Higgs-Mechanismus einführt, erreicht man, daß man sie einführen kann, ohne daß die Renormierung zerstört wird. Das liegt daran, daß die Massen als Folge einer gebrochenen Symmetrie zustande kommen, wie vorhin beim Beispiel mit dem mexikanischen Hut beschrieben. Wenn die Symmetrie exakt ist, haben die W-Teilchen keine Masse. Wird die Symmetrie gestört, kommen die Massen herein, aber sozusagen durch die Hintertür, und die Renormierung bleibt erhalten. Zudem kommen die Massen automatisch so heraus, wie wir sie brauchen, insbesondere die Photonen bleiben masselos.

EINSTEIN: Gut und schön, aber überzeugt bin ich nicht. Aber wie steht es nun etwa mit der Elektronenmasse? Wie kommt die denn nun herein?

HALLER: Hier wird es ganz einfach gemacht. Das hypothetische Higgs-Feld hat auch eine Wechselwirkung mit dem Elektron, und durch diese Wechselwirkung wird die Masse erzeugt.

NEWTON: Heißt das, Sie können die Elektronenmasse wirklich ausrechnen?

HALLER: Leider nein, man kann die Elektronenmasse nur auf die genannte Wechselwirkung zurückführen und damit etwas aussagen über die Stärke der Wechselwirkung. Die Elektronenmasse verbleibt als ein freier Parameter, leider. Im übrigen kann über die Elektronenmasse niemand etwas sagen. Das haben wir bereits erwähnt. Seit Ende des 19. Jahrhunderts ist diese Masse bekannt, aber sie ist und bleibt ein Mysterium.

EINSTEIN: Das klingt nicht gerade berauschend, ein freier Parameter ersetzt einen anderen. Am Ende haben Sie eine Theorie, die im Grunde bezüglich der fundamentalen Parameter überhaupt nichts aussagt. Ich vermute, daß die Theorie nicht der wahre Jakob ist, vielleicht eine Art Vorstufe dahin, aber nicht die ganze Wahrheit, das wohl nicht.

HALLER: Ich hoffe, Sie haben recht, denn ich denke ebenso. Sie sehen aber auch, daß im Higgs-Mechanismus ein großer Teil der freien Parameter steckt. Ob der Mechanismus überhaupt stimmt, wissen wir nicht. Wir hoffen sehr, daß man mit Hilfe des LHC-Beschleunigers ab 2007 etwas darüber sagen kann. Die Experimentalisten hoffen, daß sie mit dem LHC etwa das Higgs-Teilchen finden. Nun, wir werden sehen, ob das stimmt.

Persönlich habe ich hier einige Zweifel, da ich denke, daß die Sache mit der Massenerzeugung doch etwas anders liegt, vielleicht nicht komplizierter, eventuell sogar einfacher, aber anders. Nur habe ich keine Ahnung, wie das im Detail vor sich gehen könnte, und ich kenne auch niemanden, der eine solche hat. Aber es wäre schließlich nicht das erste Mal, daß wir erst durch neue Experimente auf neue Ideen kommen.

Aber nehmen wir einmal an, der Mechanismus ist etwa so, wie viele der Theoretiker glauben. Dann können wir etwas über die fundamentalen Parameter sagen, und zwar in der wirklichen Theorie, nicht in der von Einstein vorhin diskutierten minimalen Version mit nur zwei Quarks, auch wenn er mit dieser minimalen Version gut leben kann.

Wir haben da erst einmal die sechs Parameter für die Massen der sechs Quarks. Hinzu kommen die Massen der drei geladenen Leptonen, also die Masse des Elektrons, des Myons und des τ (Tau)-Leptons. Nun ist es jedoch so, daß bei den schwachen Wechselwirkungen nicht die Quarks oder die Leptonen als massive Teilchen mitmachen, sondern es treten die Mischungen auf, die man mit Hilfe von Mischungswinkeln beschreiben kann.

Niemand weiß, wieso diese Mischungen überhaupt da sind, aber so ist es nun mal. Ich könnte ganz gut ohne sie leben. Bei drei Quarks hat man übrigens drei Mischungswinkel.

NEWTON: Aha, das ist dann so wie bei den Drehungen von Vektoren im Raum. Die kann man auch durch drei Winkel beschreiben, die in diesem Fall als Eulersche Winkel bezeichnet werden, benannt nach Leonhard Euler.

HALLER: Ja, das ist ganz analog. Nur handelt es sich bei den Quarks um komplexe Felder im Sinne der Quantenfeldtheorie, also Felder, die mit komplexen Zahlen verknüpft sind, und deshalb kommt da noch ein komplexer Parameter vor, der im übrigen für die Physik wichtig ist – er beschreibt die Verletzung der sogenannten CP-Symmetrie.

EINSTEIN: Um Gottes willen, was ist denn das?

HALLER: Im Grunde handelt es sich dabei um eine einfache Symmetrie. Wenn wir in der Physik von den Teilchen zu den Antiteilchen übergehen, machen wir eine sogenannte C-Transformation – C kommt vom Englischen »charge«. Zugleich können wir noch eine Transformation der Parität durchführen, eine P-Transformation, das heißt, wir vertauschen rechts mit links. Das Resultat ist eine CP-Transformation, von der man früher, nach der Entdeckung der Nichterhaltung der Parität, annahm, daß sie in der Natur exakt erhalten ist. Die C-Transformation allein ist es übrigens nicht, sie wird ja durch die schwache Wechselwirkung verletzt, ebenso wie die P-Transformation, aber die CP-Symmetrie könnte erhalten sein.

Jedoch auch die CP-Symmetrie ist in der Natur etwas verletzt, aber immerhin viel schwächer als P oder C. Im Standardmodell kann man diese Verletzung einfach durch einen komplexen Parameter beschreiben, und es scheint so, daß die Natur auf diese Weise beschrieben werden kann. Jedenfalls können wir die experimentellen Resultate bis heute durch eine solche Theorie beschreiben. Warum dies so gut geht, weiß allerdings niemand.

EINSTEIN: Trotzdem klingt das kompliziert. Warum ist denn die CP-Symmetrie überhaupt verletzt? Was hat sich denn der Alte dabei wieder gedacht? Oder hat er die Verletzung gar aus Versehen eingeführt, nach einer Flasche Burgunderwein?

HALLER: Was Gott sich dabei gedacht hat, weiß vielleicht höchstens der Teufel. Jedenfalls wissen wir schon seit den sechziger Jahren, daß die Symmetrie verletzt ist. Die Verletzung wurde 1964 in Chicago beobachtet, rein zufällig. Niemand glaubte damals, daß man etwas finden wird, aber man fand die Verletzung. Sie ist auch wichtig für die Kosmologie, aber darüber wollen wir jetzt nicht reden.

Nun, wenn wir den komplexen Parameter noch dazunehmen, haben wir sechs Quarkmassen, drei Mischungswinkel und den erwähnten Parameter. Das macht insgesamt zehn Parameter.

EINSTEIN: Wie sieht es denn mit den Massen der Neutrinos aus? Sind die auch parallel zu den Quarkmassen?

HALLER: Nein, in keiner Weise. Pauli dachte zwar zu seiner Zeit, daß sein Neutrino eine kleine Masse haben sollte, aber die Physiker fanden in den Experimenten keine Hinweise auf eine Masse. In den siebziger und achtziger Jahren nahmen die meisten Theoretiker an, daß die Neutrinos einfach masselos sind, und zwar alle drei Neutrinos. Persönlich hatte ich da immer meine Zweifel, und ich dachte verschiedentlich über mögliche Effekte von Neutrinomassen nach.

Ein interessanter Effekt sind die Neutrinooszillationen. Sie kommen zustande, wenn es auch im Neutrinosektor wie im Quarksektor das Phänomen der Mischungen gibt. Ein Neutrino, das etwa im Betazerfall des Neutrons emittiert wird, braucht da kein reiner Massenzustand zu sein, sondern kann eine Mischung von zwei oder drei Massenzuständen sein. Wenn sich das Neutrino dann durch den Raum bewegt, fliegen die verschiedenen Massenzustände mit etwas verschiedenen Geschwindigkeiten, und wenn dann dieses Neutrino wieder eine Wechselwirkung macht, agiert es manchmal wie ein anderes Neutrino, da sich seine Massenzusammensetzung geändert hat. Zum Beispiel kann ein Myon-Neutrino ein Elektron-Neutrino werden und umgekehrt.

In den siebziger Jahren hielt ich oft Vorträge darüber, und ich versuchte die Experimentalphysiker zu überzeugen, ernsthafte Versuche in diese Richtung zu machen. Dabei hatte ich auch Erfolg. So konnte ich Professor Mößbauer in München davon überzeugen, eine ganze Serie von Experimenten zu machen, anfänglich am Reaktor in Grenoble in Frankreich, später am Reaktor bei Gösgen in der Schweiz. Nur ergaben die Experimente damals keine Effekte.

Dies hat sich jedoch seit dem Jahre 2001 geändert. In verschiedenen Experimenten hat man seither die Neutrinooszillationen nachweisen können, allerdings mit Neutrinos, die nichts kosten, weil sie aus dem All kommen, eine Art kosmische Neutrinostrahlung. Allerdings ergeben die Experimente eine sehr kleine Masse für die Neutrinos. Sie liegt etwas unter einem Elektronenvolt.

NEWTON: Hallo, das ist doch beachtlich wenig, eigentlich fast nichts. Die Masse des Elektrons ist ja auch schon recht klein, aber immerhin noch 512 Elektronenvolt.

HALLER: Ja, die Masse ist in der Tat sehr klein, deshalb hat es auch lange gedauert, bis man den Effekt fand. Viele Theoretiker denken deshalb auch, daß es mit der Masse der Neutrinos etwas Besonderes auf sich hat. Die Neutrinomassen scheinen jedenfalls abnormal zu sein. Es gibt spezifische Theorien, die diese Abnormalität beinhalten, aber das wollen wir hier nicht näher betrachten.
Wenn wir jetzt die Sache analog zu den Quarks aufziehen, haben wir vier weitere Parameter, drei Winkel und einen komplexen Parameter. Es gibt auch kompliziertere Theorien, in denen es noch zwei weitere Parameter gibt. Allerdings ist experimentell bislang darüber nicht sehr viel bekannt. Auffällig ist nur, daß im Gegensatz zu den Quarks, wo die Mischungswinkel recht klein sind, die Mischungswinkel bei den Neutrinos groß sind, einer davon könnte sogar maximal sein, also 45 Grad. Also, die Massen sind sehr klein, die Winkel aber groß, sehr merkwürdig.

EINSTEIN: Das ist lustig. Der Parallelismus zwischen Quarks und Leptonen ist schließlich dann nicht sehr gut, wenn die Winkel groß sind. Könnten die großen Winkel nicht auf eine besondere Symmetrie hindeuten, die etwas mit den Neutrinos zu tun hat?

HALLER: Ja, das hat man auch schon betrachtet. Aber sicher ist man sich nicht.

EINSTEIN: Aber gehen wir einmal weiter in die Richtung. Wir haben dann also mindestens zehn Parameter für die Leptonen. Wie sieht es mit den weiteren Parametern aus?

HALLER: Also, im Moment sind wir bei 20 angelangt. Jetzt kommen dazu die vier Parameter für die Wechselwirkungen: starke, elektromagnetische und schwache Wechselwirkung, wobei die letztere zwei Konstanten hat, eine für die normale schwache Wechselwirkung, eine für die Wechselwirkung des Z-Teilchens. Das macht bisher 24 Parameter, also schon eine ganze Menge.

Jetzt kommen aber noch zwei weitere Konstanten dazu, die bislang nur in der Theorie existieren, und zwar der Parameter, der für die Massen von W und Z verantwortlich ist, und ein Parameter, der nur die Wechselwirkung des hypothetischen Higgs-Teilchens beschreibt. Die Masse des Higgs-Teilchens ist übrigens kein neuer Parameter, sondern läßt sich durch die anderen bestimmen, zumindest im einfachsten Modell. Das wären dann 26 Parameter plus die Gravitationskonstante, das macht 27 Parameter, und die müssen alle experimentell bestimmt werden.

EINSTEIN: Das macht mir langsam Kopfschmerzen, sogar ziemlich heftige: 27 Parameter, also 27 Zahlen, die die Experimentalphysiker bestimmen müssen. Eine tolle Theorie ist das nicht gerade. Sie macht den Experimentalphysikern doch eine Menge Arbeit. Gott hat sich da etwas Seltsames ausgedacht. Eine geradezu verrückte Welt hat er geschaffen. Ich hätte das schon etwas einfacher gemacht, zum Beispiel durch Weglassen der schweren Quarks, auch des Myons, des Tau-Leptons und der dazugehörigen Neutrinos, aber mich hat ja niemand gefragt.

HALLER: Das glaube ich Ihnen gern, nur ob Ihre Welt dann auch funktioniert hätte, das ist wohl die Frage.

EINSTEIN: Warum denn nicht? Ich habe mein Leben gelebt, ohne daß mir je ein Myon oder ein b-Quark in die Quere gekommen wäre. Wie gesagt, ohne Myon kann ich auch ganz gut leben, und ohne das t-Quark ohnehin, diesen Riesen von Quark.

NEWTON: Noch ist die Frage offen, ob das Standardmodell nur eine Art Vorstufe zur Wahrheit ist. Es könnte doch sein, daß es noch weitere Wechselwirkungen gibt und es sich dann herausstellt, daß zumindest einige der angeblich freien Parameter doch festgelegt und damit berechenbar sind. Und vielleicht findet man schließlich auch, daß es ohne Myon oder t-Quark doch nicht geht, Mr. Einstein.

HALLER: Mr. Newton hat recht. Es gibt heute schon einige Versuche, dieses Programm zu verwirklichen. Einer ist besonders populär, und auf den möchte ich kurz eingehen.

EINSTEIN: Na, dann schießen Sie mal los. Welche Verallgemeinerung des Standardmodells haben Sie denn im Sinn?

HALLER: Also nicht so schnell, zumal wir bei diesem heiklen Thema die beobachtete Welt der Elementarteilchen verlassen müssen. Wir begeben uns in rein theoretische Gefilde, und niemand weiß, ob es wirklich Sinn macht. Jetzt aber ist Zeit für das Abendessen. Ich schlage vor, wir brechen hier erst einmal ab. Wir treffen uns im Restaurant.

EINSTEIN: Das ist eine gute Idee. Nach all diesen vielen Naturkonstanten habe ich direkt einen großen Hunger bekommen auf ein schönes Steak oder einen guten Fisch.

Und so geschah es. Einstein, Haller und Newton trafen sich bald im Restaurant des Athenaeum.

9. Kapitel

Die Große Vereinigung

Am nächsten Morgen nahmen die drei Physiker ein ausgiebiges amerikanisches Frühstück im Athenaeum ein, und danach trafen sie sich wieder in der Bibliothek. Haller kam sofort auf die Naturkonstanten zurück.

HALLER: Also noch einmal zu unseren geliebten und völlig obskuren Konstanten. Ich komme nun zur Einbettung des Standardmodells in eine größere Theorie, wie sie von Fritzsch und seinem Kollegen aus der Schweiz, P. Minkowski, vorgeschlagen wurde. Diese Theorie könnte sogar stimmen.

EINSTEIN: Na, dann schießen Sie mal los. Welche Verallgemeinerung des Standardmodells haben Sie denn im Sinn? Mir fällt da nichts rechtes ein. Das Standardmodell ist doch anscheinend ganz in Ordnung, auch wenn es mir etwas obskur erscheint. Der wahre Jakob ist das wohl nicht.

HALLER: Also nicht so schnell, zumal wir bei diesem heiklen Thema die beobachtbare Welt der Elementarteilchen verlassen müssen. Wir begeben uns in rein theoretische Gefilde, und niemand weiß, ob es dann wirklich Sinn macht, was wir tun. Vielleicht sind wir da auch völlig auf dem Holzweg. Also, es handelt sich um die Einbettung der elektroschwachen und starken Wechselwirkungen in eine größere Theorie. Lassen Sie mich zunächst auf ein Problem des Standardmodells hinweisen. Es gibt offensichtlich zwischen der Ladung des Elektrons und den Ladungen der Quarks einen tiefen Zusammenhang. Nur ist der im Standardmodell eben nicht vorhanden, wie wir schon verschiedentlich bemerkt haben. Im Grunde könnten wir es leicht arrangieren, daß die Ladungen der Quarks ganz komisch sind, sagen wir $-1/13$ der Ladung des Elektrons für die Ladung des u-Quarks oder $2/\pi$ statt $2/3$.

EINSTEIN: Hallo, dann haben Sie aber eine komische Ladung für das Proton, und das Wasserstoffatom wäre auch nicht mehr neutral – eine komische Welt. In der möchte ich nicht leben, könnte ich auch gar nicht.

HALLER: Sicher, das wäre eine ganz komische Welt. Aber man kann sie sich schon vorstellen; zumindest für Sie, Mr. Einstein, wäre das durchaus machbar, denke ich. Wenn man die Sache näher untersucht, findet man, daß das Problem mit der Struktur der elektroschwachen Wechselwirkungen zusammenhängt. In ihr kommt eine Symmetrie vor, die man in der Physik als Isospin bezeichnet. In der elektroschwachen Theorie sprechen wir dann vom schwachen Isospin, den wir schon erwähnten. Die Leptonen und Quarks treten als Dupletts in diesem Isospin auf.

Bei der starken Wechselwirkung haben wir auch eine Symmetrie, die wir schon betrachtet haben, die Farbsymmetrie der Quarks, die durch die Symmetrie SU(3) beschrieben wird. Wenn es gelingen würde, beide Symmetrien, also die der starken und die der elektroschwachen Wechselwirkung, zusammenzufassen, würden die Ladungen der Teilchen festgelegt.

In den siebziger Jahren haben Fritzsch und Minkowski sich das näher angeschaut und kamen zu dem Schluß, daß mit der Gruppe SO(10) ein guter Kandidat für eine Symmetrie gegeben wäre.

EINSTEIN: Hoppla, die Gruppe SO(10), wer hätte das gedacht, Rotationen in einem zehndimensionalen Raum, das ist endlich etwas ganz Neues. Das ist schon eine seltsame Gruppe. Wie kam man denn darauf?

HALLER: Damals besuchten Fritzsch und Minkowski im Sommer das Physics Center in Aspen in Colorado. Das ist eine sehr schön gelegene Anlage mitten in den Rocky Mountains. Die Physiker gehen oft dorthin, um Ferien und Arbeit zu verbinden. Für Physiker ist das meist recht einfach, denn Arbeit ist für sie schließlich nichts als ein Vergnügen.

EINSTEIN: Ich habe gar nichts dagegen, für mich gilt das auch, nur könnte ein Politiker auf die glorreiche Idee kommen, daß Physiker eigentlich gar kein Gehalt bekommen, sondern sogar für ihre Arbeit etwas bezahlen sollten, denn Vergnügen sollte schließlich bezahlt werden – mit Steuern.

HALLER: Also gut, vergessen wir das schnell. Bei Politikern ist es aber auch nicht viel anders, die müßten dann auch für ihre Arbeit bezahlen. Für Physiker ist es also harte Arbeit, an den Theorien herumzufeilen.

Aber nun weiter im Vergnügen. Eines Tages beschloß Fritzsch, allein eine Tour in Richtung des American Lake bei Aspen zu unternehmen. Auf dem Rückweg machte er einen weiten Umweg durch die Wildnis. Irgendwann am Nachmittag setzte er sich in den Wald und dachte über die Wechselwirkungen nach. Insbesondere wollte er die Leptonen und die Quarks zusammenfassen, und das gelingt besonders gut, wenn man die Symmetrie der Farben in der QCD erweitert und die Leptonen als eine Art vierter Farbe interpretiert. Das geht natürlich nur formal, und die entsprechende Symmetrie muß in der Natur stark gebrochen sein, sonst gäbe es auch keine freien Leptonen in der Natur, und die gibt es ja, das wissen wir genau.

Wenn man die Symmetrie von drei auf vier Farben erhöht, also die Leptonen miteinbezieht, hat man die Gruppe SU(4), also die Symmetrie eines vierdimensionalen komplexen Raumes. Übrigens, eine Gruppe ist ein mathematischer Begriff, der leicht zu verstehen ist. Es ist ein Satz von Symbolen, bei dem das Produkt zweier solcher Symbole ganz abstrakt definiert ist. Ein einfaches Beispiel sei die Gruppe der ganzen Zahlen. Die Summe zweier Zahlen ist jeweils eine dritte Zahl. Das Produkt zweier Symbole, also in diesem Fall zweier Zahlen, wäre dann einfach die Summe der zwei Zahlen.

EINSTEIN: Ich weiß zwar, was eine Gruppe ist, aber Newton weiß es nicht. Nehmen wir einmal, Mr. Newton, als Beispiel die Gruppe SO(3). Das ist die Gruppe von Drehungen in unserem dreidimensionalen Raum, die durch die Eulerschen Winkel beschrieben werden. Zwei Drehungen, hintereinander ausgeführt, ergeben wieder eine Drehung. Bei der Gruppe SU(4) hat man auch Drehungen, aber Drehungen in einem vierdimensionalen komplexen Raum, also einem Raum, aufgespannt durch vier komplexe Zahlen. Das ist ganz schön kompliziert.

NEWTON: Das verstehe ich schon. Also, Sie haben jetzt die Gruppe SU(4), die Leptonen und Quarks beschreibt. Und was machen Sie nun damit?

EINSTEIN: Da fällt mir noch etwas ein. Von meinem Freund Hermann Weyl lernte ich, daß die Gruppe SU(4) etwas Besonderes ist, sie ist nämlich isomorph, also praktisch gleich der Gruppe SO(6), wird somit durch normale Drehungen beschrieben, allerdings in einem sechsdimensionalen Raum, beschrieben durch ganz normale, also reelle Zahlen. Aber hat das etwas mit der Gruppe SO(10) zu tun?

HALLER: Darauf komme ich gleich, aber vorher wollte ich noch die schwachen Wechselwirkungen erwähnen. Bei diesen Wechselwirkungen spielt die Gruppe SU(2) eine Rolle, das ist die Gruppe von Drehungen in einem zweidimensionalen komplexen Raum, dem schon erwähnten schwachen Isospin. Wenn man die schwachen und die elektromagnetischen Wechselwirkungen zusammenfaßt, erweist es sich jedoch, daß man am besten eine etwas größere Gruppe, die SU(2) × SU(2), betrachten sollte, einmal für die linkshändigen Fermionen, einmal für die rechtshändigen.

EINSTEIN: Mr. Newton, das ist die Gruppe, die man bekommt, wenn man Drehungen in zwei Dimensionen macht, aber dasselbe zweimal. In diesem Fall sind also zum einen die linkshändigen und zum anderen die rechtshändigen Fermionen gemeint. Bei dieser Gruppe fällt mir wieder Hermann Weyl ein, der immer betonte, daß die Gruppe SU(2) × SU(2) weiter nichts ist als die Gruppe SO(4), die Drehungen in einem normalen Raum, allerdings mit vier reellen Dimensionen, beschreibt.

HALLER: Lieber Herr Einstein, jetzt haben Sie fast alles in der Hand. Genauso dachte Fritzsch damals auf der Wanderung bei Aspen. Zum einen hatte er die Gruppe SO(6), zum anderen die Gruppe SO(4). Leider hatte er damals kein Papier und keinen Bleistift dabei, aber er setzte sich an den Rand des Weges und schrieb mit einem Stock in den Sand: SO(4) × SO(6): SO(10). Plötzlich war die Gruppe SO(10) im Raum, genauer im Sand, und diese Gruppe verfolgte ihn noch den ganzen Tag und auch den folgenden.

Es stellte sich nun heraus, daß die Leptonen und Quarks in der Tat durch die Gruppe SO(10) beschrieben werden können. Fritzsch hat dies am nächsten Tag mit Minkowski erarbeitet. Man sieht das folgendermaßen.

Nehmen wir einmal nur die u- und d-Quarks, das Elektron

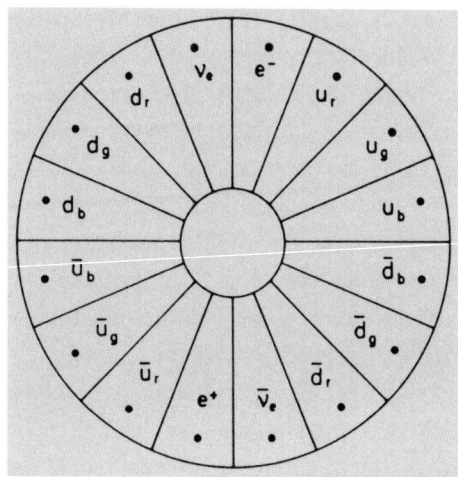

Abb. 9.1 Die Teilchen als 16dimensionale Einheit, beschrieben durch die Gruppe SO(10)

und sein Neutrino und die entsprechenden Antiquarks, also die Teilchen der ersten Familie. Wieviele Teilchen sind das? Es sind 16, wenn man die Farben der Quarks mitzählt und die Antiteilchen mitbetrachtet: drei für u, drei für anti-u, drei für d, drei für anti-d, eines für das Elektron, eines für das Positron, eines für das Neutrino und eines für das Antineutrino. Lassen Sie mich alle diese Teilchen in einen großen Kreis schreiben.

Wir stellen uns jetzt vor, daß Wechselwirkungen existieren, die in der Lage sind, alle diese 16 Teilchen ineinander zu verwandeln. Die Wechselwirkungen des Standardmodells sind ja von dieser Art. Ein W-Teilchen verwandelt zum Beispiel ein u-Quark in ein d-Quark. Die Gruppe SO(10) beschreibt genau, wie diese Wechselwirkungen beschaffen sind.

EINSTEIN: Ich habe da aber ein Problem. Die 16 Teilchen, die Sie gerade erwähnt haben, enthalten Elektronen, Positronen und Quarks. Es gibt dann unter den Wechselwirkungen auch solche, die Quarks in Elektronen oder Positronen verwandeln, und das ist ein Problem. Im Grunde könnte dann ein Proton, das aus drei Quarks besteht, in ein Positron und ein Gammaquant zerfallen. Und das ist doch ein Problem, oder?

HALLER: Ich bin erstaunt, Mr. Einstein, Sie haben das Problem genau erfaßt. In der Tat, es gibt solche Wechselwirkungen, und es gibt nur eine Möglichkeit, diese zu unterdrücken: Die Masse der Teilchen, die diese Wechselwirkungen machen, muß genügend groß sein. Es ist leicht, dies auszurechnen, es kommt heraus, daß die Masse wirklich sehr groß sein muß, etwa 10^{16} GeV.

EINSTEIN: Oh Gott, das ist ja riesig. Das ist fast die Masse eines Bakteriums, wenn man meine Masse-Energie-Beziehung benutzt. Macht denn das überhaupt noch Sinn? Die Masse ist fast unanständig hoch.

NEWTON: Warum nicht? Man hat dann halt eine stark unterdrückte Reaktion.

HALLER: Dennoch hat Mr. Einstein schon recht mit seiner Bemerkung. Als ich vor langer Zeit etwas hörte über eine so große Energie, war ich auch skeptisch, aber mittlerweile habe ich mich daran gewöhnt. Wir können es in der SO(10)-Theorie so einrichten, daß die normalen Wechselwirkungen mit den vergleichsweise kleinen Massen der Teilchen oder den masselosen Kraftteilchen herauskommen, aber alle neuen Wechselwirkungen müssen durch die sehr großen Massen unterdrückt sein.

EINSTEIN: Das klingt ganz vernünftig, aber trotzdem habe ich ein Problem mit der sehr hohen Masse. Aber jetzt zu den stark unterdrückten Reaktionen. Sie sagen, die sind zwar stark unterdrückt, aber doch nicht völlig. Heißt dies, daß die Experimentalphysiker nach Protonzerfällen suchen sollten?

HALLER: Genau, und dies ist auch passiert. Bereits in den siebziger Jahren fingen die Physiker an, große Detektoren zu bauen und nach dem Protonzerfall zu suchen. Ein interessanter Zerfall, der auch in der SO(10)-Theorie vorkommt, ist der spontane Zerfall eines Protons in ein neutrales Meson und ein Positron. Das Resultat ist also ein instabiles Teilchen, bestehend aus einem Quark und Antiquark, und ein Positron. Das Letztere trägt gewissermaßen die Ladung des Protons davon.

EINSTEIN: Nun, jetzt wird es spannend. Hat man etwas gefunden?

HALLER: Zunächst wollte ich noch erwähnen, daß man mit sehr einfachen Mitteln etwas über die Lebensdauer des Protons aussagen kann. Würden Protonen mit einer Lebensdauer von etwa 10^{18} Jahren zerfallen, hätten wir alle ein Problem. Wir würden die Zerfälle in unseren Knochen registrieren. Die Zerfälle würden beispielsweise Krebs erzeugen, keine schöne Sache. Das bedeutet, daß Protonen länger leben müssen.

EINSTEIN: Wir fühlen es also gewissermaßen in unseren Knochen, daß Protonen eine sehr lange Lebensdauer haben müssen.

HALLER: Ja, das tun wir. Ich sollte noch erwähnen, daß der größte Teilchendetektor für Protonzerfall in Japan gebaut wurde, und zwar in einem früheren Bergwerk bei Kamioka, einem kleinen Ort südlich von Toyama, einer Stadt nordwestlich von Tokio. Der Name des Detektors hängt mit dem Ort zusammen: Superkamiokande. Vor Jahren war ich einmal dort und habe mir das Ganze angeschaut. Die Japaner haben da wirklich etwas Imposantes in die Berge gesetzt. Ich fuhr mit dem Auto dorthin, zuerst zur Stadt Toyama, und vom Zentrum der Stadt sah ich schon das Tal, in das ich fahren mußte. Dann, nach wenigen Kilometern, kam der kleine Ort mit dem schönen Gästehaus des Kamioka Centers.

Abb. 9.2 Der Detektor Superkamiokande bei Kamioka in Japan. Im Foto wird er aufgefüllt. Man sieht ein Boot mit Personen, die die Photomultiplikatoren kontrollieren

Mein Freund Totsuka, der Leiter des Projekts, fuhr mich durch einen langen Tunnel zum Detektor inmitten des Berges. Die relevanten Experimente sind hier recht einfach. Man braucht eine Menge Protonen, die man hatte, weil man eine große Menge Wasser untersuchte, allerdings sehr gereinigtes Wasser. Ein solcher Pool wurde in Kamioka aufgebaut und dann umgeben von Photomultiplikatoren, also Teilchendetektoren, mit denen man Lichtblitze sehen kann. Ein zerfallendes Photon müßte einen solchen Lichtblitz erzeugen, genauer die beim Protonzerfall herauskommenden Teilchen.
EINSTEIN: O.k., jetzt wir es spannend. Wieviele Lichtblitze hat man denn nun gesehen?
HALLER: Also gut, damit zu den Resultaten, genauer zu den nicht gefundenen Resultaten. Aber vorher noch etwas zur Theorie. Vor Jahren betrachteten die Theoretiker eine Theo-

rie, die übrigens die Gruppe SU(5) beinhaltete, eine abstrakte Gruppe, die die Drehungen in einem fünfdimensionalen Raum beschreibt, allerdings diesmal mit komplexen Elementen. Diese Gruppe ist die kleinste, die man betrachten kann, wenn man fordert, daß das Standardmodell darin enthalten sein soll. Ich selbst habe diese Theorie nie gemocht. Aber wir wollen sie uns einmal näher anschauen.
Erinnern wir uns: Die Fermionen der ersten Lepton-Quark-Familie sind

$$\begin{pmatrix} v_e \\ e^- \end{pmatrix}(e^+)\begin{pmatrix} uuu \\ ddd \end{pmatrix}(\overline{uuu})(\overline{ddd})$$

Analog beschreibt man die Fermionen der beiden anderen Familien. Wie man sieht, hat man insgesamt 15 Fermionen pro Familie, eingeschlossen die drei Farben der Quarks. Es sind 15 und nicht 16, wie oben im Zusammenhang mit SO(10) erwähnt, weil das Neutrino hier nur als linkshändiges Teilchen existiert. Wir teilen jetzt die Fermionen in zwei Systeme ein:

$$\begin{pmatrix} v_e : \overline{} \\ \overline{ddd} \\ e^- : \end{pmatrix}, \begin{pmatrix} uuu : \\ \overline{uuu}, e^+ \\ ddd : \end{pmatrix}$$

Das erste System enthält fünf Fermionen, das zweite zehn. Es erweist sich, daß diese beiden Fermionensysteme zwei verschiedene Darstellungen der Gruppe *SU(5)* sind, wie der Mathematiker sagt. Dies bedeutet, daß unter einer *SU(5)*-Transfomation die Komponenten sich nach genau vorgegebenen Gesetzen transformieren, also dabei auch vermischt werden.

EINSTEIN: Da finde ich aber die Theorie der SO(10) besser, da gibt es wenigstens nur eine Darstellung.

HALLER: Das denke ich auch. Wir wollen diese Theorie auch

nur als Beispiel betrachten. Die Gesetze legen auch die elektrischen Ladungen fest. Die elektrische Ladung ist natürlich eine der Ladungen der Gruppe *SU(5)*, die insgesamt $5^2 - 1 = 24$ Ladungen besitzt. (Je größer eine Gruppe ist, um so mehr Ladungen besitzt sie. Die Gruppe *U(1)* hat nur eine Ladung, die Gruppe *SU(2)* besitzt drei, und die Gruppe *SU(3)* der Farbladungen besitzt acht. Die Gruppe SO(10) hat 45 Ladungen.)
Die Ladungen einer Gruppe haben die interessante Eigenschaft, daß sich Null ergibt, wenn man die Ladungen der Elemente einer Darstellung summiert. Deshalb müssen sich die Ladungen der betrachteten fünf Fermionen zu Null addieren. Da die elektrische Ladung des Neutrinos Null ist, erhält man nunmehr eine Beziehung zwischen der elektrischen Ladung des Elektrons und der elektrischen Ladung des d-Quarks:

$$Q(e^-) = \frac{1}{3}Q(d)$$

EINSTEIN: Das ist witzig. Man findet also genau die elektrischen Ladungen, die man in der Natur beobachtet. Zudem ist der auftretende Faktor 3 nichts weiter als die Anzahl der Farben der Quarks. Die Drittelzahligkeit der Ladungen und die Farben der Quarks hängen also miteinander zusammen. Das dachte ich mir doch. Gäbe es vier Farben, wären die Ladungen der Quarks proportional $1/4$.
HALLER: Ja, genauso ist es. In der SO(10)-Theorie ist es übrigens ebenfalls so. Ganz analog finden wir die elektrische Ladung des *u*-Quarks $2/3$, denn seine Ladung ist genau um eins größer als die Ladung des *d*-Quarks.
Diese Theorie macht eine konkrete Voraussage – der Zerfall des Protons sollte stattfinden bei einer Lebenszeit von ziemlich genau 10^{23} Jahren.
Wir können im Rahmen der *SU(5)*-Theorie auch den Win-

kel Θ_W (Theta) und die chromodynamische Feinstrukturkonstante berechnen. Man erhält hier:

$$\Theta_W = 37.8°, \quad \alpha_s = 8/3\alpha \approx 1/51$$

EINSTEIN: Gut, jetzt haben wir also weniger freie Konstanten. Immerhin, zwei Naturkonstanten sind jetzt fixiert. Stimmen die denn auch?
HALLER: Hier gibt es ein Problem. Sie stimmen überhaupt nicht mit den experimentell gefundenen Werten überein. So liegt der Winkel Θ_W in der Nähe von 28,7°, also nicht bei 37,8°. Zudem ist α_s längst nicht so klein wie oben angedeutet. Es gibt jedoch noch ein weiteres Problem in der *SU(5)*-Theorie. Diese Theorie hat 24 Eichbosonen, entsprechend den 24 Ladungen. Diese umfassen die acht Gluonen der QCD, die beiden *W*-Bosonen, das *Z*-Boson und das Photon, also zwölf Eichbosonen. Die anderen zwölf Eichbosonen sind neue Bosonen, die neue Wechselwirkungen verursachen. Diese Wechselwirkungen sind äußerst merkwürdig, denn sie können zum Beispiel ein Lepton in ein Quark verwandeln. Daß dies ohne weiteres möglich ist, sieht man an den Darstellungen der SU(5) – diese enthalten sowohl Quarks als auch Leptonen, und die Elemente einer Darstellung können durch eine Gruppentransformation immer ineinander transformiert werden.
Eine der Konsequenzen dieser neuen Wechselwirkungen ist, daß ein Proton nicht stabil ist, sondern in leichtere Teilchen zerfallen kann, zum Beispiel in ein Positron, das die elektrische Ladung des Protons aufnimmt, und in ein $\pi°$-Meson. Solch ein Zerfall verletzt das Gesetz von der Erhaltung der Baryonenzahl, das also von den neuen Wechselwirkungen nicht respektiert wird, ganz analog zur SO(10)-Theorie. Der erwähnte Zerfall tritt deswegen auf, weil sich durch die neuen Wechselwirkungen zwei Quarks im Proton

in ein Positron und ein Antiquark verwandeln – diese Reaktion ist erlaubt im Rahmen der neuen Wechselwirkungen. Das letztere bildet mit dem verbleibenden Quark ein π°-Meson. Diese Wechselwirkung verletzt das Gesetz der Erhaltung der Baryonenzahl.

In der *SU(5)*-Theorie hängt die Lebensdauer des Protons von den Massen der zwölf neuen Eichbosonen ab. Die beobachtete Stabilität des Protons sagt aus, daß die Masse dieser Teilchen enorm sein muß, mindestens etwa 10^{15} GeV. Nur dann ist sichergestellt, daß Protonen so lange leben, wie sie es entsprechend den Experimenten tun, nämlich mindestens etwa 10^{31} Jahre. Man beachte, daß dieses Alter viele Größenordnungen größer ist als das Alter des Universums, das heute auf etwa 14 Milliarden Jahre geschätzt wird, also ein Alter von der Größenordnung 10^{10} Jahre.

Daß man für das Alter von Protonen eine Zeit angeben kann, die sehr viel länger ist als das Zeitalter des Universums, liegt daran, daß man bei der Suche nach Protonenzerfällen die Möglichkeit ausnutzt, sehr viele Protonen zu untersuchen, die sich zum Beispiel in vielen Tonnen von Wasser befinden. Obwohl die Zerfallswahrscheinlichkeit für ein Proton sehr klein ist, kann man etwas mehr aussagen, wenn man sehr viele Protonen anschaut.

NEWTON: Wegen der hohen Masse der neuen Eichbosonen ist man also veranlaßt, die Vereinheitlichung der starken, elektromagnetischen und schwachen Wechselwirkungen erst bei Energien über 10^{16} GeV anzunehmen. Erst bei Energien über 10^{16} GeV wird die *SU(5)*-Theorie also wirksam.

HALLER: Ja, und das Auftreten einer neuen Energieskala, nämlich 10^{16} GeV, hat eine interessante Konsequenz. Falls die *SU(5)*-Theorie stimmt, müssen die Kopplungsstärken der starken, elektromagnetischen und schwachen Wechselwirkungen bei Energien von mehr als 10^{16} GeV alle gleich

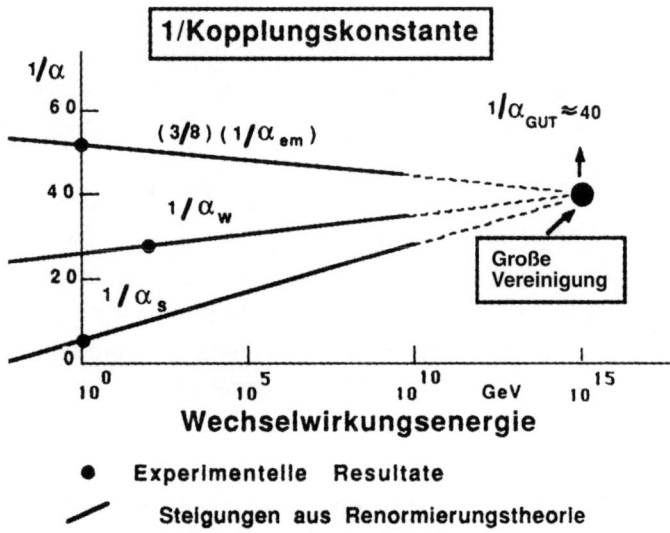

Abb. 9.3 Verhalten der Kopplungskonstanten

sein, denn die verschiedenen Wechselwirkungen sind nichts weiter als verschiedene Manifestationen ein und derselben einheitlichen Theorie. Deshalb muß man erwarten, daß bei etwa 10^{16} GeV der schwache Mischungswinkel tatsächlich fast genau 38° ist und zwischen den Stärken der starken und der elektromagnetischen Wechselwirkung die Beziehung $\alpha_s = 8/3\alpha$ besteht.

Nun ist jedoch zu beachten, daß unser Wissen über die Kopplungsstärken der Wechselwirkungen aus Experimenten stammt, die bei relativ niedrigen Energien, also bei $E \leq 10^2$ GeV, durchgeführt wurden. Es ist nicht gerechtfertigt, diese Kopplungsstärken gleichzusetzen mit denen, die man bei 10^{16} GeV erwartet. Tatsächlich erwartet man im Rahmen der Quantenfeldtheorie, daß sich die Kopplungsstärken als Funktion der betreffenden Energieskala langsam ändern. So wird die Kopplungsstärke der QCD wegen der

Eigenschaft der asymptotischen Freiheit bei wachsender Energie kleiner, während die Kopplungsstärke der U(1)-Theorie langsam zunimmt.

Mit Hilfe des LEP-Rings am CERN ist es möglich gewesen, die Parameter der *SU(2) × U(1)*-Theorie sehr genau zu bestimmen. Die recht präzise Kenntnis der Kopplungsstärken erlaubt es nun, die Extrapolation zu höheren Energien vorzunehmen. Man findet, daß die drei Kopplungsstärken bei etwa 10^{15} GeV einander nahekommen, sich jedoch nicht in einem Punkt schneiden, wie es von der Theorie gefordert wird.

Das Verhalten der Kopplungskonstanten als Funktion der Energie deutet durchaus darauf hin, daß die Idee der Vereinigung der fundamentalen Kräfte sinnvoll ist. Nur scheint es so zu sein, daß auf dem langen Weg von den heute zugänglichen Energien bis zu der Energie, wo die Vereinigung stattfindet, etwas mehr passiert als die langsame Veränderung der Kopplungsparameter als Folge ihrer Wechselwirkungen. Beispielsweise könnte es sein, daß bei Energien in der Nähe von 1000 GeV neue Symmetrien und damit auch neue Wechselwirkungen auftreten. Eine Reihe von Theoretikern diskutiert heute das Auftreten der sogenannten Supersymmetrie.

EINSTEIN: Oh Gott, was ist denn das für eine schreckliche Symmetrie?

HALLER: Warten Sie ab. Symmetrien, mit denen wir es bislang zu tun hatten, etwa der Isospin, umfassen Teilchen desselben Spins. Mit Hilfe einer Symmetrietransformation kann man beispielsweise ein Proton in ein Neutron verwandeln, nicht aber ein Proton mit dem Spin 1/2 in ein Meson mit dem Spin 0.

Im Rahmen der Supersymmetrie ist es jedoch möglich, Teilchen mit Spin 1/2 in Teilchen mit ganzzahligem Spin umzuwandeln. So wird bei einer solchen Transformation aus einem Quark ein Teilchen mit Spin 0, das es allerdings im Spektrum der beobachteten Teilchen gar nicht gibt. Es muß also ein neues Teilchen sein, dessen Masse genügend groß ist, so daß es bis heute nicht beobachtet wurde. Man bezeichnet dieses Teilchen als »Squark«, eigentlich ein schrecklicher Name, aber er bedeutet so viel wie supersymmetrischer Partner eines Quarks. Tatsächlich gibt es in der supersymmetrischen Variante des heutigen »Standardmodells« zu jedem »alten« Fermion ein neues Boson und zu jedem »alten« Boson ein neues Fermion. Der supersymmetrische Partner des Photons, der Spin $1/2$ besitzt, ist das hypothetische Photino.

Bis heute ist unklar, ob in der Natur die Supersymmetrie realisiert ist. Falls dies der Fall ist, muß es eine kritische Energieskala geben, bei der die Symmetrie gewissermaßen in Kraft gesetzt wird. Diese Energie würde auch die Massenskala für die supersymmetrischen Teilchen angeben. Meist nimmt man heute an, daß die Supersymmetrie, falls sie überhaupt realisiert ist, bei einer Energie von ca. 1000 GeV einsetzt.

Beim Vorhandensein von Supersymmetrie verändert sich das Verhalten der Kopplungsstärken bei Energien, bei denen die Symmetrie realisiert ist, da dann auch die supersymmetrischen Partner in den Wechselwirkungen auftreten und ihre Beiträge zu den Veränderungen der Kopplungsparameter liefern. Es erweist sich, daß bei der Präsenz der supersymmetrischen Partner ab etwa 1000 GeV die Kopplungsstärken tatsächlich an einem Punkt zusammenkommen, und zwar bei etwa $1{,}5 \times 10^{16}$ GeV. Man kann also eine supersymmetrische Variante der SU(5)-Theorie aufstellen, die konsistent mit den heutigen experimentellen Werten ist. Zudem findet sich, daß in der supersymmetrischen Version der SU(5)-Theorie das Proton nach wie vor instabil ist, aber etwas länger lebt als in der nicht-supersymmetrischen Version der Theorie, etwa 10^{33} Jahre. Mit einer solchen vergleichsweise langen Lebensdauer sind die heute erhältlichen experimentellen Daten ohne weiteres verträglich. Die Zukunft wird zeigen, ob die Natur tatsächlich von diesen theoretischen Möglichkeiten Gebrauch macht. Persönlich bin ich hier skeptisch, ich glaube nicht an die Supersymmetrie. In der SO(10)-Theorie gibt es diese Probleme nicht. Hier ist eine Vereinigung der Wechselwirkungen ohne weiteres möglich und konsistent mit den experimentellen Resultaten. Gemeinsam ist diesen Theorien jedoch, daß das Proton instabil ist mit einer Lebensdauer, die nicht sehr viel größer ist als die Grenze, die das Experiment heute zieht.

EINSTEIN: Eigentlich habe ich nichts gegen zerfallende Protonen. Die könnten sogar ganz hilfreich sein in der Kosmologie, oder?

HALLER: Ja, das werden wir gleich sehen. Falls das Proton tatsächlich in Leptonen und Photonen zerfallen kann, bedeutet dies, daß die Baryonenzahl nicht exakt erhalten ist. Das würde helfen, eines der merkwürdigsten Phänomene in unserem Universum zu erklären. Die Materie in unserer Welt besteht zum größten Teil aus Nukleonen, und die wiederum aus den Quarks. Antimaterie, bestehend aus Antiquarks, scheint in der Welt praktisch nicht vorzukommen, denn zumindest die Sterne in unserer Galaxie bestehen aus Materie, nicht aus Antimaterie.

Es gibt auch Hinweise, daß ferne Galaxien aus Materie, also nicht aus Antimaterie, bestehen. Damit ist die Baryonenzahl des sichtbaren Universums riesig. Zudem wissen wir, daß vor etwa 14 Milliarden Jahren das Universum im Urknall entstanden ist, also in einer Explosion, bei der die Materie in einer sehr heißen Phase vorlag. Wäre die Baryonenzahl streng erhalten, wäre sie kurz nach der Urexplosion so groß gewesen wie heute. Unser Kosmos müßte also bereits mit einer recht großen Baryonenzahl geboren worden sein. Das macht keinen rechten Sinn. Viel besser wäre es, wenn die Baryonenzahl am Anfang Null wäre und wenn es am Anfang genausoviele Quarks wie Antiquarks gegeben hätte. Genau dies ist möglich, wenn die Baryonenzahl nicht streng erhalten ist wie in der SU(5)- oder in der SO(10)-Theorie. Es sind die neuartigen Kräfte, die in diesen Theorien wirken und zur Folge haben, daß die Baryonenzahl am Anfang Null war, aber heute einen riesigen Wert hat. Die heutige Baryonenzahl ist damit ein historisches Produkt. In der fernen Zukunft des Universums wird sie andere Werte als heute annehmen.

EINSTEIN: Jetzt habe ich noch eine Frage. Sie sprachen vorhin von der Vereinheitlichung der Wechselwirkungen. Geht das überhaupt? Sie bringen doch dann die starke Wechselwirkung und die elektromagnetische Wechselwirkung zusammen, aber die Stärken der beiden Wechselwirkungen sind doch ganz verschieden. Wie soll denn das gehen?

HALLER: Das ist eine sehr gute Frage, und die Antwort wird sehr zu Ihrer Zufriedenheit ausfallen. Aber warten wir noch etwas mit der Beantwortung. Heute morgen habe ich mir am Caltech von der Sekretärin einen Schlüssel zum Garten von San Marino besorgt, der ganz in der Nähe ist, und wir könnten jetzt dort einen Spaziergang machen. Ich schlage vor, wir gehen gleich los, sonst wird es zu spät.

Und so geschah es. Die drei Physiker machten sich auf den Weg. Sie verließen das Athenaeum, gingen bis zum Ende der Hill Street, liefen dann die Arden Street in Richtung San Marino, und nach einer kleinen Querstraße waren sie am Eingang des San-Marino-Gartens, eines großen Parks mit vielen exotischen Pflanzen und Bäumen.

10. Kapitel

Im Garten von San Marino

Es war ein herrlicher Nachmittag. Haller öffnete das Tor mit dem alten Schlüssel, und schon waren sie im Garten von San Marino, im Botanischen Garten, benannt nach Henry Huntington, der im Jahre 1903 angefangen hatte, den Garten aufzubauen. Es ist eine sehr schöne Anlage mit vielen exotischen Bäumen und Büschen. Es gibt unter anderem einen Chinesischen Garten, einen der größten außerhalb Chinas, einen Japanischen Garten, einen Wüstengarten, einen Palmengarten, einen Rosengarten und einen Dschungelgarten. Alle Vegetationen des amerikanischen Kontinents sind also vorhanden. An der Ostseite des Gartens befinden sich ein Museum und eine Bücherei.

Sie spazierten durch einen Teil der Anlage bis in die Nähe des Museums. Schließlich ließen sie sich dort unter einer großen Pinie nieder.

EINSTEIN: Hier ist es umwerfend schön, eigentlich zu schön, um über so etwas Profanes wie Physik zu reden, aber ich füge mich der Macht des Schicksals, sogar hier im Sonnenstaat Kalifornien und auch noch bei diesem herrlichen Wetter. Dabei ist es ein ganz normaler Tag, denn die Sonne scheint hier fast immer. Ich würde vorschlagen, wir bleiben jetzt hier, und Mr. Haller beantwortet mir endlich meine Frage nach den Wechselwirkungen.

HALLER: Das tue ich liebend gern, trotz des umwerfenden Wetters. Also, wie steht es mit der Stärke der Wechselwirkungen? Wie wir seit Jahrzehnten wissen, sind die Konstanten der Wechselwirkung im Grunde keine exakten Konstanten, sondern hängen von der Energie ab, bei der die Wechselwirkung gemessen wird.

Betrachten wir zum Beispiel einmal die Feinstrukturkonstante. Die wird normalerweise bei sehr geringen Energien gemessen, im Grunde bei Energie Null. Aber man hat sie auch am LEP gemessen, zum Beispiel bei einer Energie von fast 200 GeV, einer doch sehr hohen Energie, wenn man bedenkt, daß dies immerhin 400000mal die Energie des Elektrons ist, gegeben durch dessen Masse. Man fand, daß die Stärke der elektromagnetischen Wechselwirkung bei dieser Energie etwas größer ist: $1/127$ statt $1/137$. Übrigens entsprach dies genau der Erwartung der Theorie, also der Quantenelektrodynamik.

NEWTON: Komisch, die Stärken der Wechselwirkungen sind also gar keine Konstanten. Die Änderung ist ja faktisch 10 Prozent, ziemlich viel. Würde Pauli heute sterben, würde er vielleicht das Zimmer 127 in Zürich nehmen. Wieso sind denn die Stärken der Wechselwirkungen nicht konstant?

HALLER: Vielleicht würde Pauli dies tun, aber bei ihm wußte man nie, was er wirklich dachte. Aber ich komme jetzt auf die Energieabhängigkeit zu sprechen. Wenn man die Gesetze der Quantentheorie zugrunde legt, findet man in der Tat eine signifikante Änderung in der Stärke der Wechselwirkung. Dies liegt daran, daß im Rahmen der Quantentheorie jedes Teilchen von einer Menge Teilchen-Antiteilchen-Paare umgeben ist. Um ein Elektron herum gibt es zum Beispiel Elektron-Positron-Paare. Diese Paare schirmen die Ladung teilweise ab. Bei hohen Energien wird die Abschirmung jedoch geringer, weil man da tiefer in das Elektron eindringt und auf diese Weise einen Teil der Paare gar nicht sieht.

Hochinteressant ist aber die Änderung in der QCD. In dieser Theorie wird ja die Stärke der Wechselwirkung schwächer bei hohen Energien. Erinnern wir uns: Das liegt daran, daß in dieser Theorie die Gluonen nicht nur mit den Quarks in Wechselwirkung stehen, sondern auch mit den anderen Gluonen, und durch diese Wechselwirkung wird die Stärke reduziert, wie wir schon besprochen haben.

EINSTEIN: Es ist schon seltsam, daß durch die gluonische Selbstwechselwirkung die Kraft bei hohen Energien abnimmt. Aber jetzt wird mir etwas klar. Die elektromagnetische Wechselwirkung wird stärker, aber die starke Wechselwirkung wird schwächer, und irgendwo treffen sie sich. Sind das dann die mysteriösen 10^{16} GeV, von denen vorher die Rede war?

HALLER: Sie haben den Nagel auf den Kopf getroffen, lieber Herr Einstein. Sie könnten direkt ein Experte werden, jedenfalls urteilen Sie schon wie ein alter Hase auf dem Gebiet. In der Tat, wenn man die Rechnung durchführt, findet man, daß bei 10^{16} GeV die Wechselwirkungen, also die schwachen, elektromagnetischen und starken Wechselwirkungen, zusammenkommen. Die Tatsache, daß dies passiert, ist durchaus nichttrivial und bei der SO(10)-Theorie auch nicht so einfach. Aber auf Details will ich jetzt erst einmal nicht eingehen.

EINSTEIN: Wenn die Vereinheitlichung der Kräfte eine Voraussage gestattet, müßte das doch heißen, daß eine unserer vielen Naturkonstanten berechenbar ist. Welche ist denn das?

HALLER: Sie haben recht, es gibt neben der Aussage über die QCD, die ich gerade erwähnt habe, tatsächlich eine weitere

Voraussage. Es handelt sich hier um das Verhältnis der beiden Stärken der Wechselwirkungen in der elektroschwachen Theorie. Dieses Verhältnis, das man oft durch den Mischungswinkel der elektroschwachen Theorie beschreibt, bestimmt auch das Massenverhältnis von W-Masse und Z-Masse. Dieses Massenverhältnis ist also fixiert, und es stimmt ganz gut.

EINSTEIN: Das ist ja ganz ordentlich, immerhin testbar im Experiment, nur etwas wenig. Eine neue Wechselwirkung bedeutet hier die Reduktion der Anzahl der Naturkonstanten um eins. Wenn das so weitergeht, brauchen wir noch etwa 20 neue Wechselwirkungen, um unsere Naturkonstanten auf einige wenige zu reduzieren. So können wir also kaum weitermachen.

HALLER: Sicher, es muß eine andere Möglichkeit geben. Aber wir haben bislang keine gefunden. Bei den Naturkonstanten liegt noch vieles im dunklen.

EINSTEIN: Schauen wir uns also die Konstanten noch einmal an. Der weitaus größte Teil dieser Konstanten hat mit den Massen der Leptonen und Quarks zu tun, genau sind das 20. Dann kommen die Konstanten der Wechselwirkung und irgendwelche Konstanten, die nur mit dem Higgs-Mechanismus zu tun haben, also mit einer Sache, über die noch nicht viel bekannt ist. Und hier könnte auch etwas ganz anderes herauskommen, als die Theoretiker denken.

Die Massen der Leptonen und Quarks sind die Konstanten, die am meisten Unruhe erzeugen, zumindest in mir. Ein Beispiel, die Elektronenmasse – wir alle kennen diese Masse. Seit Ende des 19. Jahrhunderts ist sie bekannt. Aber niemand kann sie berechnen. Das ist geradezu ein Skandal, denke ich. Ein wirklicher Skandal in der Physik.

HALLER: Da muß ich Ihnen leider zustimmen. Kein Theoretiker kann etwas zur Elektronenmasse sagen. Ich hatte Ihnen doch schon vor ein paar Tagen die Geschichte erzählt, wie ich bei der Vorbereitung eines Caltech-Vortrags anläßlich des 60. Geburtstags meines Freundes Murray Gell-Mann darauf stieß, daß die Elektronenmasse, ausgedrückt in amerikanischen Pfund, genau $2g10^{30}$ ergibt und daß ein US-Senator kurz darauf meine Berechnung als Argument dafür hernahm, die amerikanischen Maßeinheiten beizubehalten. Sie sehen also, ich bin am Ende schuldig, daß in den USA immer noch die antiquierten Einheiten existieren.

EINSTEIN: Da sollten Sie sich aber keine Vorwürfe machen. Ich hätte das auch erwähnt, wenn ich die Kuriosität herausgefunden hätte. Aber eine Erklärung der Elektronenmasse ist das nun wahrlich nicht. Wir müssen also weitersuchen. Im übrigen ist der absolute Wert der Elektronenmasse völlig unwichtig, was zählt, sind Massenverhältnisse, also so etwas wie das Verhältnis von Myonmasse zu Elektronenmasse, was laut Experiment etwa 207 ist, oder das Verhältnis von Protonenmasse und Elektronenmasse.

HALLER: Das ist klar. Aber wir haben jetzt eine ganze Menge solcher Zahlen, etwa auch die Verhältnisse der Quarkmassen. Ich sehe nicht, wie wir in absehbarer Zeit da etwas herausfinden können.

EINSTEIN: Vor einiger Zeit sprachen Sie einmal darüber, daß die Leptonen und Quarks vielleicht aus noch kleineren Einheiten bestehen. Wie steht es denn damit? Schließlich verstehen wir heute die Protonenmasse als Folge der Quarks und der Wechselwirkung zwischen den Quarks. Wenn es solche kleineren Einheiten gibt, könnte man da vielleicht etwas über die Massen sagen?

HALLER: Was Sie sagen, könnte Sinn machen. Heutzutage ist es nicht gerade populär, über eine weitere Substruktur nachzudenken, aber ich bin der Meinung, daß wir in diese Richtung weitersuchen sollten, auch wenn dies mit den Ideen zur Großen Vereinigung nur schwer zusammengeht. Wir brauchen aber erst ein Signal durch ein Experiment.

In den Beschleunigerexperimenten haben wir nach Substrukturen gesucht, etwa mit Hilfe des Beschleunigers HERA am DESY in Hamburg, aber bislang ohne Erfolg. Der Erfolg könnte sich allerdings schon noch einstellen, zum Beispiel bei Experimenten am neuen LHC-Beschleuniger des CERN. Ich habe schon mit kleinen Modellen herumgespielt, aber keine befriedigende Antwort auf die Frage nach den Massen gefunden. Es ist schon frustrierend. Allerdings habe ich schon einen Namen für die kleineren Konstituenten der Leptonen und Quarks gefunden, Haplonen. Der Name leitet sich her vom Griechischen, da »haplos« so etwas wie einfach bedeutet.

EINSTEIN: Ja, der liebe Gott hat uns hier schon eine harte Nuß vorgelegt. Aber das macht die Sache gerade interessant. Allerdings haben nur die harten Nußknacker Erfolg, Mr. Haller, und ich hoffe, Sie sind so ein harter Bursche. Vielleicht stimmt das auch mit Ihren Haplonen.

HALLER: Ich möchte jetzt noch zwei andere Probleme ansprechen, die beide mit dem Urknall zu tun haben. Nehmen wir einmal an, daß die Materie im Universum sich im Urknall gebildet hat. Am Anfang war das Universum sehr heiß. Bei den elementaren Prozessen haben sich sowohl Quarks als auch Antiquarks gebildet.

EINSTEIN: Beides passierte sehr symmetrisch, das heißt kurz nach dem Urknall gab es also soviel Materie wie Antimaterie. Müßte da heute nicht eine Menge Antimaterie im Universum vorhanden sein?

HALLER: Darauf wollte ich hinaus. Es scheint im Universum keine Antimaterie vorhanden zu sein. Jedenfalls sieht man keine. In unserer Galaxie darf es keine Antisterne geben, sonst würde man ab und zu ein gewaltiges Feuerwerk beobachten. Aber ferne Galaxien sollten auch nicht aus Antimaterie bestehen, denn man sieht oft, daß Galaxien kollidieren, und dabei passiert auch kein Feuerwerk.

Man kann sich auch leicht überlegen, daß ein Universum, das völlig symmetrisch zwischen Materie und Antimaterie ist, keinen so rechten Sinn macht. Der größte Teil der Materie hätte sich mit der Antimaterie wieder vernichtet, und es gäbe letztlich soviel Materie wie Antimaterie, und das wird nicht beobachtet.

Zwar beobachtet man in der kosmischen Strahlung hin und wieder auch Antiprotonen, jedoch sind es ziemlich wenige, und ihre Anzahl ist konsistent mit einer Erzeugung der Antiprotonen durch Kollisionen. Komplizierte Antiatomkerne hat noch nie jemand in der kosmischen Strahlung beobachtet. Die einzige Möglichkeit, aus dieser Falle der Antimaterie herauszukommen, ist eine Verletzung der Symmetrie, also eine Verletzung der CP-Symmetrie.

NEWTON: Diese Symmetrie ist ohnehin verletzt. Steht die beobachtete Verletzung in Übereinstimmung mit der Kosmologie?

HALLER: Ganz genau weiß man dies nicht, aber zumindest scheint es so zu sein. Jedenfalls scheint die Tatsache, daß die CP-Symmetrie verletzt ist, verträglich mit der Beobachtung zu sein, daß die Materiedominanz im Universum auch eine Verletzung der CP-Symmetrie beinhaltet. Das weiß man.

Nun noch zu einem anderen Problem. Kurz nach dem Urknall haben sich im Universum primär zwei Elemente gebildet, Wasserstoff und Helium. Wasserstoff besteht nur aus einem Proton und einem Elektron, und so ist es klar, daß sich Wasserstoff bildet. Auch Helium bildete sich jedoch kurz nach dem Urknall heraus, durch einfache Kernprozesse der vorhandenen Protonen und Neutronen. Wir können diesen Prozeß einigermaßen gut berechnen, und die Ergebnisse der Rechnungen stimmen recht gut mit den Beobachtungen überein. Man findet im Mittel etwa 24 Prozent Helium im Universum, wie bereits erwähnt.

Die schwereren Elemente, darunter auch der sehr häufig vorkommende Kohlenstoff, können sich also nur aus Wasserstoff und Helium gebildet haben. Aber hier wird es etwas komplizierter. Man braucht nämlich drei Helium-Atomkerne, also drei Alphateilchen, um einen Kohlenstoffkern zu erhalten, und das Zusammentreffen von drei Teilchen ist nun mal ein recht seltener Prozeß. Man nennt ihn auch den »Triple-Alpha-Prozeß«.

EINSTEIN: Ja, ich entsinne mich noch. Es war im Jahre 1952, als der englische Astrophysiker Fred Hoyle auf diesen Prozeß aufmerksam machte, insbesondere auf eine Schwierigkeit: Wenn sich Kohlenstoff in diesem Prozeß bildet, würde man eigentlich erwarten, daß der größte Teil des Kohlenstoffs mit einem der Alphateilchen einen weiteren Kernprozeß eingeht, so daß sich Sauerstoff bildet. Hoyle studierte die Angelegenheit im Detail und kam schließlich zu dem Schluß, daß der Kohlenstoff im Universum nur gebildet werden könne, wenn der Prozeß der Kohlenstofferzeugung sehr schnell und effizient ist.

Es gibt aber nur eine Möglichkeit, die Kernreaktionen effizienter zu machen, und zwar mit Hilfe von Resonanzeffekten. Man könnte die Bildung des Kohlenstoffs durchaus verstehen, wenn der Kohlenstoffkern eine Resonanz besitzt, die ganz in der Nähe der Energie liegt, die durch die einfallenden Kerne gegeben ist. Hoyle machte einige Berechnungen und kam zu dem Schluß, daß der Kohlenstoffkern eine Resonanz bei der Energie von 7,65 MeV besitzen müßte, also 7,65 MeV mehr als die Energie des Kohlenstoffkerns im niedrigsten Zustand. Den Kernphysikern war jedoch eine solche Resonanz nicht bekannt. Mehr weiß ich allerdings dann auch nicht mehr.

HALLER: Seit meiner Zeit am Caltech kenne ich die Sache ganz gut. Schließlich war das etwas, zu dem die Caltech-Physiker einen interessanten Beitrag lieferten. Am Caltech wurden neue Experimente gemacht, und in einem der Experimente konnten Fowler und Lauritsen zeigen, daß Hoyle recht gehabt hat. Sie fanden eine prominente Resonanz bei der Energie von 7,656 MeV, also genau bei der Energie, die Hoyle vorausgesagt hatte. Das war ein schöner Erfolg für ihn.

Aber die ganze Geschichte sieht noch etwas komplizierter aus. Was wirklich passiert, ist folgendes. Zunächst bildet sich der Kern des Elements Beryllium durch das Zusammentreffen von zwei Alphateilchen. Dann kollidiert der Berylliumkern mit einem Alphateilchen und bildet den Kohlenstoff.

Wenn wir die Energien von Beryllium und dem Alphateilchen in Ruhe addieren, erhalten wir 7,37 MeV über dem Grundzustand des Kohlenstoffs. Wenn wir noch die thermische Energie addieren, die das System im Innern eines Sterns hat, erhalten wir leicht die Energie von 7,65 MeV und damit den erwünschten Resonanzeffekt.

NEWTON: Jetzt stellt sich aber die Frage: Wie steht es mit der Zerstörung des Kohlenstoffs durch die Reaktion Kohlenstoff plus Helium zu Sauerstoff? Wenn da auch eine Resonanz mitspielt, gibt es wohl Probleme.

HALLER: In der Tat, falls da auch ein Resonanzeffekt ist, haben wir ein Problem. Aber es stellte sich heraus, daß dies nicht der Fall ist. Bei dieser Reaktion gibt es keinen Resonanzeffekt, und damit verstehen wir, warum es genügend Kohlenstoff gibt. Und den Kohlenstoff brauchen wir alle zum Leben.

NEWTON: Trotzdem, das Ganze kommt mir doch jetzt etwas seltsam vor. Wäre die Kernphysik nur ein wenig anders, hätten wir zum Beispiel den Resonanzeffekt nicht, dann gäbe es keinen Kohlenstoff und damit kein Leben auf der Erde. Unser Leben hängt offensichtlich ganz schön von Zufällen ab, mein Gott, von einer läppischen Kernresonanz beim Kohlenstoff.

HALLER: In der Tat, Sie sehen, wie unser Leben doch von allerhand merkwürdigen Zufälligkeiten abhängt. Die Position der nuklearen Resonanzen hängt von den Naturkonstanten ab, und es lohnt sich, die Sache einmal näher anzuschauen. Die starke Wechselwirkung, also die Kernkraft, und die elektromagnetische Wechselwirkung spielen hier eine Rolle. Wäre die Feinstrukturkonstante nur etwa vier Prozent anders als beobachtet, gäbe es keinen Resonanzeffekt, und damit gäbe es auch kein Leben. Wäre also α nicht $1/137$, sondern $1/130$ oder $1/140$, hätten wir ein Problem mit dem Kohlenstoff.

Noch schlimmer sähe es übrigens mit der starken Wechselwirkung aus. Würde die sich von der wirklichen nur um 0,4 Prozent unterscheiden, gäbe es auch keinen Resonanzeffekt. Sie sehen also, wir brauchen genau die Werte, die wir beobachten, sonst gibt es ein Problem. Gott hat das alles blendend organisiert. Er hat sich das ganz genau ausgedacht.

EINSTEIN: Das kann man wohl sagen. Der Alte hat da auch keine Fehler gemacht. Und er muß ganz gut über die Kernphysik Bescheid gewußt haben. Als er die Welt baute, hat er wohl keinen einzigen Schluck Wein getrunken. Andererseits, wenn er einen dummen Fehler gemacht hätte, gäbe es halt keinen Kohlenstoff, und damit gäbe es uns auch nicht, und niemand würde sich solche Gedanken machen. Vielleicht hat der Alte auch ganz schön getrunken, und unsere Welt war dann einfach das Resultat des Zufalls.

HALLER: Hoyle hat sich das auch überlegt. Nehmen wir einmal an, es gäbe Regionen in unserem Universum, in denen die Werte der Naturkonstanten etwa anders sind als hier bei uns. Hoyle argumentierte, daß dies gar kein Problem wäre. Zwar gäbe es dann diese Regionen, aber dort wären keine Menschen oder andere Lebewesen, die sich darüber Gedanken machen. Die Tatsache, daß es uns gibt, in dieser Region des Universums, ist dann leicht zu verstehen, denn nur in dieser Region kann es uns ja geben.
Später hat Hoyle jedoch seinen Standpunkt geändert. Er war schließlich der Meinung, daß die Gesetze der Kernphysik ganz so, wie wir sie beobachten, von einer höheren Gewalt ausgewählt worden sind, und zwar so gewählt, daß Leben in der Form, wie wir es beobachten, möglich ist.
EINSTEIN: Ich weiß nicht, wie das gehen soll. Ich würde denken, daß die Gesetze der Kernphysik und die Naturkonstanten, die darin vorkommen, alle vorbestimmt sind. Es gibt gar keine Möglichkeit, diese anders zu haben. Zwar verstehen wir dies heute nicht, aber künftige Generationen von Physikern werden da vermutlich anders denken.
HALLER: Ihre Worte höre ich gern, Mr. Einstein. Vielleicht ist es so, aber ich zweifle daran. Nun, heute werden wir dazu nichts mehr beitragen können. Machen wir also Schluß. Jetzt zum Plan für den morgigen Tag. Sie wollten doch einmal einen Blick auf den großen Beschleuniger SLAC oben bei der Stanford-Universität werfen. Ich schlage vor, wir fahren morgen früh mit meinem Mietwagen dorthin. Abfahrt gleich nach dem Frühstück etwa um halb neun. Ist das o.k.?
EINSTEIN: Mein Gott, ist das ein Angebot, das können wir gar nicht ablehnen. Ein Blick auf den SLAC, das ist doch etwas, da wird auch unser Freund Newton nichts dagegenhaben. Also, ich fahre gern mit.

Haller erhielt somit eine positive Antwort, und damit war für heute die Sitzung beendet. Die drei Physiker gingen durch die Straßen zurück zum Athenaeum, zum Dinner. Heute gab es Fisch, eine Spezialität, die Einstein bevorzugte, Lachs aus Alaska.

11. Kapitel

Fahrt nach El Capitan

Am nächsten Tag trafen sich die drei Physiker mit ihrem Gepäck auf dem Parkplatz vor dem Athenaeum. Haller fuhr den Mietwagen vor, und sie verstauten ihre Taschen und Koffer. Dann verließen sie das Caltech-Gelände. Einstein insistierte, daß er fahren wolle, aber Haller war das nicht ganz geheuer. Er fragte Einstein nach seinem Führerschein. Dieser besaß in der Tat einen. Er hatte ihn erst vor wenigen Tagen in Pasadena gemacht. Haller übergab also das Steuer an Einstein, und dieser fuhr die Hill Street nach Norden, bis er auf die Autobahn kam, die Interstate 210, die er nach Westen nahm.

Nach etwas mehr als einer Stunde Fahrt stieß Einstein einen Ruf des Entzückens aus. Sie erreichten die Küste des Pazifik. Einstein bestand darauf, daß sie eine Pause machten und eine Zeitlang am Strand entlangwanderten. Und so geschah es. Für etwa zwei Stunden liefen sie am Strand entlang. Einstein sprach über seine Zeit am Caltech in den zwanziger Jahren des 20. Jahrhunderts. Er erinnerte sich gut daran, daß er sich damals mehrmals mit Charly Chaplin getroffen hatte. Einmal machten sie zusammen einen Strandspaziergang in Santa Monica, etwas südlich von dem Strand, wo sie sich jetzt befanden. Chaplin wollte Einstein damals überreden, mit ihm einen Film zu machen. Leider kam es nicht dazu, der Film wäre sicher ein großer Erfolg geworden mit den beiden Weltstars Chaplin und Einstein.

Schließlich ging die Fahrt weiter in Richtung Santa Barbara. Haller hatte wieder das Steuer des Mietwagens übernommen. Sie erreichten die Stadt nach etwa einer Stunde. Haller überlegte, ob er am Institut für Theoretische Physik der Universität Pause machen sollte, denn er kannte den Direktor des Instituts sehr gut. Aber das schöne Wetter hielt ihn letztlich davon ab, und so fuhren sie auf der Autobahn an der Stadt vorbei, auch am Campus der Universität.

Haller wollte am El Capitan State Park anhalten. Er kannte diese schöne Anlage direkt am Ozean seit vielen Jahren und hatte dort in den siebziger Jahren oft Campingurlaub gemacht, mit seiner Frau und seinem kleinen Sohn, der den Strand von El Capitan auch sehr mochte. Er war sogar dort gewesen, als Präsident Nixon den Verkauf von Benzin eingeschränkt hatte. Er war mit drei Benzinkanistern losgefahren, so daß er unterwegs nicht tanken mußte.

Bald erreichten sie den State Park. Haller zahlte Eintritt, und so waren sie in wenigen Augenblicken auf dem Parkplatz von El Capitan. Haller eröffnete den Mitfahrern seinen Plan, am El Capitan eine längere Pause zu machen und dort auch über Physik zu diskutieren.

Einstein und Newton hatten nichts dagegen, und bereits nach wenigen Minuten hatten sie einen schönen Lagerplatz am Strand in Beschlag genommen. Sie nahmen ein erfrischendes Bad im Ozean und ließen sich dann von der warmen Sonne bescheinen. Dann begann Haller mit seinem Vortrag, Einstein und Newton machten es sich in der warmen Sonne bequem.

HALLER: Meine Herren, trotz des schönen Wetters und dieser fabelhaften Umgebung zurück zur Physik. Heute möchte ich auf eine Sache zu sprechen kommen, mit der wir uns auch noch in Zukunft beschäftigen müssen. Wir gingen bislang davon aus, daß die Naturkonstanten auch das sind, was das Wort ausdrückt, also Konstanten. Aber wissen wir das wirklich? Es könnte doch sein, daß sich die Konstanten im Laufe der Zeit etwas ändern, nicht viel, aber zumindest etwas. In diesem Zusammenhang ist die Geschichte von Oklo interessant.

Im Juni des Jahres 1972 wurde in einer Wiederaufbereitungsanlage für Kernreaktoren in Frankreich eine interessante Entdeckung gemacht. Man untersuchte dort Uranerz, das aus Gabun stammte, einer Republik im Westen Afrikas. Das Erz kam von einer Mine in der Nähe des Flußes Oklo, etwa 400 km vom Atlantischen Ozean entfernt.

Normalerweise besteht Uranerz vor allem aus dem Isotop 238, mit nur etwa 0,72 Prozent Beimengung des Isotops 235. Man fand jedoch heraus, daß das Erz von Oklo etwas weniger vom Isotop 235 hatte. Ein Ingenieur hatte genau nachgemessen und war auf das Problem gestoßen. Die Alarmuhren in dem französischen Werk begannen zu läuten. Wo war das fehlende Uran 235 geblieben?

Nach Ausschließung aller möglichen anderen Ursachen blieb nur eine Möglichkeit: Das Uran 235 mußte im Gebiet von Oklo durch nukleare Reaktionen zerstört worden sein. So kam man schließlich zu dem Schluß, daß vor langer Zeit im Gebiet von Oklo ein natürlicher Reaktor in Betrieb gewesen sein mußte.

EINSTEIN: Ein natürlicher Reaktor? Ein Reaktor ist doch ein reichlich kompliziertes Ding, und Sie sagen, die Natur hat uns so etwas vorgemacht? Kürzlich las ich wieder einmal die *Herald Tribune*, und so weiß ich: Nach Meinung der Grünen in Deutschland sind Atomreaktoren Teufelseinrichtungen, die von unverantwortlichen Menschen erdacht wurden, und dann soll es so etwas gibt in der Natur geben? Wo waren denn die Grünen damals in Afrika?

HALLER: Man kann durchaus so etwas haben, auch wenn die Grünen da protestieren werden, Sie werden gleich sehen. Der Abbau der Erze im Gebiet von Oklo wurde nach der Entdeckung der Franzosen für längere Zeit gestoppt. Man führte eine geochemische Untersuchung des Geländes durch.

Genauere Untersuchungen ergaben, daß ein solcher Reaktor in der Tat vor langer Zeit existiert hatte, und zwar vor bereits etwa zwei Milliarden Jahren. Da gab es die Grünen noch nicht. Man fand im Gebiet von Oklo sogar 14 Gebiete, in denen sich solche Reaktoren vor langer Zeit befunden haben mußten. Vor mehr als zwei Milliarden Jahren gab es also in Afrika mehr Atomreaktoren als heute.

EINSTEIN: Soweit mir bekannt ist, beträgt die Halbwertszeit von Uran 235 nur ca. 700 Millionen Jahre, die von Uran 238 jedoch 4,5 Milliarden Jahre. Vor zwei Milliarden Jahren gab es also viel mehr Uran 235.

HALLER: In der Tat, als die Erde sich bildete, vor etwa 4,5 Milliarden Jahren, bestand natürliches Uran aus etwa 17 Prozent Uran 235. Nach 2,5 Milliarden Jahren, also etwa vor zwei Milliarden Jahren, war das Verhältnis U235:U238 auf etwa 3 Prozent gesunken, einen Wert, der etwa benötigt wird, wenn man eine nukleare Reaktion starten möchte, wobei der Prozeß moderiert werden kann durch Wasser. Dies geschah auch in Oklo zufällig durch einen Fluß, und die nuklearen Reaktionen fanden statt. Sie dauerten regelmäßig Jahre, manchmal sogar einige tausend Jahre, dann war wieder Ruhe, dann starteten die Reaktionen erneut. Diese Reaktionen dauerten insgesamt Millionen von Jahren.

Eine Reaktion ist von besonderem Interesse, und zwar das Einfangen eines Neutrons durch den Kern des Samarium, eines Elements der Seltenen Erden. Ein Samarium-Kern mit

149 Nukleonen wandelt sich um in einen Samarium-Kern mit 150 Nukleonen, wobei die Energie abgegeben wird durch die Emission von Gammastrahlung.

Es stellte sich heraus, daß dieser Prozeß nur deshalb ablaufen kann, weil eine Kernresonanz ganz in der Nähe liegt. Ohne diese Resonanz würde der Prozeß kaum eine Rolle spielen. Dies haben Kernphysiker durch Experimente herausgefunden.

NEWTON: Das klingt interessant. Vor etwa zwei Milliarden Jahren müßte die Samarium-Resonanz also auch genau dort gewesen sein, wo wir sie heute beobachten.

HALLER: Gratuliere, Mr. Newton. Sie haben es erfaßt. In der Tat, die Resonanz darf sich nicht verändert haben, und das in zwei Milliarden Jahren, was ja keine kurze Zeit ist. Das ergeben jedenfalls die Messungen, die man im Gebiet von Oklo machte. Vor zwei Milliarden Jahren war die Kernphysik also so wie heute, auch wenn es damals gar keine Kernphysiker gab. Kernphysik ist also wirklich etwas Reelles, die Kernphysiker sind da weniger wichtig.

Wesentlich ist nun, daß die Resonanz von Samarium, wie jede Kernresonanz, von einer Reihe von Parametern, auch von fundamentalen Konstanten, abhängt, insbesondere auch von der Feinstrukturkonstante. Wenn wir annehmen, daß nur die Feinstrukturkonstante variiert, sonst nichts, kann man davon ableiten, daß sie sich pro Jahr um nicht mehr als 10^{-16} verändern durfte. Dies ist ein recht eindrucksvolles Resultat. Die Sache sieht jedoch anders aus, wenn wir erlauben, daß auch andere Konstanten, etwa die der starken Wechselwirkung, einer kleinen Veränderung unterliegen.

NEWTON: Sie wollen jetzt aber alles ändern. Macht das denn überhaupt einen Sinn? Wenn nichts konstant ist, wird es echt schwierig mit der Wissenschaft. Dann wird die Physik eine historische Wissenschaft, wie die Geschichte ist sie dann voll von Zufälligkeiten. Für mich ist das grauenhaft.

HALLER: Natürlich wird es dann schwierig, aber auch nicht viel schwieriger, denn die Änderungen, die wir diskutieren, sind äußerst klein. Als Sie die *Principia* schrieben, hätten Sie Diskussionen um solche kleinen Änderungen als Phantasiegeschwätz abgetan.

NEWTON: Na ja, vielleicht haben Sie recht.

HALLER: Es könnte sogar so sein, daß sowohl die starken als auch die elektromagnetischen Kräfte sich ändern, allerdings so, daß sich die Effekte gegenseitig aufheben. Dies mag seltsam und unwahrscheinlich klingen, ist aber nicht so verrückt, wenn man davon ausgeht, daß die starke und die elektromagnetische Wechselwirkung irgendwie zusammenhängen, etwa so, wie wir das im Zusammenhang mit der Großen Vereinigung diskutiert haben.

EINSTEIN: Gut und schön. Nur heißt dies doch, daß die von Ihnen gegebene Einschränkung an die Variation von α dann doch nicht relevant ist.

HALLER: Ja, so habe ich das auch gemeint. Wir sollten also die Einschränkung an α schon im Gedächtnis behalten, aber nicht unbedingt ernst nehmen. Es hängt von den Details ab.

Auf eine Sache möchte ich noch hinweisen. Die Naturkonstanten bestimmen auch die Radioaktivität. Der Mathematiker John von Neumann hat einmal darauf hingewiesen, daß die Geschichte anders verlaufen wäre, wenn die Menschheit einige Milliarden Jahre früher existiert hätte. In diesem Fall gäbe es viel mehr Uran 235, und die Separation zur Herstellung von Uran 235 wäre viel leichter gewesen. Andererseits: Falls die Menschheit erst einige Milliarden Jahre später erscheinen würde, wäre die Konzentration von Uran 235 so gering, daß niemand auf die Idee kommen könnte, es für Bomben zu benutzen.

EINSTEIN: Sie wollen also sagen, es sei gerade gut, daß wir in einer Zeit leben, in der es sich lohnt, Uran 235 zu gewinnen. Ich bin da nicht so überzeugt. So schlecht wäre es nicht, wenn die Menschheit erst einige Milliarden Jahre später auf die Welt gekommen wäre. Zumindest eine Atombombe gäbe es dann nicht, eine Wasserstoffbombe allerdings wohl schon. Gegen Edward Teller ist halt kein Kraut gewachsen.
HALLER: Aber vielleicht gäbe es keinen Edward Teller, wenn die Menschheit erst später kommen würde. Teller war ungarischer Jude, und seine politische Meinung war stark von seinen antikommunistischen Ideen geprägt. Wäre die Menschheit später gekommen, wer weiß, dann wäre ihr vielleicht Stalin und der Sowjetkommunismus erspart geblieben. Aber irgendjemanden würde es vermutlich doch geben, der unbedingt eine Wasserstoffbombe bauen würde.
EINSTEIN: Da können Sie Gift darauf nehmen – irgendwelche verrückten Leute gibt es immer. Gegen die Tellers ist kein Kraut gewachsen.
HALLER: Also, lassen Sie mich noch einmal rekapitulieren. Die Untersuchung der natürlichen Reaktoren im Gebiet von Oklo ergab, daß sich die Feinstrukturkonstante höchstens um den relativen Wert von 10^{-16} verändert hat, unter der Voraussetzung, daß sich andere Parameter überhaupt nicht änderten. Es kann aber sein, daß sich sowohl die elektromagnetische als auch die starke Wechselwirkung etwas verändert haben, so daß sich der Effekt aufhebt. Das ist jedoch nur zu erwarten, wenn es eine Vereinheitlichung der Wechselwirkungen gibt, so daß Änderungen der einen mit Änderungen der anderen zusammenhängen, mit anderen Worten: Wir brauchen eine Vereinheitlichung der elektromagnetischen und der starken Kräfte, wie wir sie schon besprochen haben.
EINSTEIN: Das höre ich gern. Ich denke ohnehin, daß die verschiedenen Wechselwirkungen etwas miteinander zu tun

haben müssen. Und Sie haben Ihre SO(10)-Theorie ja auch schon erwähnt, und die SU(5)-Theorie. Niemand weiß natürlich, ob die überhaupt etwas mit der Realität zu tun haben. Aber vielleicht hat der liebe Gott etwas übrig für SO(10) – das ist doch zumindest eine ganz schöne Gruppe.

Aber zurück zu der Frage, die mich bewegt: Was sind eigentlich fundamentale Konstanten? Im heutigen Standardmodell sind sie gewissermaßen unerwünschte Parameter – Zahlen, auf die man lieber verzichten würde, aber die man braucht. Woher kommen sie jedoch? Was hatte der liebe Gott im Sinn, als er sie eingeführt hat?

HALLER: In der Tat, woher kommen sie? Einer meiner amerikanischen Freunde ist der Meinung, sie seien kosmische Zufälle. Als der Urknall ablief, fluktuierten die Konstanten ganz gewaltig, und als der Kosmos dann in eine ruhigere Phase geriet, nahmen die Parameter gewisse Werte zufällig an. Würde jemand aber den Urknall wiederholen, gäbe es keine Chance, dieselben Zahlen wieder zu bekommen. Man würde ein ganz anderes Universum bekommen, auch wieder mit ganz bizarren Naturkonstanten.

Vielleicht war es in der Tat so, aber dann hätten wir nie eine Chance, je etwas über die Konstanten herauszubringen. Es könnte aber auch sein, daß manche der Konstanten durch dynamische Gesetze bestimmt sind, nur haben wir diese Gesetze bis heute nicht herausfinden können. Aber irgendwann wird es uns gelingen, und dann werden wir schließlich in der Lage sein, die Konstanten, zumindest einige von ihnen, auszurechnen.

NEWTON: Na ja, dann kann man nur Glück wünschen. Ich sehe aber noch nicht, wie das gehen soll.

HALLER: Ich sehe es heute auch noch nicht, aber wir haben Zeit. Warten wir es ab.

EINSTEIN: Wir reden immer von Konstanten. Aber sind die angeblichen Konstanten wirklich konstant? Sie könnten doch durchaus kleine zeitliche Veränderungen haben. Mein Freund Paul Dirac hat seinerzeit auf seiner Hochzeitsreise darüber nachgedacht. Offensichtlich war ihm seine neue Frau nicht genug. Jedenfalls, das Resultat war eine Arbeit über die zeitliche Variation Ihrer Konstanten, der Gravitationskonstanten, Mr. Newton, und das geschrieben von Dirac auf seiner Hochzeitsreise.

HALLER: Ja, ja, ausgerechnet mit Ihrer Konstanten hat sich Dirac abgegeben. Und George Gamow, der gerade aus dem Sowjetrußland Stalins gekommen war, hat sich darüber lustig gemacht, indem er schrieb: Das kommt dabei heraus, wenn Physiker heiraten, etwas Hirnrissiges. Aber die Idee von Dirac war gar nicht so dumm.
Was die zeitliche Variation der Gravitationskonstanten anlangt – es hat lange gedauert, aber heute weiß man ziemlich sicher, daß eine Variation von der Größenordnung, die Dirac im Auge hatte, nämlich eine Änderung von fast 100 Prozent seit dem Urknall, also eine jährliche Änderung von etwa 10^{-10}, nicht erlaubt ist. Die Konstante unseres Freundes Isaac Newton scheint also wirklich konstant zu sein. Jedenfalls ergeben genaue Messungen, daß bei ihr die Änderungen höchstens 10^{-12} pro Jahr sein können.

EINSTEIN: Gratuliere, Mr. Newton. Sie haben da eine wirkliche Konstante gefunden, wie es aussieht. Das ist auch gut so, denn eine zeitlich veränderliche Gravitationskonstante würde auch meine Theorie der Allgemeinen Relativität ganz schön in Bedrängnis bringen.

HALLER: Trotzdem müssen wir uns bei Gelegenheit, nicht heute, einmal mit zeitlichen Änderungen beschäftigen, zumal ein Experiment, durchgeführt von Physikern aus Australien, England und den USA, zeigt, daß die Feinstrukturkonstante sich zeitlich verändert hat.

EINSTEIN: Oh Gott, Sommerfelds Konstante zeitlich abhängig? Damit hat Herr Sommerfeld sicher seine Probleme. Er würde im Grabe rotieren, daß ganz München erschüttert würde. Das ist doch verrückt. Kann man dieses Experiment denn ernst nehmen?

HALLER: Leider weiß ich das nicht genau. Ich würde sagen, man sollte es ernst nehmen, aber nicht zu ernst, zumal andere Experimente, die allerdings nicht so genau sind, eine zeitliche Änderung nicht bestätigen.

NEWTON: Trotzdem noch eine Frage. Wenn wir eine zeitliche Variation von Konstanten betrachten, ist das schon in Ordnung, aber sollte man nicht auch eine örtliche Variation betrachten? Woher wissen wir denn, ob etwa die Feinstrukturkonstante in einem fernen Stern genau den Wert besitzt, den wir bei uns beobachten?

HALLER: In der Tat, das ist eine wichtige Frage. Allerdings wissen wir da einiges. Wir können in fernen Sternensystemen, etwa in fernen Quasaren oder im Andromedanebel, Atomübergänge messen, und die sagen uns, wir groß die Feinstrukturkonstante dort ist. Die Experimente ergeben aber innerhalb der Meßfehler keine Variation im Ort. Auch die Experimente, die eine zeitliche Variation zeigen, ergeben keine örtliche Variation. Man hat in verschiedene Richtungen geschaut, aber man findet immer nur eine zeitliche Variation, keine örtliche.

EINSTEIN: Gott sei Dank. Solch eine Variation im Ort hätte gerade noch gefehlt. Was für ein Universum hätten wir denn dann? Zeitliche und örtliche Variationen von sogenannten Konstanten, die aber gar keine Konstanten sind, mein Gott – das Universum würde langsam ein Affentheater.

HALLER: Das sage ich ja auch nicht. Ganz so schlimm wäre das nicht. Wenn überhaupt, handelt es sich um sehr kleine

Effekte. Vielleicht könnte man sogar eine schöne Theorie der zeitlichen oder örtlichen Variationen entwickeln.

EINSTEIN: Na ja, diese Theorie möchte ich sehen. Noch einmal zurück zu den Konstanten. In weiten Bereichen der Physik haben wir es doch mit lokalen Gesetzen zu tun, etwa mit den Gleichungen der Elektrodynamik oder auch der Chromodynamik.

Aber die Naturkonstanten sind anders. Mit den lokalen Gesetzen haben die erst einmal nichts zu tun. Aber sie könnten etwas mit den Randwertbedingungen des Universums zu tun haben: lokale Gesetze hier, Randwertbedingungen dort. Unter diesen Umständen könnte ich mich auch mit örtlichen oder zeitlichen Variationen anfreunden.

HALLER: Durchaus, es könnten hier die Randwertbedingungen des Urknalls zum Ausdruck kommen. Damit würden die Naturkonstanten weit über die lokalen Gesetze hinausgehen. Im Rahmen dieser Gesetze wären sie auch nicht zu beschreiben. Ich erinnere mich noch, daß ich vor einiger Zeit einen Brief las, den Sie, Mr. Einstein, etwa im Jahre 1948 schrieben. In diesem Brief, der an eine Frau in Australien gerichtet war ...

EINSTEIN: Ja, ich weiß, an Frau Ilse Rosenthal-Schneider ...

HALLER: ... schrieben Sie: »Dimensionslose Konstanten in den Naturgesetzen, die von einem rein logischen Gesichtspunkt aus durchaus verschiedene Werte haben könnten, sollten nicht existieren. Für mich, mit meinem Vertrauen in Gott, erscheint dies evident, aber es werden nur wenige sein, die dieselbe Meinung haben.«

NEWTON: Das sind wirklich starke Worte, Mr. Einstein. Sie haben ein bemerkenswert starkes Gottvertrauen.

HALLER: Was heißt hier schon Gottvertrauen. Ich kann Ihnen da nicht folgen, Mr. Einstein. Ich kann mir ohne Probleme durchaus eine Welt vorstellen, in der α gleich $1/139$ ist, und nicht $1/137$. Mit Gott hat das erst einmal nichts zu tun.

Sie denken anscheinend, daß Sie irgendwann α ausrechnen können. Ich denke jedoch, daß dies unmöglich ist.
EINSTEIN: Ja, ich glaube schon, daß die Feinstrukturkonstante durch Gesetze, die wir heute nicht kennen, letztlich fixiert ist. Es könnte durchaus so sein. Eine Welt mit einem anderen Wert von α kann es dann also gar nicht geben.
NEWTON: Das glauben Sie, Mr. Einstein, aber es erscheint mir einfach als ein Glaube. Wissen tun Sie es auch nicht.
EINSTEIN: Natürlich weiß ich es nicht sicher, aber mein Gefühl sagt es mir, und das hat mich selten getäuscht. Es ist meine Meinung, aber es steht Ihnen frei, eine andere Meinung zu haben.
HALLER: Also gut, lassen wir es dabei. Jetzt ist es aber Zeit, weiterzufahren.
EINSTEIN: Nicht so schnell, hier am El Capitan ist es so wunderbar. Ich schlage vor, daß wir noch einen Strandspaziergang machen.

Und so geschah ist. Sie liefen vom State Park aus nach Norden, vorbei an großen Felsen. An manchen Stellen mußten sie durch das Wasser waten. Nach einiger Zeit trafen sie auf eine tote Robbe, die an den Strand gespült worden war. Sie inspizierten sie und gingen dann weiter, bis sie an eine Stelle kamen, wo mehrere Robben im Wasser spielten. Von dort kamen sie aber nicht weiter, und sie machten sich auf den Rückweg zum Auto.

Einstein setzte sich wieder ans Steuer, dirigiert von Haller. Er lotste Einstein über den angrenzenden Campingplatz, und so konnte Haller die Plätze sehen, an denen er vor Jahren Campingurlaub gemacht hatte. In den letzten 20 Jahren hatte sich kaum etwas verändert.

Nach wenigen Minuten kamen sie auf die Autobahn, und bald waren sie an der Ausfahrt nach Lompoc und dem Vandenberg-Gelände der NASA. Da verließen sie die Autobahn. Einstein fuhr auf der Landstraße weiter, bis nach einiger Zeit die ersten Häuser von Lompoc auftauchten.

Haller kannte in Lompoc ein gutes griechisches Restaurant in der Nähe eines Motels. Er dirigierte Einstein dorthin. Zunächst jedoch besorgten sie sich ein Dreibettzimmer im Motel, dann ging es zum Restaurant.

Sie nahmen Platz an einem Tisch in der Ecke des Restaurants. Der Besitzer, offensichtlich ein gebürtiger Grieche, kam sofort und bot ihnen einen Aperitif an, den sie dankend annahmen. Dann wählten sie gebratenes Lammkotelett, die Spezialität des Hauses. Dazu gab es ein köstliches Pitabrot, von dem Newton schnell gewaltige Mengen verspeiste, wozu er auch noch große Mengen Bier trank.

EINSTEIN: Also, lieber Newton, ich sehe, Sie haben heute am El Capitan großen Hunger bekommen und großen Durst – wohl bekomm's. Trinken Sie nur nicht soviel Bier, sonst bekommen wir Probleme mit der Physik. Aber Haller hat uns auch in eine hervorragende Kneipe geführt, ein Grieche in Lompoc, wer hätte das gedacht. Hier sollten wir doch etwas mehr trinken. Ich dachte, hier in Lompoc gibt es nur Hamburger und dieses schreckliche Zeug, das die Amerikaner produzieren und dann auch noch verspeisen.

HALLER: Sie haben schon recht, man muß etwas suchen in einer Stadt wie Lompoc, aber ich habe dies auch getan, als ich vor etwa fünf Jahren auf meiner Fahrt von Stanford nach Pasadena hier erstmals durchkam, und da fand ich diesen Griechen, nicht schlecht. Seither mache ich immer hier in Lompoc Pause, wenn ich von Stanford nach Pasadena fahre oder umgekehrt. Lompoc liegt ziemlich in der Mitte. Meist bleibe ich sogar eine Nacht im Motel, wobei zu sagen ist, daß die Motels hier gut und zudem sehr billig sind.

EINSTEIN: Da haben Sie wirklich Glück gehabt mit dem Griechen. Zu meiner Zeit, als ich in Kalifornien war, gab es im ganzen Land faktisch keine Griechen, nur einige Mexikaner, wobei ich gestehen muß, daß ich das mexikanische Essen auch mochte, etwa eine gute Enchilada oder einen Burrito.
HALLER: Ich muß gestehen, daß wir dann etwas verpaßt haben. In Pasadena gibt es ein sehr gutes mexikanisches Restaurant, genannt »Acapulco«. Enchiladas oder Burritos in Acapulco, das ist ein Genuß, sage ich Ihnen. Und dazu die frischgebackenen Tacos mit gutem mexikanischem Bier, da vergessen Sie die ganze Physik. Vor Jahren diskutierte ich sogar mit dem Inhaber des »Acapulco« über die Einrichtung eines Restaurants in Bern, aber bislang wurde nichts daraus.
EINSTEIN: Vielleicht sollten Sie das selbst in die Hand nehmen, Professor Haller. Dann sind Sie bald nebenbei Besitzer eines mexikanischen Restaurants in Bern, und in drei Jahren sind Sie Millionär.
HALLER: Sie sind ein Witzbold, Millionär wird man nicht so schnell, zumindest nicht in der Schweiz. In der Schweiz ist man entweder Millionär von Geburt an, oder man ist keiner, und dann wird man auch keiner, jedenfalls kaum mit einem Restaurant. Und ob meine Schweizer Mitbürger so scharf auf ein mexikanisches Restaurant wären, ist unklar. Trotzdem, ich verfolge das weiter, und vielleicht kann ich Sie bald einmal in meinem Berner Restaurant bewirten.
Aber zurück hierher, wir sind beim Griechen, und ich sage Ihnen, das Lammkotelett hat es auch in sich. Das werden Sie gleich sehen. Aber jetzt wieder zur Physik, zu unseren geliebten Konstanten.
EINSTEIN: Ach Gott, ich liebte meine Frau, aber keine Konstanten, schon gar nicht, wenn sie plötzlich von der Zeit abhängen, also gar keine Konstanten mehr sind, sondern

irgendwelche verrückten Funktionen der Zeit. Was die Physik betrifft, schlage ich vor, wir vergessen sie für heute. Wenn ich mir das duftende Lammkotelett vorstelle, habe ich keine Lust mehr auf Physik, speziell auf variable Konstanten. Da ist dann das Kotelett wichtiger. Reden wir also lieber über etwas anderes.

Und damit war der Tag gelaufen. Sie aßen das köstliche Lammkotelett, redeten noch etwas, vor allem über die amerikanische Politik, über Präsident Kennedy, über Richard Nixon und Ronald Reagan, über Bill Clinton und schließlich über Präsident Bush. Dann machten sich Haller und Newton auf ins Bett.

Einstein war noch nicht müde, und er unternahm einen langen Spaziergang durch das nächtliche Lompoc, wobei er zu seiner Überraschung auf eine Hyäne traf, die ihm mitten auf der Straße entgegenkam, vor ihm stehenblieb, ihn neugierig anstarrte, dann etwas knurrte und sich in die Wüste trollte.

Der Nachthimmel war sehr klar, wie fast immer in Kalifornien. Einstein suchte den Andromedanebel, den er schnell fand, und schaute den Nebel lange an – zwei Millionen Jahre war das Licht, das ihm in die Augen kam, unterwegs gewesen. Vor zwei Millionen Jahren hatten Atome in Andromeda diese Photonen abgestrahlt. Lange vor seiner Geburt war es auf die Reise gegangen, und jetzt gelangte es in seine Augen. Welch eine seltsame Welt, voll von verrückten Zufälligkeiten. Und doch alles ungemein interessant. Alles ist durch physikalische Gesetze bestimmt, aber trotzdem ist die Welt bunt und völlig unvorhersehbar und gerade deshalb so umwerfend schön. Einstein atmete die frische Luft Lompocs tief ein und fühlte sich sehr wohl. Schließlich ging er gegen Mitternacht ebenfalls ins Bett.

12. Kapitel

In Esalen

Am nächsten Morgen standen die drei Physiker früh auf. Das Frühstück nahmen sie in einem nahen Café in Lompoc ein. Newton bestellte ein amerikanisches Frühstück mit drei Eiern, einer Menge Bacon und Pommes frites. Er aß es mit großem Vergnügen, während Einstein wieder über den Hunger von Newton witzelte. Schließlich saßen sie im Auto, und los ging es in Richtung Norden. Bald waren sie wieder am Pazifik, auf dem Highway Nr. 1.

Einstein fuhr schneller als die erlaubten 60 Meilen in der Stunde, und prompt wurden sie von einem Polizisten mitten im Wald angehalten. Der Polizist kontrollierte den Führerschein und las den Namen »Einstein« mit Erstaunen.

»Sind Sie der Enkel des großen Einstein?« fragte er Einstein. Dieser grinste und sagte: »Das kann man wohl sagen. Aber wieso kennen Sie meinen Großvater überhaupt?«

»Und ob ich den kenne. Ich habe mal vor zehn Jahren in Stanford Physik studiert, dann jedoch aufgehört damit, aber Einstein kenne ich sehr gut, die Relativitätstheorie. Also, wenn Sie mit dem großen Einstein verwandt sind, will ich mal nichts sagen über Ihre Verkehrsverletzung. Einen Einstein bestraft man nicht. Hier haben Sie Ihren Führerschein zurück, und fahren Sie jetzt etwas langsamer. Alles Gute.«

Und damit war Einstein zufrieden. Er fuhr weiter und meinte: »Sehen Sie, es ist doch gut, Einstein zu sein, selbst hier im Hinterland von Kalifornien, wo man denken würde, daß die Leute von dem nicht die geringste Ahnung haben. Zum Glück saß ich am Steuer und nicht Haller, denn Sie, Mr. Haller, hätten jetzt zahlen müssen.«

»Und nicht zu wenig, mindestens 80 Dollar, schätze ich, aber vielleicht wäre ich auch nicht so schnell gefahren, denn ich kenne die Verkehrsregeln im Gegensatz zu Ihnen«, meinte Haller.

Sie fuhren weiter auf dem Highway Nr. 1, von dem Haller schwärmte, es sei die schönste Straße der Welt und jeder zivilisierte Bürger sollte ihn einmal im Jahr entlangfahren. Einstein war dagegen, mit dem Argument, daß dann die Straße voller wäre als die Fifth Avenue in New York. Es gäbe einen Stau nach dem anderen.

Nach etwa drei Stunden erreichten sie Big Sur, eine eindrucksvolle Berglandschaft am Pazifik. Haller kannte hier ein schöngelegenes Institut, genannt Esalen, in dem man auch übernachten konnte. In einer Kurve der Straße lag der Eingang, und nach kurzer Wartezeit erhielten sie die Genehmigung, auf das Institutsgelände zu fahren. Sie bekamen zwar nur noch ein Dreibettzimmer, dafür allerdings mit einem wunderbaren Blick auf den Pazifik.

Haller hatte die Idee, zu einer der heißen Quellen im Hinterland zu gehen. Mit Handtüchern machten sie sich auf den Weg. Nach kurzer Zeit erreichten sie einen natürlichen Pool, gefüllt mit heißem Wasser, und bald saßen sie darin und genossen das Bad.

NEWTON: Haller, Sie sind ein wertvolles Mitglied unserer kleinen Bande. Jetzt brachten Sie uns auch noch zu diesem herrlichen Pool. Nun bin ich hier drin, und es ist alles gut, nur über Physik werden wir da kaum reden können. Es ist einfach zu schön für die Physik.

EINSTEIN: Also, mein lieber Newton, jetzt reicht es. Beim Frühstück essen Sie eine Menge Eier, Bacon, Pommes frites und Toast, und jetzt sitzen Sie im Pool und wollen gar nichts mehr tun. Sie als Engländer degenerieren ganz schön. Das gefällt mir nicht. Aber über Physik werden wir schon reden können, auch wenn das, was Sie heute sagen, vielleicht nicht gerade des Pudels Kern ist.

HALLER: O.k., es ist schon angenehm hier drin. Wenn Sie nichts dagegenhaben, wollen wir heute nachmittag das Problem der Zeitabhängigkeit von α angehen.

EINSTEIN: Soll mir recht sein, hier ist es jetzt so angenehm, daß ich auch eine Zeitabhängigkeit von α verkraften kann, aber nur, wenn es wirklich sein muß.

HALLER: Also zu den Beobachtungen, die etwa um die Jahrtausendwende, also erst vor kurzem, gemacht wurden. Man ist heute in der Lage, die Feinstruktur von Atomen in den fernen Galaxien, insbesondere auch in den fernen Quasaren, zu studieren.

EINSTEIN: Das ist schon beachtlich. Wenn ich bedenke, welch große Schwierigkeiten damals Sommerfeld hatte, seine theoretischen Überlegungen zur Feinstruktur zu machen, weil die Daten so ungenau waren. Aber welche Elemente hat man denn da vermessen?

HALLER: Eine ganze Reihe. Eine Gruppe von Astrophysikern aus Australien, England und den USA machte die Messungen am Keck-Teleskop in Hawaii. Man untersuchte die Feinstruktur der Atome von Eisen, Nickel, Magnesium, Zinn, Silber usw.

NEWTON: Ich wußte gar nicht, daß ferne Quasare auch Silber haben, vielleicht sogar Gold?

HALLER: Kein Problem, es gibt dort praktisch alle Elemente

Abb. 12.1 Das Keck-Teleskop auf Hawaii

wie hier bei uns auf der Erde. Nur nach Gold zu suchen macht wenig Sinn, das ist genauso selten wie hier auf der Erde. Man hat etwa 150 Quasare angeschaut, viele von ihnen Milliarden von Lichtjahren entfernt, manche sogar elf Milliarden Lichtjahre.
NEWTON: Großer Gott, da haben die ja fast in die kosmische Ursuppe hineingeschaut.
HALLER: Nicht ganz, der Urknall war immerhin noch etwa drei Milliarden Jahre vorher. Aber jetzt kommt etwas, was ich leider nicht ganz verstehe. Die Physiker haben eine Methode benutzt, die bekannt wurde als die »many multiplet method«, um die Feinstruktur der Atome zu analysieren. Das scheint eine komplizierte Methode zu sein, jedenfalls verstehe ich sie nicht so recht.
EINSTEIN: Na ja, Sie sind schließlich auch kein Atomphysiker. Aber was fand man nun?

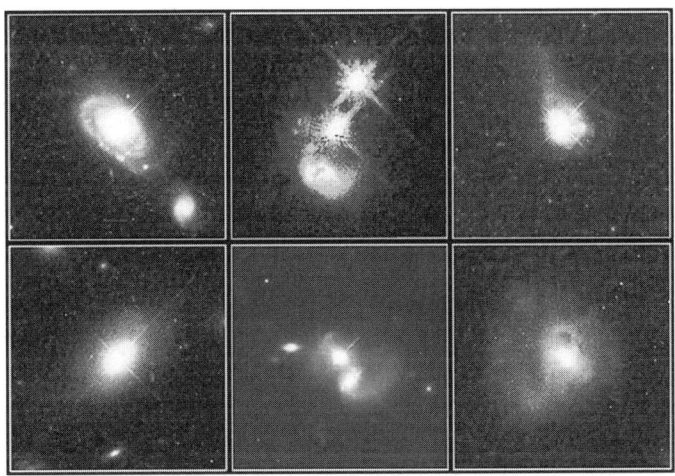

Abb. 12.2 Ein Quasar

HALLER: Man fand eine kleine Abweichung:

$$\Delta\alpha/\alpha = -(0{,}54 \pm 0{,}12)10^{-5}$$

Interessant ist, daß man Quasare in allen möglichen Himmelsrichtungen studierte, und alle zeigten etwa dieselbe Abweichung. Man sieht also keine örtliche Variation, nur eine zeitliche, wie schon erwähnt.

NEWTON: Falls das stimmt, gibt es also doch einen kleinen Unterschied zwischen Raum und Zeit. Ist ja auch verständlich, denn der Urknall war am Anfang der Zeit. In diesem Sinn gibt es auch einen Unterschied zwischen Zeit und Raum.

HALLER: Also, wenn ich das Resultat ernst nehme und mir vorstelle, daß in erster Approximation die Änderung einfach linear ist, würde das bedeuten, daß sich α pro Jahr um etwa $1{,}2 \times 10^{-15}$ ändert.

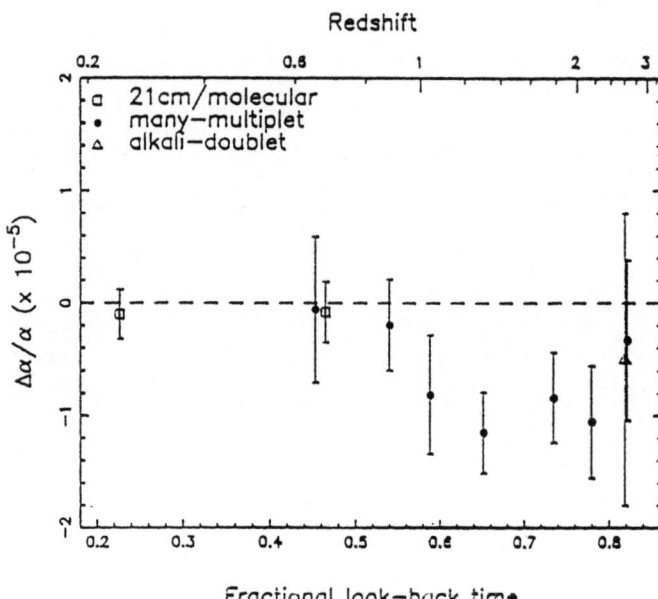

Abb. 12.3 Änderung von α in der Zeit

EINSTEIN: Na ja, ob da eine lineare Approximation gilt, muß man erst noch sehen. Trotzdem, berauschend viel ist das nicht, jedenfalls wohl nicht meßbar, oder?
HALLER: Schwierig, aber nicht völlig unmöglich. Die Laserphysiker können heute allerdings phantastisch genau messen. Darauf werden wir noch kommen.
EINSTEIN: Wenn α von der Zeit abhängt, sollten wir uns einmal überlegen, was das heißen könnte. Also, α ist doch gegeben durch $e^2 2\pi/hc$. Das könnte bedeuten, daß h oder c von der Zeit abhängig sind oder beide, oder daß e von der Zeit abhängig ist.
HALLER: Mich erstaunt, was Sie da sagen. Kann c, die Lichtgeschwindigkeit, überhaupt von der Zeit abhängen? Was

heißt denn das für Ihre Relativitätstheorie, Mr. Einstein? Wollen Sie die dann aufgeben?

EINSTEIN: Hm, daran habe ich im Eifer des Gefechts gar nicht gedacht. Gut wäre das für die Theorie wohl nicht, eigentlich sogar furchtbar.

HALLER: Schlecht ist sehr untertrieben, Mr. Einstein. Für die Theorie wäre es fatal. Zumindest ich wüßte nicht, was ich dann noch mit der Relativitätstheorie anfangen sollte. Für mich wäre die dann reif für die Schrotthalde. Also, ich kann mir einfach nicht vorstellen, daß c von der Zeit abhängig sein könnte. Meinen Studenten in Bern sage ich immer, c setzen wir gleich eins. Wenn c von der Zeit abhängig ist, geht das natürlich nicht.

NEWTON: Vor einigen Tagen las ich einen astronomischen Artikel, in dem davon die Rede war, daß c von der Zeit abhängt. Also gibt es zumindest Wissenschaftler, die das ernst nehmen.

HALLER: Halten Sie sich nicht damit auf. Astronomen haben doch keinen Dunst von der Relativitätstheorie. Die würden glatt relativistische Rechnungen durchführen mit einem zeitabhängigen c, schrecklich. Überhaupt, ein zeitlich variables c, einfach katastrophal für die Einheit von Raum und Zeit, die ja der Relativitätstheorie zugrunde liegt.

EINSTEIN: Na ja, das sind Astronomen, Sterngucker, also keine Physiker, und von der Relativitätstheorie haben die überhaupt keine Ahnung.

Überhaupt sollten Astronomen keine theoretischen Arbeiten schreiben, die sind immer furchtbar. Ich stimme Ihnen aber zu, eine zeitliche Abhängigkeit von c sollten wir lieber vergessen.

NEWTON: Also gut, dann können wir doch h von der Zeit abhängig machen, oder bekommen wir da auch Probleme?

HALLER: Also, für mich ist das auch ein Problem. Das würde bedeuten, daß die Quantentheorie umgeschrieben werden muß. Ich verstehe die Theorie dann noch weniger als jetzt. In der Teilchenphysik setzen wir oft h/2π und c gleich 1, um leichter zu rechnen. Auch das geht dann nicht mehr. Morgen liefert die Umrechnung einen anderen Wert als heute, grauenhaft.

EINSTEIN: Ich stimme Ihnen zu. Ein zeitlich variables h wäre vermutlich auch für meinen Freund Max Planck nicht zu ertragen. Vergessen wir das Ganze schnell. Dann gibt es also nur noch eine Möglichkeit. Die zeitliche Abhängigkeit muß in e stecken.

NEWTON: Also hängt e von der Zeit ab, seltsam. Die elektrische Ladung soll mithin von der Zeit abhängen?

HALLER: So schlimm wäre das nicht. Die elektrische Ladung beschreibt doch nur die Kraftwirkungen auf elektrisch geladene Körper, und die erhalten jetzt eine kleine Zeitabhängigkeit. Damit kann ich zumindest leben.

EINSTEIN: Damit kann ich auch leben, unter der Annahme, daß die Beobachtung wirklich stimmt. Aber noch einmal zurück zu den $1{,}2 \times 10^{-15}$ pro Jahr, dem Wert, den Sie erwähnten. Das wäre dann auch heute noch der Fall, zumindest nach Ihren Worten. Aber muß das wirklich sein? Es könnte doch auch sein, daß die zeitliche Änderung vor, sagen wir, drei Milliarden Jahren aufgehört hat. Die Beobachtung bei den Quasaren würde das doch nicht beeinflussen.

HALLER: Ja, da gäbe es kein Problem. Aber warum sollte die zeitliche Änderung von α vor drei Milliarden Jahren aufgehört haben? Warum dann nicht schon vor zehn Milliarden Jahren?

Aber es könnte durchaus so sein. Das würde aber bedeuten, daß die zeitliche Änderung von α nichtlinear ist. Da wir keine vernünftige Theorie über e und die zeitliche Änderung von e haben, könnte es durchaus so sein. Niemand weiß es.

EINSTEIN: Jetzt noch eine Frage zur zeitlichen Änderung von α. Wir sprachen schon von der großen Vereinigung der Naturkräfte. In solchen Theorien sind die Konstanten, die die Stärken der verschiedenen Wechselwirkungen beschreiben, voneinander abhängig. Würde dies heißen, daß auch die Konstanten für die starken und die schwachen Wechselwirkungen von der Zeit abhängig werden? Und wo soll in einer solchen Theorie die Zeitabhängigkeit überhaupt hereinkommen?

HALLER: Das sind in der Tat schwierige Fragen, und ich muß jetzt wohl auf sie eingehen. Ich habe mir diese Fragen vor einiger Zeit selbst gestellt. Eine zeitliche Abhängigkeit der Konstanten für die Wechselwirkung können Sie leicht bekommen, wenn die Konstante der vereinigten Wechselwirkungen, die bei sehr hohen Energien vorhanden ist, von der Zeit abhängig wird, und diesen Fall wollen wir gleich einmal näher anschauen. Ich sollte aber auch erwähnen, daß eine zeitliche Abhängigkeit von α ebenfalls erscheint, wenn die Energie, bei der die Vereinigung geschieht, von der Zeit abhängig wird. Auch diesen Fall müssen wir betrachten.

EINSTEIN: Gut, wenn also die Konstante für die vereinigte Wechselwirkung zeitlich variabel ist, heißt das dann nicht auch, daß die Konstante für die starke Wechselwirkung von der Zeit abhängig wird? Das würde dann weiter bedeuten, daß die Massen der Atomkerne zeitlich variabel werden. Wie groß ist denn diese Änderung?

HALLER: Ja, durchaus. Das hängt aber von der spezifischen Theorie ab. Mit einem Doktoranden habe ich ein einfaches Modell der Vereinigung angeschaut, und wir berechneten, daß dann auch eine Änderung der Skala der starken Wechselwirkung zu erwarten ist. Die ist sogar relativ groß, nämlich fast genau 40mal so stark wie die Änderung, die von α herkommt.

NEWTON: Aber das würde doch bedeuten, daß sich zum Beispiel die Massen der Atomkerne 40mal stärker ändern würden als α. Könnte man dies nicht sogar beobachten?
HALLER: Ja, Mr. Newton. Sie verweisen exakt auf den entscheidenden Punkt. Aber ich sollte noch erwähnen, daß es nun darauf ankommt, wie die Zeitabhängigkeit hier ins Spiel kommt. Die eben erwähnte Zahl 40 bekommt man, wenn die Zeitabhängigkeit über die Konstante der Wechselwirkung erzeugt wird. Hat man es jedoch mit einer Variation der Energie der Vereinigung zu tun, erhält man einen Faktor 31, der allerdings das andere Vorzeichen hat. Wird α also kleiner, wie beobachtet, wird in diesem Fall die Skala der starken Wechselwirkung größer.
NEWTON: Wie dem auch sei, der Effekt könnte dann eventuell gemessen werden. Wie steht es damit?
HALLER: Diese Frage habe ich mir vor einiger Zeit gestellt. Was mittlerweile herausgekommen ist, scheint interessant zu sein. Aber wir haben jetzt genug gebadet. Unterbrechen wir unsere Diskussion, und im Restaurant geht es dann weiter.

Die drei Physiker verließen also den Pool. Haller und Newton gingen auf das Zimmer, während Einstein noch ein wenig auf dem Institutsgelände spazierenging und einen Blick hinunter auf den Pazifik warf. Dann trafen sich die drei zum Essen.

Nach kurzer Zeit saßen sie am Tisch im Speiseraum des Instituts und studierten die Speisekarte. Sie beschlossen, alle drei dasselbe zu nehmen, nämlich Filet Mignon, das Haller von einem früheren Besuch her kannte und auch empfehlen konnte.

Es dauerte nur kurze Zeit, dann stand das Filet Mignon auf dem Tisch, und sie machten sich mit großem Appetit darüber her. Dazu hatte Haller eine große Flasche Cabernet aus dem Napa Valley bestellt. Es war ein Genuß, und die drei Physiker wollten gar nicht zum Thema kommen. Aber nach dem Essen begann Einstein mit der Diskussion:

EINSTEIN: Also, nach dem vorzüglichen Cabernet jetzt zur Physik zurück, auch wenn das etwas schwer fällt. Sie sagten, bezüglich der Zeitabhängigkeit der starken Wechselwirkung hätten Sie sich etwas überlegt?
HALLER: Ich muß gestehen, daß ich bis vor einiger Zeit nicht sehr viel von der Laserphysik wußte, ehrlich gesagt auch nicht allzuviel davon hielt. Die neuen Rekorde, die unsere Quantenoptiker in Bern und ihre Kollegen in München bezüglich der Genauigkeit von Messungen erzielten, beeindruckten mich nicht sehr. Das war Atomphysik und Quantenelektrodynamik, also für mich kalter Kaffee, auch wenn die Messungen immer genauer wurden. Als ich jedoch über die Zeitabhängigkeit der starken Wechselwirkung nachdachte, wurde mir klar, daß die Quantenoptiker hier vielleicht etwas entdecken konnten.
Meine Berner Kollegen verwiesen mich an Theodor Hänsch, einen sehr guten Laserphysiker an der Universität München. Da ich ohnehin einen Vortrag in München halten sollte, machte ich mit Hänsch einen Termin aus, und zwei Wochen später trafen wir uns in München.
Hänsch erklärte mir, daß er vor einiger Zeit ein Experiment abgeschlossen habe, in dem er den Gang einer Cäsiumuhr mit Wasserstoffübergängen verglichen hatte. Ich fragte ihn, was denn daran so interessant sei, und Hänsch erwiderte: »Wissen Sie, man weiß ja nie, was passiert. Bei einer Cäsiumuhr wird ein Hyperfeinübergang gemessen, bei den Wasserstoffübergängen handelt es sich um einfache atomare Übergänge. Es könnte doch sein, daß hier etwas mit der Theorie nicht stimmt.«

Als ich das Stichwort »Hyperfeinübergang« hörte, begannen bei mir die Alarmglocken zu schrillen.
EINSTEIN: Ich kann mir denken, warum das so war. Beim Hyperfeinübergang kommt das magnetische Moment des Kerns ins Spiel. Wenn jetzt irgend etwas mit der starken Wechselwirkung passiert, ändert sich das magnetische Moment, und schon haben wir den Salat.
HALLER: Genau, das war es. Wenn sich die Skala der starken Wechselwirkung ändert, ändert sich auch das magnetische Moment und damit die Stärke des Hyperfeinübergangs. Bei den Wasserstoffübergängen passiert jedoch nichts. Ich würde deswegen erwarten, daß sich zwischen den Wasserstoffübergängen und dem Gang der Cäsiumuhr eine Diskrepanz entwickelt. Wenn man die beiden heute vergleicht und dann morgen wieder, sollte man einen kleinen Unterschied finden. Ich erklärte dies Hänsch, und er verstand sofort, worauf ich hinauswollte. Er sprang auf, lief unruhig hin und her, ging dann zur Wandtafel und rechnete kurz. Dann meinte er: »Wenn Ihre Theorie stimmt, dann war das Experiment, das ich gerade abgeschlossen habe, sehr relevant. Wollen wir einmal kurz überlegen, ob meine Resultate da etwas aussagen.«
NEWTON: Wie groß sollte denn der Effekt sein, den Sie erwarten würden?
HALLER: Der von den Astrophysikern beobachtete Effekt bedeutet im einfachsten Fall eine Änderung von $1{,}2 \times 10^{-15}$ pro Jahr. Wenn ich diese Zahl mit 40 multipliziere, erhalte ich etwa 5×10^{-14} pro Jahr. Das wäre die Änderung zwischen der Cäsiumuhr und den Wasserstoffübergängen, die Hänsch beobachten sollte.
Hänsch schaute seine Resultate an und kam zu dem Schluß, daß er nichts unter etwa 10^{-13} pro Jahr aussagen konnte. Aber er erklärte mir, daß er das Experiment leicht mit etwas höherer Präzision wiederholen könne. Es gab nur ein Pro-

blem. Hänsch hatte keine beliebige Cäsiumuhr benutzt, sondern die beste Cäsiumuhr der Welt, die er extra aus Paris hatte kommen lassen und die den Namen »Pharao« trägt.
EINSTEIN: Haha, Pharao, der Bestimmer aller Zeiten.
HALLER: Es ist eine sehr genau gehende Uhr, und die brauchte Hänsch für sein neues Experiment. Also rief er gleich den Direktor des Instituts in Paris an. Dieser fragte ihn, wozu er die Uhr denn noch einmal brauche, und Hänsch deutete an, daß er Informationen habe, daß der gesuchte Effekt gerade kurz unterhalb der bereits erhaltenen Resultate liegen könne. Der Direktor entschied, die Uhr bereits in drei Wochen nach München zu schicken.
Als Teilchenphysiker weiß ich, wie kompliziert die Experimente sind. Jahrelange Vorbereitungen sind da oft nötig, und deshalb war ich erstaunt, wie schnell Hänsch reagieren konnte. Bereits in vier Wochen konnte das Experiment beginnen. Hänsch hatte allerdings den Vorteil, daß sein Experiment mit den Wasserstoffübergängen noch stand, und er brauchte im Grunde nur die Pharao-Uhr wieder anzuschließen.
Seine Gruppe von Experimentatoren wurde von mir über die Relevanz des Experiments aufgeklärt, und mit großem Elan machte sich die Gruppe an die Arbeit. Nach drei Wochen kam Pharao nach München, zusammen mit einer kleinen Gruppe von Experimentatoren, die die Uhr anschlossen. Einige der Physiker blieben noch da und beteiligten sich an dem neuen Experiment. In den folgenden Wochen fuhr ich oft zwischen Bern und München hin und her. Manchmal legte ich auch eine Nachtwache im Experimentierraum ein.
EINSTEIN: Haha, Haller wird zum Experimentator. Sie haben sich also die Nächte um die Ohren geschlagen für die Physik. Das habe ich nie getan. Wie lange hat es denn nun gedauert, bis Sie den Effekt fanden?
HALLER: Sie nehmen also an, daß wir etwas fanden. Aber es

kam leider anders. Zwar fanden wir eine winzige Änderung zwischen Pharao und dem Wasserstoff, aber die Fehlerwahrscheinlichkeit war groß. Schließlich konnten wir sagen, daß die Änderung kleiner als $-0{,}9 \times 10^{-15}$ pro Jahr sein mußte, allerdings mit einer Fehlerwahrscheinlichkeit von $5{,}2 \times 10^{-15}$. Wir erwarteten aber einen Effekt von der Größenordnung 5×10^{-14}, also um mehr als einen Faktor 10 mehr, und das war jetzt kaum noch drin.

EINSTEIN: Die Fehlerwahrscheinlichkeit, die Sie gerade erwähnten, ist doch noch ziemlich groß. Vielleicht ist der Effekt dann doch vorhanden?

HALLER: Ausgeschlossen ist das nicht, aber ich halte die Wahrscheinlichkeit für recht klein.

EINSTEIN: Wie sieht es denn jetzt mit dem Experiment aus? Läuft es noch?

HALLER: Nein, die Franzosen brauchten die Pharao-Uhr zurück. Aber Hänsch ist dabei, ein weiteres Experiment vorzubereiten, um vor allem die Fehlerwahrscheinlichkeit zu verringern.

Ich sollte auch erwähnen, daß am Institut für Quantenoptik in Boulder in Colorado ein ähnliches Experiment unternommen wird. Als die Amerikaner inoffiziell erfuhren, was Hänsch mit seiner Gruppe in München treibt, haben sie gleich ein analoges Experiment aufgebaut. So geht es in der Quantenoptik. Die Amerikaner versuchen immer herauszubekommen, was Hänsch gerade macht, und dann machen sie etwas Ähnliches.

EINSTEIN: Also Hänsch bestimmt, was die Laserphysiker weltweit machen, sauber. Immerhin, es wird ein weiteres Experiment geben, vielleicht finden die etwas.

HALLER: Möglich ist es, ich würde allerdings vorziehen, wenn Hänsch als erster etwas finden würde.

NEWTON: Sie sagten gerade, daß man auf dem Niveau, das Sie

erwartet haben, nichts fand. Was heißt das jetzt für Ihre Theorie?
HALLER: So eindeutig ist die Theorie doch nicht. Ich hatte gesagt, daß eine Zeitabhängigkeit entweder durch eine Zeitabhängigkeit der Energie der Vereinheitlichung oder durch eine Zeitabhängigkeit der Konstanten der Wechselwirkung hereinkommen kann. Beide Effekte haben entgegengesetzte Vorzeichen.
EINSTEIN: Es könnte doch sein, daß beides passiert, dann sieht es allerdings komplizierter aus. Beide Effekte könnten sich doch auch partiell kompensieren.
HALLER: Genau darauf wollte ich hinaus. Es gibt Theorien, die in der Tat eine Zeitabhängigkeit durch beide Effekte beinhalten. Das sind zum Beispiel Theorien, die auf den »Superstrings« aufgebaut sind, die wir bereits erwähnten.

Jedenfalls, wenn es eine solche teilweise Aufhebung der Effekte gibt, würde man erwarten, daß der Effekt, den etwa Hänsch suchte, bei etwa 5×10^{-15} liegt. Innerhalb der Fehlermarge ist ein solcher Effekt heute noch möglich. Hänsch hat deshalb vor, ein neues Experiment durchzuführen, um den Bereich von einigen 10^{-16} bis etwa 5×10^{-15} abzusuchen.

NEWTON: Keine schlechte Idee. Die Chance, daß es gerade in diesem Bereich etwas gibt, ist wohl durchaus gegeben.
HALLER: Ich unterstütze dies auch sehr. Selbst wenn sich herausstellen sollte, daß die Astrophysiker einen Fehler gemacht haben und daß es eine Zeitabhängigkeit der Feinstrukturkonstante auf dem Niveau, wie sie behaupten, gar nicht gibt, könnte man etwas finden.

Es gibt Pläne in München, nach einer Zeitabhängigkeit bis zum Niveau von 10^{-17} pro Jahr zu suchen. Diese Experimente beruhen auf der Untersuchung schwerer Elemente und sind langwierig. Bei ihnen werden zum Beispiel die

Kerne von Indium und Silber bei Hyperfeinübergängen untersucht. Man sollte danach schauen, unabhängig von den Beobachtungen der Astrophysiker. Bei einer solchen Sensitivität könnte man zum Beispiel eine zeitliche Abhängigkeit vom Skalenparameter der starken Wechselwirkung von, sagen wir, 2×10^{-16} pro Jahr finden.

EINSTEIN: Na ja, warten wir es ab. Vielleicht findet man auch gar nichts, die Chancen hierfür halte ich für groß.

HALLER: Sicher, man sucht gewissermaßen im dunklen. Aber wenn etwas gefunden wird, wäre das eine sehr wichtige Entdeckung. Wichtige Entdeckungen macht man sehr oft unerwartet.

Es ist aber schon spät geworden. Ich würde vorschlagen, daß wir uns jetzt auf das Zimmer zurückziehen. Morgen müssen wir schließlich weiter zum SLAC.

Damit war die Diskussion beendet. Die drei Physiker zogen sich zurück. Haller machte noch einen kurzen Spaziergang zum Eingang des nahe gelegenen Canyons und schaute lange in den klaren Sternenhimmel. Insbesondere betrachtete er den Andromedanebel, den er als Kind immer mit seinem selbstgebastelten Fernrohr beobachtet hatte. Am kalifornischen Sternenhimmel konnte man den Nebel sehr gut sehen. Dann ging auch er schlafen.

13. Kapitel

Am SLAC

Am nächsten Morgen mußte Haller nach Einstein suchen. Er fand ihn schließlich in der heißen Quelle, wo er in ein Gespräch mit einer hübschen jungen Frau vertieft war, die ebenfalls ein Bad nahm. Ungern sah Einstein, daß nach ihm gesucht und er auch noch gefunden wurde. Erst nach einiger Zeit gelang es Haller, Einstein von seiner neuen Bekanntschaft loszueisen. Bei hübschen Frauen wurde Einstein immer schwach. Murrend machte er sich auf den Weg. Sie machten sich zur Abfahrt bereit.

Bald saßen sie im Wagen und fuhren nach Norden. Nach kurzer Zeit erreichten sie Big Sur, wo Haller ein gutes Restaurant im Wald kannte. Dort nahmen sie ein reichliches Frühstück ein, wobei Newton sich wieder daranmachte, drei Eier samt Speck und eine ganze Ladung Toast und Bratkartoffeln zu verzehren. Einstein witzelte wieder über den Heißhunger, den Newton zeigte, aber der ließ sich nicht stören. Newton war eben ein Frühstücksmensch. Am Morgen hatte er immer den meisten Appetit, und gerade das amerikanische Frühstück mit Eiern und Speck hatte es ihm angetan.

Danach ging es weiter nach Norden. Bald erreichten sie die Halbinsel Monterey. Haller machte extra einen kleinen Umweg, um die Halbinsel zu umrunden. Sie fuhren durch eine herrliche Landschaft, rechts der dichte Wald, links der Strand. Schließlich verließen sie Monterey und kamen bald zu der Stadt Santa Cruz, die sie schnell durchquerten. Sie fuhren weiter auf dem Highway Nr. 1 nach Norden. Nach etwa einer Stunde verließ Haller die Küstenstraße und fuhr zu einem State Park am Ozean, den er kannte. Dort parkten sie den Wagen und gingen hinunter zum Strand, der an dieser Stelle sehr weitläufig war. Überall sah man große Sanddünen.

Einstein gefiel die Landschaft, er wollte hier einige Zeit bleiben und einen längeren Strandspaziergang machen. Haller und Newton schlossen sich ihm an. Gleich zu Beginn mußten sie einen Fluß durchqueren. Newton, der nicht gut schwimmen konnte, weigerte sich, den Fluß zu durchwaten. Einstein und Haller trugen ihn schließlich hinüber.

Es wurde eine längere Wanderung entlang des wilden Strandes. Erst am frühen Nachmittag kamen sie zum Auto zurück. Haller fuhr noch einige Meilen nach Norden, bis zu dem kleinen Ort Half Moon Bay. Dort bekamen sie einen erstklassigen Lunch, kalifornische Krabben mit Toast. Einstein mochte die Krabben besonders, und er bestellte sich eine zweite Portion.

Haller erzählte, wie er vor vielen Jahren als Besucher des SLAC das erste Mal nach Half Moon Bay gekommen war. Er schwamm damals im Ozean. Als er aus dem Wasser stieg, begegnete er einem Mann, der ihn fragte, ob er Deutscher sei. Haller fragte, wie er darauf käme, und der Amerikaner sagte ihm, nur die Deutschen würden bei diesen Temperaturen im Ozean schwimmen, verrückt wie sie seien. Amerikaner machten das nicht. Haller versuchte ihm dann zu erklären, daß er Schweizer sei, aber in Kalifornien macht man zwischen Schweizern und Deutschen keinen Unterschied.

Erst nach 14 Uhr saßen sie wieder im Auto, und Haller

fuhr jetzt nach Osten, auf den Highway 92, in Richtung Stanford. In den Küstenbergen fuhren sie kurz auf dem Skyline Boulevard, dann ging es steil hinab auf einer schmalen Bergstraße. Schließlich erreichten sie den kleinen Ort Woodside, der nichts weiter war als eine Ansammlung von Häusern im Wald. Danach kamen sie nach Palo Alto. Es war schon spät am Nachmittag, und Haller entschied, erst am nächsten Tag zum Stanford Linear Accelerator Center (SLAC) zu fahren. Sie quartierten sich in einem Motel direkt an der Hauptstraße ein, dem El Camino Real. Da es aber noch relativ früh war, schlug Haller vor, zum Essen ins nahe San Francisco zu fahren. Der Vorschlag wurde angenommen, und bald waren sie auf der Autobahn nach San Francisco. Haller kannte die Restaurants in San Francisco gut und wußte, welches er ansteuern wollte. Er fuhr direkt nach Fisherman's Wharf im Hafen. Dort saßen sie bald beim Essen, Roasted Salmon mit Krabbensalat, und bei gutem Weißwein aus dem Napa Valley.

Nach dem Essen fuhr Haller noch über die Golden Gate Bridge zu dem Ort Sausolito gleich hinter der Brücke. Von dort hatten sie einen wunderbaren Blick auf das Zentrum von San Francisco und die vorgelagerte Insel Alcatraz mit dem früheren Staatsgefängnis. So war es dann schon spät in der Nacht, als sie nach Palo Alto zurückkehrten.

Am nächsten Morgen fuhr Haller mit Einstein und Newton zur University Avenue im Zentrum von Palo Alto in ein Kaffeehaus, wo man ein sehr gutes Frühstück bekam. Dann ging es am wunderbaren Campus der Stanford University vorbei. Sie erreichten schließlich die Sand Hill Road, die zum SLAC führte.

Haller fuhr zunächst am Eingang vorbei zur nahen Autobahn, auf der er nach Süden fuhr. Auf einer Brücke stoppte er, auch wenn dies nicht erlaubt war, und bat seine Kollegen, einen Blick nach unten zu werfen. Erstaunt erblickten Einstein und Newton das lange Bauwerk des SLAC, das nichts anderes war als ein großer linearer Beschleuniger.

EINSTEIN: Mein Gott, was ist denn das für ein Monstrum?
HALLER: Dieses Monstrum ist der lineare Teilchenbeschleuniger des SLAC. In ihm werden Elektronen oder Positronen beschleunigt, bis sie faktisch mit Lichtgeschwindigkeit fliegen. Die Teilchen kommen von da oben, werden immer schneller und fliegen dann da unten ins Labor, landen eventuell in einem Metallblock.
NEWTON: Sie erwähnten bereits, daß hier am SLAC zum ersten Mal die Quarks im Inneren der Atomkerne beobachtet wurden. Wie ging das denn?
HALLER: Ja, es geschah zu einer Zeit, als ich noch Student war, im Jahre 1967. Die Experimentalphysiker lenkten die Elektronen gegen Atomkerne und fanden zu ihrer großen Überraschung, daß manche Elektronen unter einem großen Winkel gestreut werden. Dies war eigentlich nicht erwartet worden, denn Jahre zuvor waren in Stanford andere Experimente gemacht worden, bei denen Elektronen an Protonen gestreut wurden, und hierbei fand man, daß die Chance, ein Proton nach der Streuung zu finden, das zudem eine hohe Energie besaß, sehr gering war. Man erwartete denselben Effekt bei den Atomkernen, aber es kam anders.
EINSTEIN: Interessant, da sind die Elektronen also frontal gegen die Quarks geprallt und wurden dabei unter großen Winkeln abgelenkt. Durch ein ähnliches Experiment hatte auch Rutherford vor langer Zeit die Atomkerne gefunden. Und jetzt fand man die Quarks auf analoge Art.
HALLER: In der Tat, man fand die Quarks genau auf diese Art. Exaktere Experimente ergaben sogar Informationen über

die Ladungen der Quarks, und die Ergebnisse waren wie erwartet, nämlich $2/3$ und $-1/3$, in Einheiten der negativen Elektronenladung, oder besser der Positronenladung. Hier am SLAC wurde damals gewissermaßen das Quarkmodell reif geschossen. Vor den SLAC-Experimenten nahmen nur wenige Teilchenphysiker die Quarks ernst, eigentlich nur ein paar Theoretiker, aber das änderte sich jetzt schnell. Ich war damals selbst am SLAC, fuhr aber jede zweite Woche nach Pasadena und hatte dort engen Kontakt mit Gell-Mann.

Für mich war es klar, daß man die Experimente im Rahmen des Quarkmodells verstehen sollte, aber ich fand zu meiner Überraschung, daß Gell-Mann hier nicht einer Meinung mit mir war. Er war skeptisch. Ich mußte ihn regelrecht davon überzeugen, was schließlich auch gelang. Aber jetzt schnell wieder ins Auto, sonst bekommen wir Probleme mit der Highway Patrol.

Sie fuhren weiter, und an der nächsten Ausfahrt kehrte Haller um und fuhr zur Sand Hill Road zurück. Bald waren sie am Eingang zum SLAC. Nach einem kurzen Telefonat mit dem Direktor fuhr Haller auf das Gelände.

Sie fuhren direkt zum Parkplatz vor dem Theoriegebäude. Haller bestand darauf, daß Einstein und Newton Mützen tragen sollten, denn sonst würden sie sofort erkannt werden, Einstein an seiner weißen Haarpracht, Newton an seinen langen Haaren. Da in Kalifornien die Kleiderordnung recht liberal ist, fielen die beiden älteren Herren mit ihren Baseballkappen auch nicht weiter auf.

Haller ging mit Einstein und Newton hoch zu der Sekretärin, die seit den sechziger Jahren am SLAC arbeitete und die er gut kannte. Die Sekretärin stellte ihnen sofort ein Büro mit drei Schreibtischen zur Verfügung, das zufällig frei war. Dort quartierten sie sich ein. Haller rief gleich einen Experimentator an, den er gut kannte, Richard Taylor, und bat um einen Besichtigungstermin für die Experimentierhallen. Das ging sofort, und Haller machte sich mit Einstein und Newton auf den Weg zu Taylors Büro.

Unterwegs kamen sie an einer Anschlagtafel vorbei, auf der unter anderem über das Newton-Institut in Cambridge in England berichtet wurde. Auf dem Poster befand sich auch ein Bild von Newton. Haller zeigte darauf und meinte, daß Newton in der Realität doch besser aussehe als auf dem Poster. Zum Glück habe er eine Mütze auf. Ohne sie wäre Newton in der Tat sofort erkannt worden.

Sie erreichten Taylors Büro. Haller stellte Einstein und Newton als Bekannte aus Los Angeles vor. Taylor witzelte und sagte zu Einstein, daß er aussehe wie der alte Einstein. Aber der ließ sich nichts anmerken.

Taylor war einer der Physiker, die in der zweiten Hälfte der sechziger Jahre die Quarks im Innern der Kernteilchen gefunden hatten. Er führte sie in die Experimentierhallen. Von den alten SLAC-Experimenten war allerdings kaum noch etwas übrig. Taylor erklärte ihnen, wo damals sein Detektor stand und wie er funktionierte. Dann gingen sie weiter zu der Halle, in der die PEP-Experimente stattfanden. PEP war eine neue Maschine am SLAC, in der durch Kollisionen von Elektronen und Positronen neue schwere Teilchen erzeugt werden konnten, etwa Teilchen, die aus den b-Quarks aufgebaut waren.

Nach der Besichtigung fuhren sie mit Taylor in ein nahes Restaurant in Woodside zum Mittagessen. Dann ging es zurück zum SLAC. Am Nachmittag setzten sie die Diskussion über die Konstanten im SLAC-Büro fort.

HALLER: Wie ich weiß, werden wir uns morgen trennen, da Sie beide zum Flughafen müssen. Ich werde Sie hinbringen. Heute möchte ich eine Theorie besprechen, die mir, aber vielleicht auch Ihnen, etwas seltsam vorkommt.

EINSTEIN: Was die Naturkonstanten anlangt, ist da vieles seltsam, nicht nur Ihre neue Theorie. Schießen Sie los, ich bin gespannt.

HALLER: In der Tat, bei den Naturkonstanten ist vieles unausgegoren, so zumindest muß das uns erscheinen. Aber eine einfache Sache sei am Anfang erwähnt. Bei den Quarks (c,s) und (t,b) ist es ja so, daß die mit der $2/3$-Ladung wesentlich schwerer sind als die Quarks mit der Ladung $-1/3$. Man würde dies dann eigentlich auch für das System (u,d) erwarten.

NEWTON: Wieso, ist das dort nicht so?

HALLER: Nein, da ist es gerade umgekehrt. Das u-Quark der Ladung $2/3$ ist leichter als das d-Quark mit der Ladung $-1/3$. Stellen wir uns aber einmal vor, es wäre umgekehrt.

EINSTEIN: Grauenhaft wäre das. Das würde doch bedeuten, daß das Proton schwerer wäre als das Neutron, und schon haben wir den Salat. Es würde bedeuten, daß nicht das Neutron in das Proton zerfällt, wie in unserer Welt, sondern das Proton in ein Neutron. Alle Wasserstoffkerne, die ja Protonen sind, wären nicht stabil, und es gäbe keinen Wasserstoff. Das hatten wir uns schon mal angeschaut, Mr. Newton.

HALLER: Sehr richtig. Das leichteste Atom in der Welt wäre Helium. Leben, wie wir es kennen, gäbe es nicht, nicht einmal die einfachsten Bakterien wären erlaubt. Zwar wissen wir nicht so recht, welche Art von Leben es in anderen Universen geben mag, aber in diesem komischen Universum gäbe es vermutlich überhaupt kein Leben.

EINSTEIN: So sicher wäre ich da nicht. Irgendeinen komischen Wurm auf Heliumbasis könnte es doch geben, aber komplizierte Lebensphänomene, wie bei uns beobachtet, gibt es vermutlich doch nicht. Einen Newton gibt es da sicher auch nicht.

HALLER: Einen Einstein wohl auch nicht. Sie sehen also: Um Leben zu haben, also Leben in unserem Sinn, müssen die Naturkonstanten ganz spezifische Werte annehmen.

EINSTEIN: In der Tat, nichts wäre natürlicher als ein u-Quark, das etwas schwerer ist als ein d-Quark, und schon haben wir aber da ein Problem.

HALLER: Etwas Ähnliches gilt auch für die Feinstrukturkonstante. Nehmen wir an, wir betrachten ein Universum, in dem α gleich $1/133$ oder $1/140$ ist. Man würde denken, das wäre doch o.k. Aber nichts ist o.k., denn eine etwas andere Feinstrukturkonstante bedeutet zwar nicht sehr viel für die Atome, aber durchaus viel für die komplexen Biomoleküle. Diese komplexen Biomoleküle, die wir für das Leben brauchen, gibt es dann nicht, jedenfalls nicht die, die wir benötigen.

NEWTON: Na gut, in dieser Welt gibt es also keinen Einstein und keinen Newton, aber es könnte doch etwas anderes geben, Leben in einer ungewöhnlichen Form, einen Einstein-Wurm zum Beispiel.

HALLER: Na, ob dieser Wurm die Relativitätstheorie gefunden hätte, da habe ich meine Zweifel. Wir wollen ja Leben in der uns geläufigen Form. Es sieht jedenfalls so aus, als wären die für die stabile Materie relevanten Naturkonstanten, also α, die Skala der starken Wechselwirkung, die Massen der u- und d-Quarks und die Elektronenmasse, gerade so gewählt, als würden sie für das Leben genau passen, und das ist sehr seltsam.

Unser Leben hat schließlich nichts zu tun mit der fundamentalen Teilchenphysik. Wie kommt dann dieser seltsame Zusammenhang zustande?

EINSTEIN: Ja, es sieht so aus, als hätte der Alte gewußt, daß es irgendwann Menschen wie uns geben wird, und als hätte er die Konstanten dann genau passend eingerichtet. Er hätte doch nur die u-Masse etwas größer als die d-Masse machen müssen, und es gäbe uns nicht. Aber dann gäbe es auch niemanden, der sich darüber wundern könnte. Aber vielleicht hat der Alte bald genug von den komischen Menschen, und er macht die u-Masse größer als die d-Masse. Nur gibt es dann auch keine Eichhörnchen mehr und keine Elefanten, und das wäre schade.
Aber ich möchte noch auf etwas anderes hinweisen. Vor etwa 14 Milliarden Jahren kam es zum Urknall. Es könnte doch sein, daß sich zumindest einige der Naturkonstanten erst während des Urknalls herausgebildet haben, etwa die Quarkmassen. Wenn die Temperatur des Universums noch sehr groß ist, spielen die Massen der leichten Quarks gar keine Rolle. Sie wurden erst wichtig, als das Universum erkaltet war. Es könnte sein, daß die Quarkmassen beim Urknall sich ständig änderten, bis sie schließlich beim Erkalten rein zufällig gewisse Werte hatten. Würde sich der Urknall wiederholen, würde aber alles ganz anders ablaufen. Beispielsweise könnte dann die u-Masse zehnmal so groß sein wie die d-Masse.

HALLER: Ja, so könnte es durchaus gewesen sein. Aber niemand weiß es. Ich schaue aber gerade auf die Uhr. Langsam wird es Zeit, daß wir uns Gedanken über das Essen machen. Ich würde vorschlagen, wir fahren jetzt bald los in ein Restaurant, ich kenne da ein sehr schönes.

Und damit war die Diskussion beendet. Sie gingen zum Parkplatz.

14. Kapitel

Merkwürdiger Urknall

Nach wenigen Minuten waren sie auf der Sand Hill Road, Richtung Palo Alto. Haller kannte auf dem El Camino ein sehr gutes Steak-Restaurant, und dahin fuhr er. Dort schaute Haller nur kurz in die Speisekarte, denn er wußte bereits, was er haben wollte. Dann machte er den Vorschlag, daß Einstein und Newton dasselbe nehmen sollten, denn das Restaurant hier war berühmt dafür: Roasted Angus. Einstein war angetan von dieser Wahl, und Newton hatte nichts dagegen. So bestellte Haller auch den Wein: einen Zinfandel, Jahrgang 1960, aus dem nahen Napa Valley. Der Wein war wesentlich teurer als das Essen. Sie speisten mit großem Appetit.

Einstein brummelte: »Als ich damals, im Jahre 1929, nach Kalifornien kam, habe ich Steaks oft und gern gegessen. Das ist ein wichtiger Beitrag zur Kultur, den die Amerikaner geleistet haben: Steaks in allen Variationen. Dafür haben sie kaum etwas anderes. Brot, zum Beispiel, in Deutschland ein Traum, in den USA fürchterlich. Der schlechteste deutsche Bäcker ist besser als der beste Bäcker in Amerika.«

HALLER: Langsam wird es aber besser. In Los Angeles und in San Francisco gibt es jetzt durchaus gute Bäckereien, selbst hier in Palo Alto. Das Problem ist, daß die normalen Amerikaner Brot wollen, das sie zwei Wochen lang im Kühlschrank aufbewahren können, und das bekommen sie dann auch, ein ungenießbares Etwas, eine Art Plastik.

EINSTEIN: Das Brot, das Sie hier im Laden kaufen, hält sich sogar zehn Wochen und wird dadurch nicht schlechter, weil es schon am Anfang ungenießbar ist.

HALLER: Aber es nicht mehr so schlimm. Es gibt jetzt viele Amerikaner, vor allem in den Großstädten, die kaufen lieber ein Brot, das sich nur zwei Tage hält, dafür aber gut schmeckt. Mittlerweile gibt es viele kleine und auch gute Bäckereien.

NEWTON: Aber jetzt einmal weg vom Brot, meine Herren, und zurück zur Physik, genauer zum Urknall. Wieso reden die Physiker immerzu vom Urknall? Niemand war dabei. Und vielleicht gab es mehrere Urknälle, eventuell sogar unendlich viele, vielleicht auch gar keinen.

HALLER: Werter Mr. Newton, Sie sind möglicherweise auf der richtigen Spur. Genau darauf wollte ich jetzt hinaus. Im Grunde wissen wir nicht so recht, wie das mit dem Urknall eigentlich war. Manche Physiker glauben sogar, daß beim Urknall auch Raum und Zeit erzeugt wurden, na ja, so genau wissen die das auch nicht.

Aber zurück zu den Beobachtungen. Mehr als ein Jahrzehnt, nachdem unser Kollege Einstein seine Theorie aufgestellt hatte, haben Astronomen tatsächlich beobachtet, daß die Galaxien voneinander wegstreben – und zwar mit desto größeren Geschwindigkeiten, je größer der Abstand zwischen den Objekten ist. Moderne astronomische Teleskope wie das Hubble-Weltraumteleskop, das seit 1990 die Erde umkreist, haben bestätigt, daß die Expansion das gesamte beobachtbare Universum umfaßt.

Mit dem Weltraumteleskop, benannt nach dem Entdecker

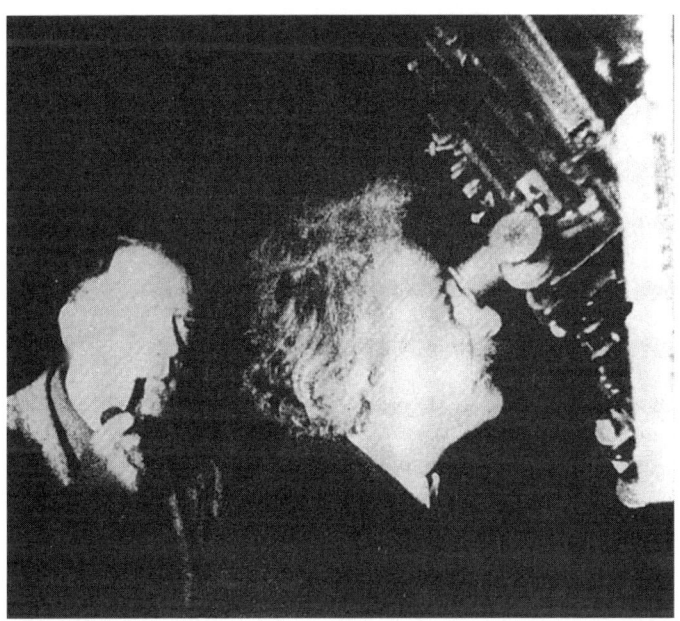

Abb. 14.1 Edwin Hubble und Albert Einstein am Teleskop des Mount Wilson

der kosmischen Expansion, Edwin Hubble am Caltech, den Sie, Mr. Einstein, noch kennengelernt haben, ist es möglich, Galaxien bis zu einer Entfernung von etwa fünf Milliarden Lichtjahren zu beobachten. Damit blickt man nicht nur in weit entfernte Regionen des Kosmos, sondern auch in die Frühzeit seiner Entwicklung.

In der frühen Phase des Universums vor etwa 12 bis 15 Milliarden Jahren war die gesamte im heutigen Weltall vorhandene Materie auf einen kleinen Raum konzentriert. Die Expansion des Kosmos ist nach heutiger Vorstellung die Folge einer Urexplosion. Falls das Universum in einer gigantischen Explosion entstanden ist, muß am Anfang die Temperatur extrem hoch gewesen sein. Als eine Folge des Nachglühens

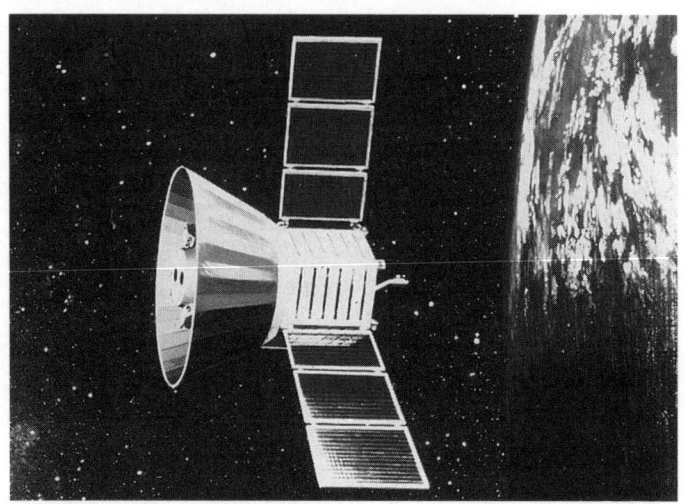

Abb. 14.2 Der COBE-Satellit

des kosmischen Feuerballs sollten die Räume zwischen den Galaxien mit einer Wärmestrahlung angefüllt sein. Diese Strahlung wurde kurz nach dem Zweiten Weltkrieg von George Gamow zuerst diskutiert, und Gamow hat auch die Temperatur der Strahlung vorausgesagt – sie sollte in der Größenordnung von 10 Kelvin liegen, also fast bei Null.
Niemand nahm Gamows Voraussage ernst. Die langwellige Mikrowellenstrahlung wurde erst im Jahre 1964 zufällig von Physikern der Bell-Forschungslaboratorien in Murray Hill entdeckt. Daß es sich tatsächlich um eine den ganzen Kosmos ausfüllende Wärmestrahlung handelt, bestätigte sich Anfang der neunziger Jahre durch die Meßergebnisse eines eigens zur Erforschung dieser Strahlung gestarteten Satelliten.
Mit dem Cosmic Microwave Background Explorer (COBE) war es sogar möglich, die Temperatur des heutigen Universums genau zu bestimmen. Sie liegt in der Tat nur 2,73 Grad

über dem absoluten Nullpunkt. Die Mikrowellenstrahlung – wie das Licht aus kleinsten Teilchen, den Photonen, aufgebaut – ist Botschafter aus einer Zeit etwa hunderttausend Jahre nach dem Urknall. Damals hatte das Universum eine Temperatur von rund 3000 Grad und bestand aus einem Plasma von Atomkernen und Elektronen. Durch die Expansion hat sich das Universum also bis auf wenige Kelvin abgekühlt. Mit COBE gelang es auch, sehr kleine Schwankungen der Temperatur zu messen, die auf die Verteilung der Materie im ganz frühen Kosmos schließen ließen.

Will man die Entwicklung des Kosmos unmittelbar nach dem Urknall beschreiben, muß man das Verhalten der Materie bei extrem hohen Temperaturen und hohen Dichten kennen. Naturgemäß wird man dadurch auf die Physik der Atomkerne und der Elementarteilchen geführt. In den Beschleunigern der Elementarteilchenphysiker werden Teilchen wie Protonen oder Elektronen zur Kollision gebracht. Auf diese Weise wird auf einem winzigen Raum eine extrem hohe Energiedichte erzeugt. Es herrschen Bedingungen wie Bruchteile von Sekunden nach dem Urknall.

NEWTON: Mag sein, aber im Beschleuniger können Sie das nur in einem sehr winzigen Raumgebiet machen, nicht im ganzen Raum.

HALLER: Zweifellos, und deshalb sind die Resultate, die man mit dem Beschleuniger findet, auch nur mit Vorsicht zu genießen. Man kann sie nicht ohne weiteres übertragen. Trotzdem – mit den Erkenntnissen der Teilchenphysik ist man heute in der Lage, die kosmische Entwicklung einigermaßen zu berechnen.

Danach bestand das Universum in der frühesten Phase aus einem heißen Plasma von Elementarteilchen. Dieses expandierte und wurde schnell kälter. Einen Bruchteil einer Sekunde nach der Explosion bildeten sich die ersten Struktu-

Abb. 14.3 Der Urknall

ren. Jeweils drei Quarks vereinigten sich zu einem Proton und einem Neutron. Die Protonen verbanden sich mit je einem Elektron zu dem leichtesten aller Elemente, dem Wasserstoff. Etwa eine Minute nach dem Urknall bildeten sich aus zwei Neutronen und zwei Protonen die Atomkerne des Elements Helium.
Wie Berechnungen ergeben, wandelten sich kurz nach dem Urknall fast 24 Prozent der vorhandenen Materie in Heliumkerne um. Das haben astrophysikalische Messungen der Dichte von Helium im Universum bestätigt.

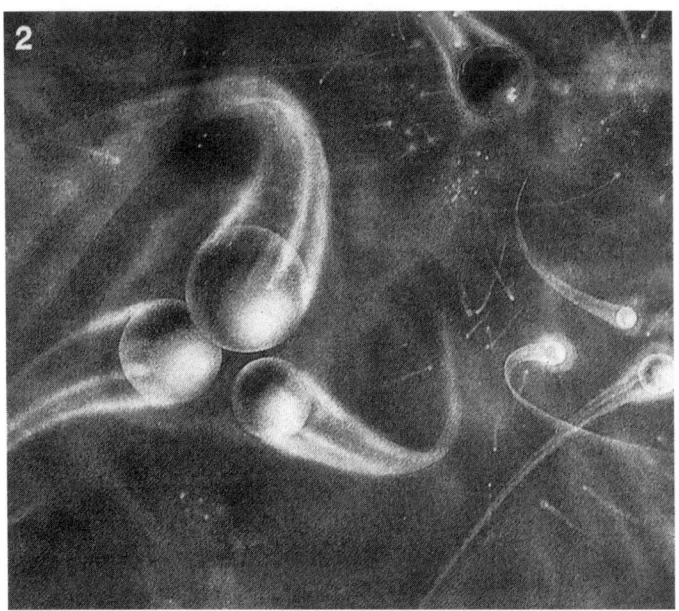

Abb. 14.4 Drei Quarks bilden ein Nukleon

NEWTON: Kurz nach dem Urknall bildeten sich also auch schon Elemente oder zumindest deren Atomkerne, aber im wesentlichen nur Helium.

HALLER: Ja, im wesentlichen nur Helium. Die schweren Elemente, sagen wir Kohlenstoff oder Eisen, bildeten sich erst später, nicht direkt, sondern aus den leichteren Kernen. Einige zehntausend Jahre nach dem Urknall bildeten sich die ersten Atome. Dabei entkoppelte sich die elektrisch neutrale Materie von der Strahlung, die primär mit elektrisch geladenen Teilchen in Wechselwirkung tritt. Der atomare Urnebel lichtete sich, und der Kosmos wurde durchsichtig. Bei der weiteren Expansion formten sich infolge der Gravitation die ersten größeren Zusammenballungen der Materie, die Vorläufer der späteren Galaxien. Da Photonen wie alle

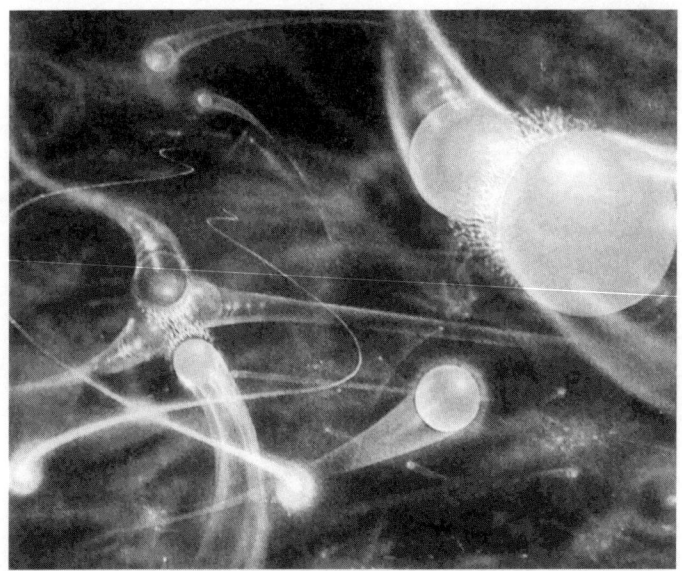

Abb. 14.5 Die Bildung von Helium nach dem Urknall

anderen Teilchen durch die Gravitation beeinflußt werden, sollte die Bildung dieser Objekte zu kleinen Temperaturschwankungen der kosmischen Mikrowellenstrahlung führen. Solche Fluktuationen wurden auch tatsächlich im Jahre 1992 mit COBE entdeckt. Man ermittelte kleinste Temperaturschwankungen, die auf Dichtefluktuationen der Urmaterie schließen ließen. Aus der Größe dieser Fluktuationen, die nur ein Hunderttausendstel der Dichte selbst erreichen, schließen die Forscher, daß das Universum zu Beginn äußerst homogen und isotrop war. Bei flüchtiger Betrachtung scheint es glatt und gleichmäßig gekrümmt gewesen zu sein; so wie die Oberfläche der Ozeane glatt erscheint, blickt man bei einem Transatlantikflug aus dem Fenster. Erst bei näherem Hinsehen sind kleinere Unebenheiten erkennbar, die durch größere Wellen hervorgerufen werden.

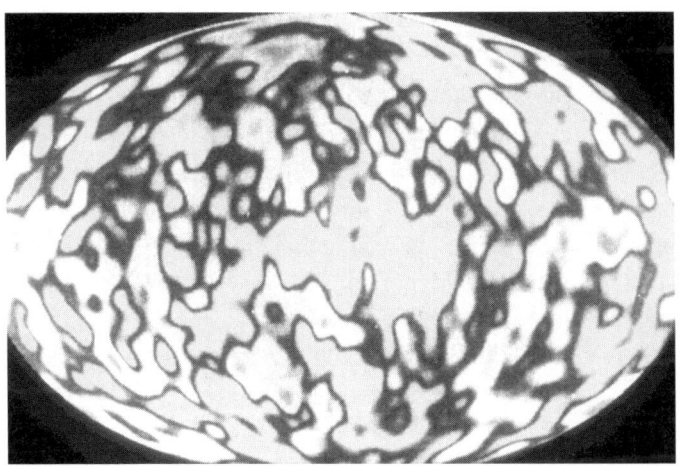

Abb. 14.6 Die Schwankungen der kosmischen Temperatur, gemessen durch COBE

Mit COBE identifizierten die Wissenschaftler Strukturen, die einen Durchmesser von etwa einem Hundertstel der Ausdehnung des beobachteten Universums haben. Diese sind größer als die größten heute sichtbaren Materieansammlungen, die sogenannten Superhaufen von Galaxien. Mittlerweile hat man mit empfindlichen Instrumenten auch Temperaturschwankungen der Hintergrundstrahlung entdeckt, die auf Strukturen schließen lassen, die »nur« etwa so groß wie die galaktischen Haufen sind. Neue Satellitenexperimente werden schon vorbereitet. Sie sollen weitere Erkenntnisse über die ersten Ansammlungen von Materie im Universum liefern, die letztlich zu den heute beobachteten Galaxien geführt haben.

Viele Details der Strukturbildung im Universum sind bislang ungeklärt und hängen eng mit der Frage zusammen, ob es im Weltall neben der heute bekannten Materie noch weitere Arten gibt. Bereits in den dreißiger Jahren entdeckten die Wissenschaftler, daß die Gravitation in den großen galaktischen Haufen wesentlich stärker ist, als man aus der beobachteten Sternmaterie schließen würde. Heute ist man sicher, daß neben der atomaren eine weitere Materie existiert, die bis zu 90 Prozent aller Materie ausmacht und sich nur durch ihre Gravitationswirkung zu erkennen gibt. Woraus diese so genannte dunkle Materie besteht, ist bislang ungeklärt.

EINSTEIN: Du lieber Gott, da besteht das Universum zum großen Teil aus Geistermaterie, von der niemand weiß, was sie eigentlich ist. Das ist nicht gerade befriedigend, eigentlich sogar ziemlich frustrierend.

HALLER: Das kann man wohl sagen. Möglicherweise spielen die Neutrinos hier eine Rolle, die neutralen Partner der Elektronen, falls sie tatsächlich eine kleine Ruhemasse besitzen, oder andere, bis heute nicht entdeckte Teilchen.

Erste Hinweise, daß Neutrinos eine kleine Masse besitzen, wurden vor einiger Zeit in Japan gefunden. Da man erwartet, daß es im Weltraum im Mittel etwa so viele Neutrinos wie Photonen gibt, mehrere hundert pro Kubikzentimeter, würden Neutrinos schon bei einer kleinen Masse von weniger als einem Hunderttausendstel der Masse des Elektrons einen wichtigen Beitrag zur kosmischen Materiedichte liefern. Was wir bislang über die Neutrinos und ihre Massen wissen, deutet aber nicht darauf hin, daß sie einen wichtigen Beitrag zur dunklen Materie liefern könnten.

Für die dunkle Materie kommen auch Teilchen infrage, die bis heute nicht mit Beschleunigern erzeugt werden konnten, aber zahlreichen theoretischen Modellen zufolge existieren sollten. Diese Teilchen müßten im heißen Plasma kurz nach dem Urknall entstanden sein. Die Teilchenphysiker wollen sie mit speziellen Nachweisgeräten aufspüren. Als dunkle Materie würden die Teilchen heute im Universum ein geisterhaftes Dasein führen. Für die Herausbildung der ersten Strukturen kurz nach dem Urknall wären sie jedoch entscheidend.

EINSTEIN: Das gefällt mir nicht. Da gibt es anscheinend dunkle Materie, und dann sagt man, die kommt von bislang nicht entdeckten Teilchen. Man schiebt also den Schwarzen Peter lediglich hin und her.

HALLER: Wenn Sie das so hart ausdrücken, was soll ich da sagen, aber ich kann nur berichten, wie die gegenwärtige Situation ist. Niemand weiß, was die dunkle Materie ist. Es kann auch wohl noch lange dauern, bis man da Genaueres weiß. Es ist ein Mysterium.

NEWTON: Lassen wir mal die dunkle Materie beiseite. Was aber war die Ursache für den Urknall? Woher kam die riesige Energie, aus der schließlich das heutige Universum entstand?

HALLER: Das weiß niemand. Möglicherweise wird die moderne Kosmologie auch irgendwann Antworten auf diese Fragen finden. Sie sind eng verknüpft mit zwei weiteren rätselhaften Eigenschaften des Kosmos. Das Universum dehnt sich seit seiner Entstehung vor mindestens zehn Milliarden Jahren ununterbrochen aus. Das Verhältnis der beobachteten Materiedichte – einschließlich der vermuteten dunklen Materie – zur kritischen Dichte, bei der die Expansion als Folge der Gravitation zur Ruhe kommen sollte, ist in der Nähe von eins. Dieses Verhältnis, allgemein als Omega (Ω) bezeichnet, ist ein wichtiger Wert. Die Tatsache, daß Omega nicht 100 oder 0,01 beträgt, ist erstaunlich. Wer auch immer die kosmische Dynamik gestartet hat, muß dafür gesorgt haben, daß die kinetische Energie der kosmischen Materie ziemlich genau der gravitativen Energie entspricht.

Eine weitere ungeklärte Frage ist, wieso die Materie – und die kosmische Hintergrundstrahlung – im beobachtbaren

Universum homogen verteilt ist. Nach den theoretischen Modellen läßt sich das schwer verstehen. Denn die Turbulenzen des Urknalls sollten auch heute noch zu registrieren sein. Eine Homogenisierung der Druckwellen und Turbulenzen nach dem Urknall ist aus einfachen Überlegungen nicht möglich. Die dazu erforderlichen Effekte können sich nämlich bestenfalls mit Lichtgeschwindigkeit ausgebreitet haben. Dies hätte aber im frühen Universum nicht für eine Homogenisierung gereicht. Das zeigt das Beispiel einer Galaxie, die von der Milchstraße heute fünf Milliarden Lichtjahre entfernt ist. Als das Universum eine Million Jahre alt war, hatte es nur ein Tausendstel seiner heutigen Größe. Der Abstand zwischen den beiden Galaxien betrug also etwa fünf Millionen Lichtjahre. Somit wäre die bis dahin vergangene Zeit zu kurz gewesen, Licht auszutauschen. Folglich gab es im frühen Universum keinen Kontakt zwischen der Urmaterie der einen mit der Urmaterie der anderen Galaxie. Die Homogenität im Universum bleibt daher unverständlich.

EINSTEIN: Vor langer Zeit habe ich einmal eine kosmologische Konstante eingeführt, die ich aber dann wieder weggelassen habe. Aber vielleicht gibt es diese Konstante durchaus, und dann könnte sie etwas mit diesen Problemen zu tun haben.

HALLER: Hallo, darauf habe ich nur gewartet, da sind Sie vielleicht auf der richtigen Spur. In der Tat – eine mögliche Antwort könnte die Teilchenphysik liefern, und Ihre Konstante. Kurz nach Aufstellung seiner Theorie der Gravitation postulierte ja unser Freund Einstein eine weitere Naturkonstante, die eben erwähnte kosmologische Konstante. Sie kann man als eine Art abstoßende Kraft deuten, die bei großen Entfernungen die anziehende Wirkung der Gravitation kompensiert. Könnte man die Anziehung abschalten, würde

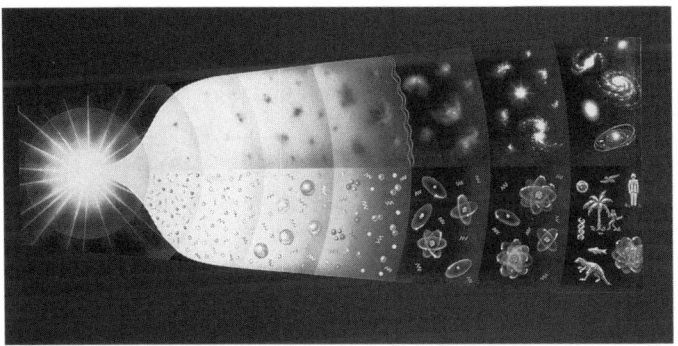

Abb. 14.7 Die Inflation des Universums

die kosmologische Konstante eine rasch zunehmende Aufblähung des Kosmos bewirken.
Nach der Entdeckung der Expansion des Universums, zu deren Beschreibung man die Konstante nicht benötigt, machten Sie, Mr. Einstein, sich heftige Vorwürfe, diese kosmologische Konstante überhaupt eingeführt zu haben. Sie bezcichneten diese sogar als eine »Eselei«.
EINSTEIN: Na ja, so ernst war das aber nicht gemeint.
HALLER: Die Teilchenphysiker denken heute jedenfalls anders darüber. In den Theorien zur Beschreibung der Dynamik der Elementarteilchen wird ja ein hypothetisches Feld, das Higgs-Feld, eingeführt. Seine einzige Funktion besteht darin, den Teilchen Massen zu verleihen und gleichzeitig vorhandene Symmetrien der Teilchenwechselwirkungen zu brechen. Man kann sich diese Massenerzeugung als eine Art Phasenübergang vorstellen, der dem Gefrieren von Wasser entspricht. Auch hier wird eine Symmetrie zerstört – die Flüssigkeit ist homogen, während die kantigen Eiskristalle dies nicht sind.
Das Higgs-Feld besitzt die merkwürdige Eigenschaft, daß es eine kosmologische Konstante erzeugen kann. Der

»leere« Raum wird durch das Feld zu einem energiereichen Gebilde. Allerdings ist die von den Teilchenphysikern berechnete kosmologische Konstante viel zu groß, als daß sie für die Beschreibung der kosmischen Evolution eine Rolle spielen könnte. Ungeklärt ist im übrigen, ob es das Higgs-Feld überhaupt gibt und sich die Natur nach den Vorstellungen der Physiker verhält. Eine Klärung kann man vermutlich erst nach Inbetriebnahme des neuen Beschleunigers LHC am CERN, dem »Large Hadron Collider«, von 2007 an erwarten.

Zu Beginn der achtziger Jahre untersuchten die Wissenschaftler den Einfluß des hypothetischen Higgs-Feldes auf die Kosmologie. Dabei vermuteten sie, daß das Feld im Urknall selbst eine entscheidende Rolle gespielt haben könnte, selbst dann, wenn der Prozeß, bei dem die Teilchen ihre Massen erhalten haben, zeitlich verzögert stattgefunden hat. Danach wäre anfänglich die kosmologische Konstante groß gewesen. Dies hätte zu einer gewaltigen und äußerst schnellen Aufblähung des Universums geführt, die man als Inflation bezeichnet. Die Größenordnungen, die hier eine Rolle spielen, sind wahrhaft gigantisch.

EINSTEIN: Mir gefällt das nicht. In den zwanziger Jahren haben wir genug unter der Inflation in Deutschland gelitten, und jetzt wollen Sie eine Inflation beim Urknall, schrecklich, und das auch noch mit meiner Konstanten.

HALLER: Jawohl, mit Ihrer Konstanten. Als Folge der Inflation hat sich ein Volumen, viel kleiner als ein Atomkern, schnell bis etwa zur Größe eines Tennisballs aufgebläht. Dann setzte der kosmische Phasenübergang ein, der gewaltige Energiemengen freisetzte, ein Vorgang ähnlich dem Freiwerden von Energie beim Gefrieren von Wasser. Dieser Energieblitz ist die eigentliche Geburt unseres Kosmos. Dabei sind die Teilchen erzeugt worden, aus denen die Materie heute besteht, einschließlich der Photonen der kosmischen Hintergrundstrahlung.

Nach dem Phasenübergang setzt die normale Expansion ein, im Vergleich zur Inflation ein geradezu langsamer und ruhiger Prozeß. Da das Universum vor der Inflation recht klein war, waren Regionen, die heute weit voneinander getrennt sind, vor der Inflation in Kontakt. Die Inflation wirkte auf das Universum wie ein kosmisches Bügeleisen, das alle bestehenden Falten ausbügelt. Danach sollte das beobachtbare Universum äußerst homogen sein, was in der Tat der Fall ist. Gleichzeitig bewirkte die Inflation ein Wechselspiel zwischen der Gravitation und der kinetischen Energie der auseinanderfliegenden Materie. Das Verhältnis der wirklichen zur kritischen Materiedichte, also Omega, sollte gleich eins sein.

EINSTEIN: Das hört sich wiederum ganz gut an. Meine Konstante scheint dann doch einiges bewirkt zu haben, zumindest macht sie Omega gleich eins.

HALLER: Ja, sie hat in der Tat einiges bewirkt. Eine Eselei war es also wohl nicht. Aber es bleibt umstritten, ob Omega wirklich exakt eins ist. Neuere Untersuchungen, insbesondere das Studium von weit entfernten Supernova-Explosionen, deuten darauf hin, daß der Wert etwas kleiner ist, etwa 0,3, und daß im heutigen Universum folglich eine von Null verschiedene kosmologische Konstante vorliegt.

Im heutigen Universum scheint eine Balance zwischen der auseinandertreibenden kinetischen Energie der Materie und der anziehenden Energie aufgrund der Gravitation zu bestehen. Vieles spricht dafür, daß die Gesamtenergie des Universums null ist. Damit eröffnet sich die Möglichkeit, daß unser Weltall spontan aus dem Nichts entstanden ist. Die Aussage der alten griechischen Philosophen wie Demokrits »Nichts kann aus Nichts erzeugt werden« muß dann wohl ersetzt werden durch: »Alles kann aus Nichts erzeugt werden.«

EINSTEIN: Die Idee des Urknalls als Folge eines Phasenübergangs mit vorausgegangener Inflation ermöglicht es dann wohl auch, den heute sichtbaren Kosmos als Teil eines viel größeren Systems zu deuten. Es wäre durchaus möglich, den Urknall als einen Prozeß zu sehen, der in einem begrenzten Bereich des Kosmos stattgefunden hat, während andere Bereiche davon unberührt geblieben sind. Dann könnten auch Fragen, die man bislang als unsinnig zurückgewiesen hat – etwa diejenige, was vor dem Urknall war –, durchaus einen Sinn bekommen. Auch heute könnte in einem anderen Bereich des Kosmos ein Urknall stattfinden. Möglicherweise ähnelt der Kosmos einem Feuerwerk, bei dem Entstehungs- und Vernichtungsprozesse an der Tagesordnung sind. Nur merken wir nichts davon, weil wir dank der Inflation in einer vergleichsweise ruhigen Region des Universums leben.

HALLER: Großartig, Mr. Einstein. Sie würden heute durchaus einen guten Kosmologen abgeben.

NEWTON: Wie soll denn das im einzelnen gehen? Vor dem Urknall gab es doch weder Raum noch Zeit. Was gab es dann überhaupt?

HALLER: Gar nichts, weder Raum noch Zeit noch Materie.

EINSTEIN: Und der Alte? Gibt es den dann auch nicht?

HALLER: Lassen wir mal den Alten aus dem Spiel. Wir reden hier über Physik, nicht über Religion. Stellen Sie sich einmal ein riesiges Etwas vor, eine Art Raum und Zeit, und eine Art Feld. Dieses Feld fluktuiert ständig, und manche der Fluktuationen sind so stark, daß plötzlich eine Inflation des Raumes stattfindet. Der Raum bläst sich auf wie ein Luftballon. Innerhalb dieses Raumes sieht alles so aus wie bei uns im Universum. Das Aufblasen war sozusagen der

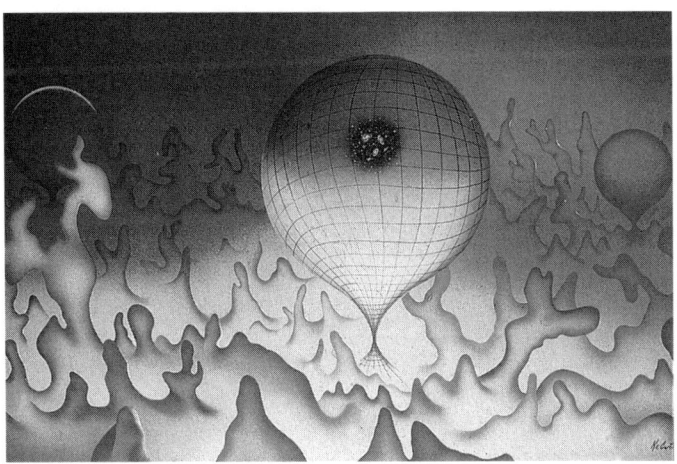

Abb. 14.8 Das Multiversum

Urknall. Dabei bildet sich Materie, darin Sterne und Galaxien – fertig ist die Welt. Aber diese Welt ist eine von sehr vielen Welten, die es gibt, denn anderswo stattfindende Fluktuationen führen ebenfalls zu einer Welt. Nur ist es natürlich nicht möglich, von einem dieser Universen in ein anderes zu gelangen. Der Ausdruck Universum ist ohnehin nicht mehr passend. Man spricht vom Multiversum.

EINSTEIN: Mir ist jetzt klar, worauf Sie hinauswollen. In einem Multiversum gibt es Urknälle am laufenden Band. Wir haben ein gigantisches Welttheater vor uns. Die Naturkonstanten bilden sich bei jedem Urknall neu. Dann ist es kein Wunder, wenn wir selbst in einem komischen Universum leben, mit seltsamen Werten der Quarkmassen, mit einer komischen Feinstrukturkonstante usw., aber mit Konstanten, die gut zum Leben passen. Die Naturkonstanten bei uns haben sich rein zufällig gebildet. Vielleicht hat der Alte noch etwas nachgeholfen, aber es ist eigentlich gar nicht nötig. Irgendein Universum wird es sicher geben, in dem die Naturkonstanten gerade die Werte besitzen, die wir für unser Leben brauchen, und in diesem Universum leben wir.

NEWTON: Dann hätte es auch gar keinen Sinn, darüber nachzudenken, warum etwa die u-Masse kleiner als die d-Masse ist. In unserer Welt ist es zufällig so, in einer anderen Welt ist es anders, aber da gibt es auch niemanden, der sich darüber wundert. Einen wissenschaftlichen Grund, warum die u-Masse kleiner als die d-Masse ist, gibt es nicht. Man wird nie einen solchen Grund finden. Das ist nicht gerade erleuchtend, aber vielleicht ist es so.

HALLER: Und ein Leben wie in unserem Universum gibt es in den meisten anderen Universen auch nicht. Einige davon sind vermutlich ganz dürftig, haben nicht einmal Atome. Ich würde nicht ausschließen, daß unser Universum unter den vielen, vielleicht sogar unendlich vielen Universen das einzige ist, in dem es Leben in einer vernünftigen Form gibt.

NEWTON: Nehmen wir einmal an, es ist so, wie Sie gerade sagten. Was heißt das für die Naturkonstanten? Wenn die beim Urknall rein zufällig entstanden sind, brauchen wir uns nicht wundern, wenn diese Konstanten so merkwürdig sind. Nicht der Alte hat die Konstanten so eingerichtet, daß es Leben gibt, sondern der reine Zufall war es.

EINSTEIN: Na, da haben wir den Salat. Wir haben nie eine Chance zu verstehen, warum zum Beispiel die u-Masse kleiner als die d-Masse ist, oder warum die Feinstrukturkonstante dem Inversen von 137 so nahe ist. Aus der Traum, nichts weiter als Zufall!

HALLER: Moment mal, noch wissen wir nicht, wie es wirklich war. Es kann durchaus sein, daß manche Naturkonstanten berechenbar sind. Ich glaube, daß wir die Parameter für die seltsamen Mischungen der Quarks und auch der Neutrinos aus den Massen der Teilchen letztlich bestimmen können.

Aber manche der Konstanten, darunter auch die Feinstrukturkonstante, könnten tatsächlich Produkte des Zufalls sein. Berechenbar wären sie dann leider nicht.

EINSTEIN: Mag sein, daß Sie recht haben, aber mir gefällt das nicht. Ich möchte eine Welt, in der alles am Ende berechenbar ist. Aber das mag ein Wunschtraum sein. Vielleicht liebt der Alte den Zufall.

HALLER: Sie sehen also, wir sind heute abend bei den Grenzen der heutigen Forschung angelangt. Wie lange diese Grenzen so bestehen bleiben, weiß ich allerdings nicht.

EINSTEIN: Ich denke, das wird noch eine ganze Weile so bleiben, bis man erhebliche Fortschritte macht. Newton und ich werden da leider nicht mitmischen können, aber wir wünschen Ihnen viel Glück und Erfolg dabei, und vielleicht ergibt sich in der Zukunft die Gelegenheit, daß ich erfahren kann, was dabei herausgekommen ist.

HALLER: Vielen Dank, das werde ich brauchen. Ich möchte bei dieser Gelegenheit auch ein altes Wort von Ihnen erwähnen – Sie haben das einmal niedergeschrieben: »Das Wissen, daß das Unerforschliche wirklich existiert und daß es sich als höchste Wahrheit und strahlende Schönheit offenbart, von denen wir nur eine dumpfe Ahnung haben können, dieses Wissen und diese Ahnung sind der Keim aller wahren Religiosität.«

In diesem Sinne sind wir wohl alle religiös. Aber jetzt ist Schluß für heute, es ist schon spät. Fahren wir zum Motel und genießen wir den Schlaf, auch wenn wir nicht wissen, woraus die dunkle Materie besteht. Vielleicht fällt Ihnen im Schlaf ja noch etwas ein.

Schluß

Am nächsten Morgen frühstückten sie zusammen in einem nahen Kaffeehaus. Dann fuhr Haller mit seinen Kollegen los in Richtung Flughafen von San Francisco. Einstein und Newton hatten einen Flug nach Washington gebucht, Abflug um 11 Uhr. Haller parkte in der Tiefgarage des Flughafens und ging mit seinen Kollegen zum Abflugschalter, wo sie sich verabschiedeten.

EINSTEIN: Also, machen Sie es gut, Mr. Haller. Das waren wirklich sehr gute Gespräche. Das Problem der Naturkonstanten, mein Gott, das ist ein wirkliches Problem, hoffentlich nicht völlig unlösbar. Am Ende müssen Newton und ich da noch mithelfen. Da werden Sie und Ihre Kollegen einiges zu knacken haben. Wenn wir uns das nächste Mal wiedertreffen, müssen Sie mir berichten, ob es Fortschritte gab und wie die aussehen. Hoffentlich gab es solche, da bin ich wirklich gespannt. Vielleicht liefert der neue Beschleuniger am CERN auch etwas Neues bezüglich der Naturkonstanten, man weiß ja nie. Jedenfalls auf Wiedersehen bis zum nächsten Mal.

NEWTON: Auch von mir die besten Wünsche für Ihre Forschung. Ich habe jedenfalls vieles dazugelernt. Das waren wirklich interessante Tage. Mein Gott, ist die Physik geradezu spannend geworden, wie in meinen alten Tagen, als ich die *Principia* schrieb. Also, auch auf Wiedersehen bis zum nächsten Mal, Mr. Haller. Good bye, alles Gute. Und viel Erfolg bei Ihrem Aufenthalt unten am Caltech. Vielleicht bekommen Sie dort auch heraus, woraus die dunkle Materie besteht.

HALLER: Ich werde mich anstrengen, aber bei der dunklen Materie wird der Fortschritt wohl nicht so schnell kommen. Von meiner Seite jedenfalls guten Flug. Wenn Sie in Washington sind, bitte nicht vergessen, dem Smithsonian einen Besuch abzustatten – das ist ein wunderbares Museum dort, ich liebe es geradezu und gehe jedes Mal hin, wenn ich in Washington bin. Immer lernt man etwas dazu. Also dann, auf Wiedersehen in hoffentlich nicht zu ferner Zeit.

Haller ging langsam und in Gedanken versunken zurück zum Parkplatz. Kurz darauf war er auf der Autobahn in Richtung Palo Alto. Er fuhr zum SLAC, wo er am Nachmittag einen Vortrag zu halten hatte. Thema: Das Rätsel der Naturkonstanten.

Haller spürte die Hand der Stewardeß auf seiner Schulter. Er wachte auf und realisierte, daß er länger geschlafen hatte. Das Flugzeug befand sich bereits über den Bergen von San Gabriel nördlich von Pasadena. Haller lächelte über den seltsamen Traum, den er gerade gehabt hatte: Er mit Einstein und Newton zusammen, welch eine wunderbare Konstellation, unglaublich.

Er schaute versonnen auf die große Stadt Los Angeles unter ihm, links das Zentrum mit den Hochhäusern, gleich daneben Chinatown mit den Restaurants, die er oft besucht hatte. Rechts sah er den Hollywood Boulevard, weiter nördlich lagen die Berge von San Gabriel. Dann war das Flugzeug über dem Campus der UCLA, der Universität, die er ebenfalls sehr gut kannte. In einer Woche würde er dort erneut einen Vortrag halten. Einige Minuten danach landete die Maschine auf dem Flughafen direkt am Pazifik. Haller mietete sich einen Wagen, und kurz darauf war er schon auf der Autobahn in Richtung Pasadena. Eine Stunde später war er bereits in seinem Zimmer im Athenaeum des Caltech. Die Empfangsdame des Athenaeum, die er seit vielen Jahren kannte, hatte ihm wie immer das große Zimmer im ersten Stock gegeben, in dem Einstein einst gewohnt hatte. Im Zimmer befanden sich noch die alten Möbel und auch das Bett, in dem Einstein einst geschlafen hatte, nun allerdings mit einer neuen Matratze.

Vor dem Abendessen ging Haller in die kleine Bibliothek des Athenaeum. Hier sah es noch so aus wie damals, zu der Zeit, als Albert Einstein hier einen Vortrag gehalten hatte. Haller setzte sich und dachte über seinen Traum im Flugzeug nach.

Einstein, Newton und er hier in der kleinen Bibliothek, wie im Traum, ja, das wäre etwas. Wehmütig dachte Haller auch über Einsteins Zeit hier am Caltech nach. Einstein war hier gewesen, aber kurz danach hatte in Deutschland Hitler die Macht übernommen, und Einstein konnte nicht zurückkehren. Sein geliebtes Sommerhaus in Caputh sah er nie wieder.

Im Jahre 1929 war Einstein jedenfalls oft in diesem Raum gewesen, in dem er jetzt saß. Und wenn die Obersten am Caltech nicht so kritisch wegen seiner politischen Haltung gewesen wären, wäre Einstein tatsächlich ans Caltech gekommen. Für das Caltech wäre das optimal gewesen, zumal Einstein Pasadena mochte. Aber in Princeton war es auch sehr schön.

Nach einiger Zeit ging Haller zum Essen in den nahen Speisesaal, und er aß, was er im Traum hier mit Einstein und Newton gegessen hatte: Filet Mignon, herrlich zart, dazu trank er einen 64er Zinfandel aus dem Napa Valley, sehr teuer, aber auch sehr gut, und am Ende aß er eine große Portion Pistazieneis. Und er dachte an Einstein und Newton und an die großartigen Diskussionen, die sie gehabt hatten, wenn auch nur im Traum.

Register

Abel, Niels Hendrik 138f., 143, 146
AGS-Beschleuniger 117, 120
Allgemeine Relativitätstheorie 199, 247, 278
Alphateilchen 52, 71–73, 111f., 234
Anaxagoras 8
Anderson, Carl 87
Andromedanebel 253
Antimaterie 225, 232
Antiprotonen 114, 116, 123
Antiquarks 146, 150, 225
Antiteilchen 54, 87, 108, 202
Aristoteles 11
Atomkerne 91

Bardeen, Bill 132
Baryonen 156, 225
Beryllium 235
BEVATRON 116, 120
Bohr, Niels 26, 75f.
Brecht, Bertolt 194
British Association für the Advancement of Science 18

Bush, George W. 253
California Institute of Technology (Caltech) 18, 21, 23, 25, 33f., 37, 51, 75, 87, 93, 98, 109, 162, 188, 226, 231, 235
Carroll, Lewis 88
Cäsiumuhr 266f.
CERN 64, 98, 100, 117, 120, 124, 126, 128f., 132, 161, 170f., 176, 179f., 183, 223, 232, 301
Chadwick, James 95
Chagall, Marc 149
Chaplin, Charly 239f.
Chromodynamik 161, 249
Clinton, Bill 253
COBE-Satellit 284f., 288f.
Coleman, Sidney 146
Cowan, Clyde L. 175f.
CP-Symmetrie 203, 233
Cray Foundation 149

Deltateilchen 101f., 134

Demokritos von Abdera 8, 10, 14, 72, 295
DESY 125–127, 159, 162, 232
Dirac, Paul 46f., 54, 59, 64, 86f., 247
Dirac-Gleichung 54f., 86–88
DORIS-Beschleuniger 125
Drehimpuls 81, 83f.

Ehrenfest, Paul 197
Eichsymmetrie 67f., 137f., 161
Eichtheorie 139, 156, 160
Eichtransformation 66
Einstein, Albert 13f., 19, 20, 23, 30, 38, passim
Einstein-Maric, Mileva 45
elektrische Wechselwirkung 40f.
Elektrodynamik 46, 50, 156, 161, 249
elektromagnetische Wechselwirkung 51f.
elektromagnetische Wellen 45
Elektron 15, 32, 55, 65–67, 74, 82–88, 113, 126, 144, 163, 192
Elektronenmasse 92, 94, 164
Empedokles 8
Euler, Leonhard 138, 202, 212

Faraday, Michael 41–43
Feinstrukturkonstante 26, 33, 35f., 49–54, 63f., 199, 243, 245, 248, 250, 278, 298
Feldtheorien 43
Fermilab 119f., 162
Fermionen 172–174
Feynman, Richard 33–35, 51–53, 59f., 75f., 126, 162, 188
Fowler, William A. 235
Franklin, Benjamin 52

Galaxien 225, 257
Galileo Galilei 11, 21
Gamow, George 140f., 247, 284
Gell-Mann, Murray 18f., 34, 93, 98–100, 103, 131f., 134, 136f., 140f., 143, 147, 157f., 168, 231, 275
Gesellschaft Deutscher Naturforscher und Ärzte 18
Glashow, Sheldon 171, 179
Glue-Mesonen 157
Gluonen 106, 141, 144–148, 150, 158–160, 198
Gravitation 40, 191
Gravitationskonstante 26f., 29, 31, 50, 199, 247
Gravitationstheorie 149
Gross, David J. 146f.

Hänsch, Theodor 265–269
Haplonen 232
Heisenberg, Werner 14f., 35, 46f., 64, 75, 77, 96, 133, 141, 154, 179
Helium 233, 287f.
HERA-Beschleuniger 126, 161, 232
Hertz, Heinrich 44
Higgs, Peter 182f.

Higgs-Feld 182f., 199–201, 230, 293f.
Higgs-Teilchen 183, 201, 206
Hitler, Adolf 194, 303
h-Konstante 31–33, 50
Hoyle, Fred 234f., 237
Hubble, Edwin 282f.
Hubble-Weltraumteleskop 282
Huntington, Henry 227

Inflation 293f.
Isospinsymmetrie 96, 210
ISR-Kollisionsmaschine 124

Joyce, James 99

Kant, Immanuel 196
Kaonen 167
Keck-Teleskop 257f.
Kennedy, John F. 253
Kepler, Johannes 11
Kernphysik 243
Kernteilchen 96–98, 153–155
Klein, Oskar 139
K-Mesonen 167
Kohlenstoff 234
Kopernikus 11
Kriplovich, I. B. 146

Λ-Teilchen 167
Laserphysik 265
Lauritsen, Thomas 235
Lee, T. D. 173
Leonardo da Vinci 11
LEP-Teilchenbeschleuniger 64, 70, 126, 129, 161, 180, 223

Leptonen 14, 163f., 169f., 185f., 192
Leukippus von Milet 8, 10
LHC-Beschleuniger 117, 129, 183, 201, 232
Lichtgeschwindigkeit 115f.
Lukrez 10f., 14

μ-Teilchen 107f.
magnetische Wechselwirkung 40f.
magnetisches Moment 60
Maxwell, James Clerk 17, 18, 44–46, 50
Mesonen 101
Millikan, Robert A. 37, 188f.
Mills, R. 139–141, 158, 170, 173
Minkowski, Peter 209–211, 213
Mößbauer, Rudolf 204
Multiversum 297
Myonen 107f., 144, 163f., 169, 184, 198, 206

Nambu, Yoichiro 136
Naturkonstanten 16f., 19, 26, 91, 195, 198, 248f., 277, 279, 297, 301
Neeman, Yuval 98, 168
Neumann, John von 244
Neutrinomischungen 185
Neutrinooszillationen 204
Neutrinos 159, 164f., 169, 175, 184, 203f., 290
Neutronen 13, 91, 95f., 145, 176f.
Newton, Isaac 11, 20, 28, passim

Nixon, Richard M. 240, 253
Nukleonen 96, 101, 134, 144f., 157f., 287

Ω-Teilchen 167
Oppenheimer, Robert 59

π-Mesonen 101, 155
Parität 173
Pauli, Wolfgang 25–27, 46, 64, 75, 85f., 135–137, 139, 156, 165, 175f., 203, 228
Pauli-Verbot 86, 135, 136f., 156
PEP-Beschleuniger 126, 276
Perl, Martin 164
PETRA-Beschleuniger 126
Photonen 45, 47–49, 51, 53, 56, 109, 144–146, 159, 178f., 198
Planck, Max 30–33, 50, 75, 262
Plato 9, 11, 15, 20, 196
Politzer, H. David 146f.
Positronen 54–56, 65, 109, 114
Protonen 13, 32, 91–93, 96, 101, 114, 145, 153, 165, 177
Protonzerfall 215–217
Pythagoras 187

Quantenchromodynamik (QCD) 101, 131f., 137, 142, 144, 146–151, 153–156, 161, 181, 211, 220, 222, 229
Quantenelektrodynamik (QED) 47, 49, 52–54, 58f., 64f., 67f., 131, 137, 142–144, 146–148, 153, 155, 228
Quantenfeldtheorie 154

Quantenmechanik 13, 80
Quantentheorie 31, 50, 54, 75f., 80, 84, 101, 191
Quarkmodell 98, 136, 275
Quarks 14f., 32, 98–107, 109, 131–136, 140–162, 165–178, 185–188, 191–194, 274f.
Quasare 257–259

Rabi, Isidor 108, 163, 166, 169, 198
Reagan, Ronald 253
Reines, Frederick 175f.
Relativitätstheorie 28, 42, 44f., 49, 115f.
Rosenthal-Schneider, Ilse 249
Rutherford, Ernest 71–73, 103, 111f., 274

Salam, Abdus 171, 179
Samarium 142f.
SLAC-Teilchenbeschleuniger 103f., 117f., 124, 126, 157, 237, 271–279, 302
SLC-Teilchenbeschleuniger 64, 126
SO(10)-Symmetrie 211–216, 218–220
SO(3)-Symmetrie 212
SO(6)-Symmetrie 212
Sommerfeld, Arnold 25f., 33, 49, 51, 75, 248, 257
SPEAR-Kollisionsmaschine 124f.
Spin 83–87, 134f.
SPS-Beschleuniger 120
Stalin, Josef W. 245, 247

Standardmodell der Teilchenphysik 14, 180f., 187f., 194f., 198f., 207, 209f.
Stanford University 64, 103f., 117, 237, 274
SU(2)-Symmetrie 213
SU(3)-Symmetrie 98, 210
SU(4)-Symmetrie 212
SU(5)-Symmetrie 218–221, 224
Substruktur 182
Superkamiokande 216f.
Superstring 192, 194
Supersymmetrie 223f.

t'Hooft, Gerard 146, 183, 185
Tauon 164
Taylor, Richard 276
Teilchenphysik 112
Teller, Edward 245
TESLA-Beschleuniger 127f.
TEVATRON-Beschleuniger 162, 180
Totsuka, Yoji 217
TRISTAN-Beschleuniger 126

Unschärferelation 77–80
Urknall 225, 232, 246, 258f., 279, 281–299

Vakuum 55f., 147
Vakuumpolarisation 57
Veltmann, Martinus 183, 185

Ward, John 171
W-Bosonen 171–175, 178
Weinberg, Steven 171, 179
Wellenfunktion 81
Weyl, Hermann 65, 67, 139, 161, 194, 212f.
Wilczek, Frank 146f.
W-Teilchen 171, 179, 183, 198–200
Wyler, Oswald 35

Yang, C. N. 139–141, 158, 170, 173

Z-Bosonen 171, 178
Z-Teilchen 170, 179, 183, 198
Zweig, George 98–100, 134

PIPER

Richard P. Feynman
Sechs physikalische Fingerübungen

Aus dem Amerikanischen von Inge Leipold. 209 Seiten mit 47 Fotos und Abbildungen. Serie Piper

Der geniale Physiker Richard P. Feynman galt bei seinen Kollegen und bei Studenten auch deshalb als Ausnahmeerscheinung, weil er ein begnadeter akademischer Lehrer war. Es machte ihm einfach Spaß, anderen etwas beizubringen. Zum Glück wurden viele seiner Vorlesungen mitgeschnitten und später veröffentlicht. Die »Vorlesungen über Physik« etwa, die er zwischen 1961 und 1963 am California Institute of Technology gehalten hat, sind legendär. Sie haben, so sagen Fachleute, weltweit den Physikunterricht einschneidend verändert.
»Sechs physikalische Fingerübungen« – das sind die Kapitel aus seinen Vorlesungen, die am ehesten auch für Nichtphysiker zugänglich sind. Feynman stellt darin locker und verständlich folgende Themen vor: Atome in Bewegung, Grundlagenphysik, das Verhältnis der Physik zu anderen Wissenschaften, der Erhaltungssatz der Energie, die Gravitationstheorie, das Verhalten der Quanten.

PIPER

Ernst Peter Fischer
Aristoteles, Einstein & Co.

Eine kleine Geschichte der Wissenschaft in Porträts.
447 Seiten. Serie Piper

In seinem spannenden, leicht und vergnüglich zu lesenden Buch stellt Fischer die Großen der Wissenschaft von der Antike über Arabien, das mittelalterliche und moderne Europa bis ins Amerika unseres Jahrhunderts vor – ihr Leben, ihr Werk, ihre privaten Vorlieben und Vorzüge. Er erzählt von Bacon, Galilei, Kepler und Descartes, den vier Wissenschaftlern, die vor 400 Jahren die Wende zur Moderne möglich machten und damit alles beeinflußten, was wir heute denken und tun. Oder von Newton, den die Alchemie umtrieb und der doch zum Wegbereiter der modernen Physik wurde. Oder von Marie Curie, die in einer von Männern beherrschten Wissenschaft unendlich viel geleistet hat und dafür gleich zweimal den Nobelpreis erhielt. Ob Albertus Magnus, Faraday, Einstein, Pauling oder Feynman – dieses Buch macht neugierig auf Wissenschaft, zeigt, wie spannend und intellektuell faszinierend die Geschichte der Wissenschaft und ihrer Hauptpersonen ist.

01/1161/01/R

PIPER

Einstein sagt

Zitate, Einfälle, Gedanken. Herausgegeben von
Alice Calaprice. Vorwort von Freeman Dyson.
Betreuung der deutschen Ausgabe und Übersetzungen
von Anita Ehlers. 280 Seiten mit 26 Abbildungen.
Serie Piper

Mit Einstein ist es wie mit Goethe: Mit einem Zitat von ihm liegt man immer richtig! Er formulierte glänzend und einfallsreich, seine Worte und Sprüche waren nicht nur witzig, sondern hatten auch bedenkenswerten Tiefgang. Die hier versammelten fünfhundert Einstein-Zitate ordnen zum ersten Mal seine Gedanken und Ideen nach Themen: Der Leser findet also Einsteins Äußerungen über sich selbst, Deutschland, Amerika, die Juden und Israel, den Tod, die Ehre und die Familie, Krieg und Frieden, Gott und Religion, Freunde, Wissenschaftler und die Frauen. Er selbst würde vermutlich über die Sammlung seiner geflügelten Worte schallend lachen und seinen Stoßseufzer von 1930 wiederholen: »Bei mir wird jeder Piepser zum Trompetensolo!«

PIPER

Harald Fritzsch
Eine Formel verändert die Welt

Newton, Einstein und die Relativitätstheorie.
346 Seiten mit 82 Abbildungen. Serie Piper

Einsteins Relativitätstheorie und ihre Folgen sind das Thema dieses Buches. Harald Fritzsch beschreibt die Grundideen der Theorie so, daß ein fachlich nicht vorgebildeter Leser sie nachvollziehen kann. Nach einer Diskussion der klassischen, von Newton geprägten Ideen über Raum und Zeit und der Rolle des Lichts in der Physik führt Fritzsch die Leser behutsam an die neuen Vorstellungen Einsteins über Raum und Zeit heran. Der Hauptteil des Buches befaßt sich mit den vielfältigen Beziehungen zwischen Energie und Masse. Diese werden wichtig bei allen Naturprozessen, bei denen die Geschwindigkeiten der beteiligten Teilchen der Lichtgeschwindigkeit vergleichbar sind – zum Beispiel bei Kernreaktionen und bei den Prozessen der Elementarteilchenphysik.

01/1481/01/R

PIPER

Harald Fritzsch
Die verbogene Raum-Zeit

Newton, Einstein und die Gravitation.
416 Seiten mit 109 Abbildungen. Serie Piper

Einsteins Theorie der Gravitation, seine Allgemeine Relativitätstheorie, berührt Grundfragen unserer Existenz. Die Materie, so Einstein, kann nicht unabhängig von Raum und Zeit existieren. Sie ist sogar in der Lage, die Struktur des Raums und den Fluß der Zeit zu verändern – nämlich zu verkrümmen. Die Schwerkraft erweist sich nicht als eigentliche physikalische Kraft, sondern als eine Folge der Geometrie von Raum und Zeit. Der Apfel, der vom Baum fällt, folgt den Verbiegungen von Zeit und Raum. Erneut läßt Harald Fritzsch die Physiker Isaac Newton, Albert Einstein und Adrian Haller – eine fiktive Figur – miteinander diskutieren, in Einsteins Sommerhaus in Caputh bei Berlin oder in Pasadena und am Mount Wilson. In diesen unterhaltsam erklärenden Gesprächen stellt Isaac Newton die Fragen, die der Leser stellen würde.

01/1482/01/R